부엌에서 물리 찾기 ②

부엌에서 물리 찾기 2

청유재 사람들 지음

북스힐

2권을 시작하며

드디어 2권에서 '부엌에서 물리찾기'라는 책을 쓰게 된 계기인 '파전 뒤집기의 물리'를 이야기합니다. 그런데 그 내용이 생각보다 어렵습니다. 물리학을 전공한 사람에게는 친숙한 것이지만 질량중심, 각운동량, 관성모멘트, 토크라는 물리량은 대학교 일반물리학에서 다루는 내용으로 어쩔 수 없이 약간의 수학을 동원해야 하거든요. 벡터의 크로스 곱을 동원하면 깔끔하게 정리가 되는 내용이지만, 그런 고급 수학지식을 사용하지 않으려니 오히려 설명이 더 복잡해졌습니다. 여러 번 고치면서 간추렸는데도 여전히 읽고 이해하기 어려울지도 모르겠습니다. 가족끼리 논의할 때 어느 수준에서 멈추자는 말이 나왔지만, 기본 법칙까지 다루자고 했던 원래의 취지를 살리기로 했습니다. 물리학을 좋아하는 사람들에게 중·고등학교에서 다루는 단순하고 재미없는 내용이 물리학의 세계에서 얼마나 작은 부분인지를 보여주고 싶기 때문입니다.

완벽해 보이는 $\vec{F}=m\vec{a}$로 대표되는 운동 법칙이 사실은 물체의 위치

$\vec{x}$를 정의할 수 있어야 적용할 수 있다는 것을 일반인들은 아마 평생 알지 못할 것입니다. $\vec{x}$는 어떤 점이 기준점으로부터 어느 방향에 얼마만큼 떨어져 있는가를 알려주는 벡터입니다. 그런데 우리가 일상에서 보는 모든 물체는 크기를 가지고 있습니다. 크기를 가진 물체에는 무수히 많은 점이 있는데 어떤 점을 물체가 있는 위치라고 말할 수 있겠어요? 더구나 물체가 움직일 때 모든 점이 다른 운동을 합니다. 물체의 위치 $\vec{x}$를 정의할 수가 없으니, 아예 운동 법칙을 적용하지 못하게 되는 것입니다. 그래서 중고등학교에서 가르치는 운동 법칙은 제한조건이 잔뜩 붙어 있는 특수한 상황에 대한 것으로 수학능력시험 문제나 간신히 푸는 정도에 그치고 맙니다. 일상과 거리가 먼 이런 물리학이 재미가 있을 리 없지요. 우리 몸과 주변의 생명현상에 대해서 배우는 생물학이나, 일상에서 접할 수 있는 물질을 다루는 화학에 비해, 물리학은 배운 내용이 유용하다고 생각할 수조차 없는 과목이 되고 맙니다. 그래서 욕심을 조금 부려보았습니다. 절대적으로 보이는 물리 법칙에 어떤 한계가 있고, 물리학자들이 이런 한계를 얼마나 멋지게 해결해 나가는가를 보여주고자 합니다. 크기를 가진 물체를 다루는 물리학을 이해하고 나면 일상에서 일어나는 많은 물리현상을 멋지게 설명할 수 있다는 것도요.

설거지할 때 자연스럽게 만나는 것이지만, 이 책에 소개한 비눗방울과 거품에 대한 이야기도 만만치 않습니다. 중학교 과정에서 배우는 기하학 수준이라 해도, 재미있는 여러 연구를 소개하다 보니, 눈으로 읽으면서 그대로 이해하기에는 어렵게 느껴질 수 있습니다. 수학능력시험에 잘 나오지 않는다는 이유로 우리나라 교육에서 유난히 부실하게 다루는 것이 기하학이거든요. 책의 내용을 모두 이해하지 않더라도 제안한 몇 실험은 따라 해보면 좋겠습니다. 지나친 기대라 할지 모르지만, 주방 세제로 비눗방울을 만들고 그 모양을 가족과 함께 관찰하면서 신기해했던 어린이가 자라 훌륭한 과학자가 되기를 소망해봅니다. 진정한 과학은 모든 자연현상에서 경이로움을 느끼고 감탄하는 데서 시작하니까요. 자, 여러분을 물리학의 세계로 초대합니다.

2023년 7월

청유재사람들

글을 시작하며

부엌에서 찾는 **물리**라니! '우물에서 찾는 숭늉'만큼이나 부엌과 물리는 멀어 보입니다. 그런데 우리가 부엌에서 음식물을 조리하는 일은 과학자가 연구실에서 탐구하는 일과 비슷합니다. 과학자는 어떤 현상을 설명하기 위해 가설을 세운 뒤, 이를 증명하기 위해 실험을 하고, 그 실험 결과를 분석하여 더 나은 가설을 세우는 과정을 되풀이하지요. 이런 과정으로 과학자는 더 보편적인 법칙을 발견하고 과학은 더 정교하게 다듬어지며 발전합니다. 이런 연구 과정을 요리와 비교해볼까요? 이 재료와 저 재료를 섞어보면 어떨지, 지금까지 조리한 것과 다른 방식으로 조리해보면 어떨지 생각해 보는 것은 가설을 세우는 것과 같습니다. 그리고 실제로 그 아이디어를 시도해서 먹어보고 다음 요리에 참조하는 것을 되풀이하여 최상의 요리를 만드는 것 과학자가 하는 일과 똑같지 않나요? 거기까지 갈 것도 없습니다. 채집한 식물이나 동물이 먹어도 되는지, 먹으면 죽는지를 알아내는 것은 인류 최초의 과학적 탐구활동이었지요. 어떤 것을 먹을 수 있는지 더 나아가 몸에 더 좋은지 구분해 놓은 것이야말로 인류가 가진 최고의 과학지식이 아닐까요? 복요리를 먹을 때마다 이런 생각을 합니다. '복어를 먹으면 사람이 죽는 것을 알면서도 기어이 안전한 조리법을 찾아낸 사람은 누구일까? 그 노력과 과정보다 더 훌륭한 현대 과학적 탐구활동이 있을까?'라고요.

'부엌에서 물리찾기'가 낯설게만 느껴지는 이유는 또 있습니다. 음식 또는 요리를 과학과 연결하라고 하면 대부분은 생물학이나 화학을 머리에 떠올립니다. 초등학교부터의 과학 수업에서 배운 포도당의 광합성이나 녹말의 소화가 주로 기억에 남아있기 때문입니다. 우리가 먹는 쌀이나 감자는 식물의 광합성 작용으로 만들어진 포도당이 녹말로 저장된 것이고 그것들을 우리 몸에서 다시 분해해서 살아갈 에너지를 얻는 과정이 소화지요. 우리는 혀에서 어느 부분이 단맛을 느끼는지, 단맛을 내는 설탕과 포도당의 화학식과 그 구조도 배웠습니다. 간장과 식초는 발효라는 생화학적 과정의 산물이지요. 소금으로 간을 맞추는 작업은 화학 실험실에서 시약의 농도를 조절하는 것을 생각나게 하는 작업이고, 잘 구워진 빵의 표면이 갈색으로 변하는 것은 마이야르 반응이라는 틀림없는 화학반응입니다. 그래서 '맛있는 화학', '부엌의 화학자'와 같은 제목의 책도 있습니다.

그렇지만 부엌에서 생물학적, 화학적 과정은 생각만큼 많이 일어나지는 않습니다. 오히려 부엌에서 일어나는 일은 대부분 물리학적 과정입니다. 물체의 운동이나 전자기장을 복잡한 수식을 이용해서 다루는 딱딱한 물리학이 맛있는 음식을 요리하는 것과는 전혀 어울리지 않아 보이지요? 물론 현대의 부엌에서 사용하는 모든 조리기구는 물리학의 원리를 이용한 것입니다. 각 가정에 전기를 공급할 수 있는 것은 패러데이의 법칙 덕분입니다. 주방에서 전기를 사용하지 못한다면 어떤 일이 벌어질까요? 음식물을 간단히 데우거나 익힐 수 있는 전자레인지는 2차대전 때 마이크로파를 이용한 레이다를 만드는 기술을 이용한 것이고, 음식이 달라붙지 않는 프라이팬은 NASA에서 우주선에 우주 먼지가 달라붙지 않게 하도록 개발한 코팅 기술을 활용한 것입니다. 오븐을 300℃에 맞춰주는 온도조절장치와 가스레인지 불이 꺼지면 가스가 새어 나오지 않도록 막아주는 안전장치는 모두 열전대 현상을 이용합니다. 하지만 이 책에서 이런 종류의 이야기를 하려는 것은 아닙니다.

요리 과정을 다시 한번 생각해볼까요? 칼로 음식 재료를 알맞은 크기로 써는 것은 물리적인 일입니다. '에이 그까짓 것!'이라고요? 우리는 호랑이나 독수리처럼 날카로운 송곳니나 부리를 가지고 있지 않습니다. 소나 양처럼 튼튼한 어금니도 없지요. 그런 우리 인간이 지구의 생명체 중 최상위를 차지할 수 있는 것은 칼로 음식을 잘게 자를 수 있게 된 덕분이기도 합니다. 재료를 칼로 잘게 썰면 음식물을 익힐 때 열의 확산이 잘 일어나게 합니다. 달걀을 익힐 때 일어나는 일은 화학적 변화가 아니라 물리적 변화입니다. 화학적 변화가 일어난 달걀은 먹을 수 없지요. 고기를 불판에 올려놓거나 빵가루 입힌 새우를 기름에 넣을 때 우리는 라이덴프로스트 효과라고 부르는 물리 현상을 이용합니다. 요리하는 사람 대부분 그 이름이나 원리를 모르지만, 떨어뜨린 물방울이 증기로 되지 않고 방울이 되어 돌아다니면 튀기기에 알맞은 온도가 되었다는 것은 알지요. 포도주를 잔에 따를 때 병 주둥이 밖에 묻어 흐르는 것도 물리적 원리로 설명이 됩니다. 이스트를 넣은 밀가루 반죽이 부풀어 오르는 것은 효모균의 무기호흡이나 유기호흡과 같은 생물학과 화학만 관계하는 것이 아니라 글루텐이 만든 막에 기체가 갇힌 물리적 현상이기도 합니다. 프라이팬을 빠르게 들썩여서 파전을 뒤집는 데에는 '재미없는 물리학'을 대표하는 물체의 운동 법칙이 적용됩니다.

그렇다고 이 책의 목적이 '부엌에서 일어나는 많은 일이 화학이나 생물이 아닌, 물리적 현상이다'라고 주장하며 다른 분야의 학문과 경쟁하려는 것도 물론 아닙니다. 과학을 물리학, 화학, 생물학이라고 엄격한 경계로 나누는 것은 의미가 없습니다. 현대에 와서 과학이 복잡해져서가 아니라 사실 처음부터 그랬습니다. 이 책은 우리가 부엌에서 '어? 이것 왜 그러지?'라고 나올 수 있는 질문에 대해 끝까지 파고들어 현재 옳다고 받아들여진 물리학 법칙이나 원리로 설명해보려는 것입니다. '가장 기초적인 법칙으로 자연현상을 설명하려는 것'이 물리학이고, 그렇게 했을 때만 우리는 어떤 현상에 대해 '안다'라고 말할 수 있으니까요.

과학에 관심이 많은 초등학생에게 '무거운 비행기가 어떻게 해서 공중에 뜨지?'라고 물으면 '양력 때문에요'라고 잘 대답합니다. 그리고는 사람들 대부분은 이 초등학생 정도의 '과학적' 지식으로 평생을 삽니다. 그런데 '양력이 작용해서 비행기가 뜬다'라는 것은 과학적 지식이 아닙니다. 양력은 '띄우는 힘'이니까 '비행기가 띄우는 힘이 있어서 뜬다'라고 알고 있는 것이 결코 과학적 지식이 될 수 없지요. '비행기를 띄우는 힘을 무엇이라고 하나?'라는 국어 시험문제의 답은 '양력'이 맞겠지요. '물체를 던지면 포물선을 그린다', 또는 '달걀흰자를 불로 요리하면 단백질 변성이 일어나 굳는다'라는 과학적 지식도 결국은 포물선과 변성이라는 단어를 아는 것에 불과합니다. '포물선'은 '던진 물체가 그리는 선'이라는 뜻이고 '변성'이라는 것은 '성질이 변했다'라는 것인데 앞에 있는 두 문장은 '포물선'과 '단백질 변성'에 대한 국어 사전적 정의에 불과하니까요. 이 책에서는 온도가 올라가면 달걀흰자의 단백질에 어떤 일이 일어나서 끈적한 액체이던 흰자가 말랑말랑한

겔로 굳고, 왜 이것이 흰색으로 보이는지를 물리학적으로 설명해보고자 합니다.

부엌에서 일어나는 현상 중 아무리 신기한 것이라 해도 물리학적으로 분석하려고 들면 어려워지고 딱딱해질 수밖에 없습니다. 더구나 이 책은 어떤 현상에 대해 '왜?'라는 질문을 계속해서 던져 기본적인 물리 법칙에 다다르는 것을 목표로 삼았으니 더욱더 그렇겠지요. 예를 들어, 이 책에서는 '달걀노른자가 왜 노란가?'라는 질문에 대해 '그 안에 잔토필이라는 색소분자가 있어서이다'라는 대답으로 만족하지 않습니다. 이것은 '왜 은행잎이 노랗게 물드는가?'에 대한 이유까지도 설명하는 보다 보편적인 지식이기는 하지만 결국은 '노란색으로 보이게 하는 색소는 잔토필이다'라는 단답형 지식이니까요. 이 책은 '왜 잔토필 분자가 들어 있으면 노란가?'라고 다시 묻고 '잔토필 분자가 파장이 짧은 파란색이나 보라색 빛을 흡수하기 때문'이라는 답에 대해서도 또 '왜?'라는 질문을 던지고 끝까지 답을 찾아가 보려고 합니다. 우리는 이렇게 끝장을 보는 설명에 대해 자신의 궁금증을 풀어주었다고 좋아하며 무릎을 칠 독자가 틀림없이 있을 것이라고 믿습니다. 우리 인류는 무엇인가에 대해 알고자 하는 욕구를 유전적으로 가지고 있는 호모 사피엔스니까요. 이 책은 '알아도 아무짝에도 쓸데가 없는 신변잡기'를 재미있어하는 진정한 호모 사피엔스를 독자로 생각하고 만들었습니다.

이 책에서 다루는 내용은 어떤 것은 고등학교 물리 수준보다 높은 것도 있고, 어떤 것은 이공계 대학교의 일반물리학, 심지어는 물리 전공자가 배우는 양자역학을 포함하고 있기도 합니다. 수식을 거의 사용하지 않고 쉽게 설명하려고 노력했지만, 결코 가볍게 읽을 수 있는 책은 아닙니다. 그럼에도 불구하고 우리는 초등학생이 꼭 읽기를 바라며 이 책을 만들었습니다. 과학이 좋아서 장래에 과학자가 되려고 하는 초등학생이 과학지식을 무조건 받아들이기 전에 세상을 자신의 눈으로 보고 자연에 대한 호기심부터 가지기를 바라기 때문입니다. 책에 나오는 질문은 모두 유치원생 또는 초등학생이 던질 수 있는 것입니다. 그래서 어린 학생들이 아직 그 이유나 원리에 대한 설명을 모두 이해하지 못하더라도, 이 책의 '왜 그릇이 바닥에 떨어지면 깨지지?'와 같은 황당하고도 우스꽝스럽기까지 한 질문들로부터 과학적인 질문을 던지는 법을 배울 수 있기를 바랍니다. 학생들이 이 책을 통해 아주 싱거운 질문에 대해서조차 아직 제대로 대답하지 못하고 있다는 것, 지금도 많은 과학자가 답을 찾고 있다는 것, 그리고 뉴턴, 켈빈, 아인슈타인, 파인만 같은 유명한 과학자들도 이러한 사소한 문제에 대해서 관심을 가졌었다는 것을 알게 된다면 좋겠습니다. 그래서 우리의 과학 꿈나무들이 훌륭한 과학자가 되려면 남이 만든 어려운 질문에 대한 답을 찾으려 하지 말고 스스로 멋진 문제를 만들어야 한다는 것을 깨달았으면 합니다.

우리나라의 과학교육에서는 학생들이 스스로 궁금해하기도 전에 너무도 많은 내용을, 그것도 'OO는 OO이다' 또는 'OO는 OO이기 때문이다'라고 가르칩니다. 이 지식에 대한 단답형 문제를 푸는 대학수학능력시험이 지속되는 한 이러한 교육은 변하지 않을 것입니다. 이런 교육에서는 배운 내용을 심지어 전혀 이해하지 못한 것까지도 지극히 당연한 것으로 받아들여야 합니다. 그래야 답을 맞힐 수 있으니까요. 시험을 치르고 나면 문제의 정답을 맞히지 못한 학생은 물론 맞힌 학생조차 그 당연한 내용에 대해서는 더 알아보려고 하지 않을 것입니다. 선생님들도 이미 알고 있는 내용이고, 앞선 천재 과학자들이 다 풀어버렸다고 생각하니까요. 그래서 높은 점수를 받아 우수한 대학교에 입학한 학생들도 대학원에 진학하면 연구를 어려워

합니다. 모르는 것이 없다고 생각하니 무엇을 연구해야 할지 모르는 것이지요. 역설적이지요? 그렇지만 자기가 배운 것에 대해 모르는 것이 없다면 그것은 제대로 알지 못하고 있는 것입니다. 세미나를 듣고 나서 질문을 할 것이 없다면, 그 내용을 모두 이해해서가 아니라 오히려 제대로 이해하지 못했기 때문이 아니겠어요?

어떤 내용에 대해 능숙하게 시험문제를 잘 푸는 학생들은 이제 더 알아야 할 것이 없다고 생각하겠지만, 아직도 과학자들이 정확하게 알지 못하는 것 하나만 이야기해 볼까요? 메테인 CH_4가 연소하여 이산화탄소와 물이 되는 것은 중학교 과학 시간에 모두 배웁니다. 몇 분자의 CH_4와 O_2가 만나 몇 분자의 CO_2와 H_2O가 되는지도 알지요. 하지만 이 연소가 어떤 과정을 통해 일어나는지는 최근에 와서야 밝혀지고 있습니다. 이 책의 엉뚱한 질문과 그 질문에 대한 현재까지의 설명을 통해 자신이 알고 있는 과학이 전부이고 그 모든 것이 당연하다는 생각을 바꾸는 계기가 되면 좋겠습니다.

이 책은 맛있는 요리를 만드는 조리법이나 부엌에서 주의해야 할 일을 알려주지는 않습니다. 대신 칼로 썰고, 물을 부어 밀가루를 반죽하고, 불로 요리하는 과정에서 어떤 물리적인 일이 일어나는지 그 원리는 무엇인지를 설명해 주지요. 원리를 깨우치고 나면 자연스레 맛있는 요리를 안전하게 할 수 있게 될 테니까요. 예를 들어 볼까요? 많은 요리책에 또는 인터넷 사이트에 달걀을 삶는 방법이 나와 있습니다. 냄비에 어느 정도의 물을 넣고 몇 분간 몇 도로 온도를 유지하라고 말이지요. 하지만 달걀을 삶는 것은 어떤 열원을 사용하는지 어떤 냄비를 사용하는지 얼마나 큰 달걀을 삶는지에 따라 달라야 합니다. 오히려 달걀을 삶을 때 어떤 일이 일어나는지를 이해하면 상황에 맞게 달걀을 잘 삶을 수 있지요. 밀가루를 그릇에 담거나 수저로 퍼서 옮길 때는 어떤가요. 항상 바닥에 흘리지요? 이럴 때 조금씩 떠서 옮기라고 잔소리를 하는 대신 수북이 담은 밀가루가 왜 쏟아질 수밖에 없는지를 알려주는 것이 나을 것입니다. 하천에 사는 생물을 보호하기 위해 세제를 적게 쓰라는 캠페인을 하는 대신 아주 적은 양으로도 설거지를 할 수 있다는 것을 물리학적으로 보여주면 효과가 더 좋지 않을까요?

어쩌다 보니 우리 가족은 모두 물리학을 전공하게 되었습니다. 그러니 일상생활의 거의 모든 일에 심지어는 영화를 보면서까지도 '저게 가능해?'라는 질문을 버릇처럼 던지는 까칠한 가족입니다. 어떤 질문에 대해서 답을 곧바로 하기 전에 질문이 제대로 된 것인지를 따지지요. 이 책은 이런 네 사람이 따로 또는 함께 부엌일을 하다가 떠오른 생각이나 나누었던 이야기를 토대로 자료를 찾아 보완하고 검증해서 만들어진 것입니다. 이런 이야기를 책으로 만들어보자는 말은 파전을 공중으로 던져 뒤집으며 나왔습니다. 그 과정에서 일어나는 각운동량 보존, 질량중심의 운동, 팔꿈치를 중심으로 하는 프라이팬의 회전운동, 파전의 관성모멘트 등에 대한 수다를 떨다가 시작하게 되었습니다.

지금은 가족이 여러 곳 심지어 지구의 반대편에까지 흩어져서 살고 있습니다만 우리 가족의 '집'은 충남 논산에 있는 청유재(淸遊齋, 맑게 놀다 가는 집이라는 뜻)라는 택호를 가진 작은 주택입니다. 서예가이신 장암(長巖)선생께서 초라한 집에 너무 거창한 택호를 지어주셨지요. 마치 몸에 맞지 않은 옷을 입은 것 같아서 부끄럽지만, '이 세상에서 맑게 놀다 간다'라는 좋은 뜻을 마음에 새기며 살고 싶어서 그렇게 부르고 있습니다. 그래서 이 책의 저자를 '청유재 사람들'로 한 것입니다. 여기에서 꽃도 가꾸고 닭도 기르는 전원생활을 하고 있기에 이 책에 실린 모닥불이나 달걀 등의 이야기는 우리 가족의 일상생활에서 자연스레 나온 것입니다. 예쁜 꽃과 맑은 바람, 그리고 과학을 좋아하는 분은 청유재에 오시면 언제든 환영하겠습니다. 오셔서 맑게 놀다 가십시오.

끝으로, 잘 팔리지도 않을 것이 뻔한 물리학 원고를 출판하시겠다고 선뜻 받아주시고 여러 조언을 해 주신 조승식 사장님과, 그저 글과 그림이었던 원고를 예쁜 책으로 개조해 주신 북스힐 편집부에 깊은 감사를 드립니다.

2023년 6월

청유재 사람들

차례

CHAPTER 02 설거지

CHAPTER 03 다이어트

CHAPTER

01

밀가루 음식

우리의 주식은 쌀로 지은 밥입니다. 식사하는 것을 '밥 먹는다'라고 할 정도니까요. 요리하기 전의 쌀과 그것이 요리된 밥을 구분할 정도로 쌀은 우리 생활에 중요한 것이었습니다. 영어로는 둘 다 rice라고 하지요. 한때 '쌀밥에 고깃국' 먹고 사는 것이 모든 이의 소망이었던 때도 있었습니다. 요즘은 거의 보기 어렵지만 50원짜리 주화에는 벼 이삭이 그려져 있습니다. 우리나라의 2021년 양곡 소비량 조사에서도 1인당 양곡 소비량 65 kg 중에서 쌀이 57 kg으로 단연 1등입니다.[1] 세계적으로도 전체 양곡 소비량의 20%가 쌀로 1위입니다.[2] 쌀은 사람 몸에 가장 부작용이 없는 거의 완벽한 곡물로 알려져 있습니다.

우리나라에서 쌀로 만드는 요리는 셀 수 없을 정도로 많습니다. 밥만 해도 볶음밥, 비빔밥, 약밥, 찰밥 등 다양하고, 구수한 누룽지로 만드는 숭늉을 식후에 마시는 것은 아주 창의적이라고 할 수 있습니다. 떡은 어떤가

---

1) 2021년 양곡소비량조사결과, 통계청 자료

2) "Rice is Life". 유엔식량농업기구(Food and Agricultural Organization of the United Nations). 2004 쌀의 해를 기념하기 위해 제작한 fact sheet.
http://www.fao.org/rice2004/en/f-sheet/factsheet3.pdf

요? 시루떡, 인절미, 백설기, 증편, 송편과 같은 떡이 있고, 떡을 만든 후 다시 썰어서 요리하는 떡국과 떡볶이까지 있습니다. 요즘은 쌀국수, 리조또, 빠에야 같은 다른 나라의 쌀 요리도 우리 일상에 깊숙이 들어와 있고, 쌀가루를 이용한 케이크를 전문으로 하는 가게도 있습니다. 그런데 이 요리들은 쌀에 들어 있는 녹말을 삶거나 쪄서 익히는 것이 대부분입니다. 그것만으로도 충분히 맛있는 요리가 되기 때문입니다. 그래서 쌀 요리에서는 이야기할 물리 현상이 그다지 많아 보이지 않습니다.

한편, 밀은 우리 식생활의 작은 부분을 차지하는 곡물입니다.[3] 2021년 1인당 소비량은 1.1 kg밖에 되지 않습니다. 쌀 소비량의 2% 정도입니다. 통계청 자료까지 보지 않아도 밀 소비량이 적다는 것은 알 수 있습니다. 쌀은 큰 포대에, 밀가루는 작은 봉지에 담아 파니까요. 그런데 밀가루로 만든 음식은 국수만 해도 칼국수, 라면, 수타 짜장면, 소면, 파스타 등 국수 가닥을 만드는 방법과 그것을 요리하는 방법에 따라 종류가 참 많습니다. 그 많은 종류의 빵은 어떻고, 또 부침개들은 어떤가요? 그래서 이 장에서는 쌀 대신 밀가루로 만드는 요리에 숨겨진 물리학을 다루려고 합니다.

밀가루로 만든 음식이 이토록 다채로운 이유는 밀이 쌀보다 그 자체로는 맛이 없고, 또 소화가 잘되지 않는 곡물이기 때문일 겁니다. 잘 씹히지도 않고 오래 씹어도 쌀밥처럼 입안에서 단맛을 느끼지도 못합니다. 게다가 대부분 소화가 되지 않은 채로 배설되지요. 생밀을 먹으면 아예 배탈까지 납니다. 그런데 밀은 쌀보다 환경이 나쁜 곳에서도 잘 자랍니다. 이 밀을 어떻게든 맛있고 소화가 잘되게 만들려고 노력한 결과 그런 멋진 요리들이

3) 세계적으로는 그렇지 않습니다. 쌀과 거의 같은 19%에 이릅니다. 서양의 식단은 밀가루 음식이 주식이지요.

개발되었을 겁니다. 이것은 우리 호모사피엔스에게 참으로 위대한 문화유산입니다. 거대한 바다에 도전할 수 있게 해준 배나 세계를 하나로 묶어준 스마트폰보다 더 훌륭한 것이 밀가루로 만든 음식일지도 모릅니다.

밀은 인류 역사에서 가장 오랜 역사를 가진 곡식으로 농업이 시작된 1만~1만5천 년 전부터 재배되었습니다. 코카서스 서부에서 시작하여 전 세계로 퍼졌고 우리나라에는 중국을 거쳐 기원전 100년에 전래된 것으로 추정됩니다. 이때 한반도에는 이미 벼농사가 시작된 후이고[4] 기후가 밀 농사와 잘 맞지 않은 탓인지 생산량이 많지는 않았었나 봅니다. 그래서 밀가루 음식은 고려 시대에 이르기까지도 잔치 때에나 먹을 수 있는 귀한 음식이라고 고려도경(高麗圖經)[5]에 서술되어 있습니다. 생산량이 적은 것도 한 이유겠지만 밀을 갈아 밀가루로 만들고, 이것을 반죽하여 요리하는 것이 손이 많이 가는 작업이었을 겁니다. 가루로 빻고 요리하기 위해 특별한 도구와 기술도 필요했겠지요. 이것이 현재까지도 결혼식에서 국수를 대접하는 전통의 기원인지 모릅니다. 국수 가락의 긴 모양 때문에 오래 살기를 기원하는 의미가 담겼다고 합니다. 조선 시대는 국수가 민가에도 어느 정도 보급되었기에 이런 전통이 생겼을 겁니다.

밀은 벼와는 달리 겨(겉껍질)가 잘 벗겨지지 않습니다. 가운데에 길게 파인 홈이 겨에 연결되어 단단히 붙어 있기 때문입니다. 벼는 절구에 넣고

---

4) 쌀은 인도가 기원이라는 설이 가장 유력하며 우리 한반도에는 약 4천~5천 년 전 신석기 후기에 전래되어 청동기에는 본격적으로 재배하였다고 보고 있습니다. 충북의 구석기시대 토탄층에서 볍씨가 출토되어 한반도에서의 벼농사 역사가 더 오래전일 것으로 보고 있습니다.

5) 우리나라 역사책이 아니고 북송(北宋)의 서긍(徐兢)이 고려에 사신으로 와서 한 달 동안 머물면서 보고 들은 것을 글과 그림으로 기록해 놓은 것입니다. 그림은 불에 타버렸다고 하네요.

찧으면 겨가 벗겨지지만 밀은 찧으면 깨져 버려 알곡을 얻기 어렵습니다. 애써서 껍질을 벗긴 밀알은 요리한다고 해도 어차피 거의 먹지 못하는 음식이 되니 가루로 만들어야 합니다. 동양과 서양의 문명, 특히 과학과 기술의 차이가 쌀과 밀의 이러한 특징에서 비롯되었다는 주장도 있습니다. 벼 농사에 맞는 기후를 가진 동양에서는 밥을 먹고, 밀 농사가 잘 되는 서양에서는 빵을 먹게 되었지요. 그런데, 빵은 밥과는 달리 영양소가 부족하여 고기와 우유 등을 함께 먹어야 하니 서양에서는 길을 내서 서로 소통하였고, 벼농사를 지으려면 일손이 부족하니 동양에서는 마을이 생겨났다는 것입니다.[6] 밀을 가루로 만드는 도구의 발명이 더 절실한 서양에서 산업혁명이 일어난 것도 어쩌면 밥과 빵의 차이일 수 있습니다. 돈키호테가 말을 몰아 돌진했던 풍차도, 슈베르트의 가곡에 나오는 아름다운 아가씨가 있는 물레방앗간도 모두 밀가루를 만드는 제분소였을 겁니다.

밀가루 이야기를 조금 색다르게 시작해 볼까요? 영화 「이퀄라이저 2」에서는 주인공 맥콜(덴절 워싱턴 분)이 빵 가게의 밀가루를 선풍기로 날려 폭발을 일으키는 장면이 나옵니다. 주인공을 죽이려고 가게에 수류탄을 던진 악당이 그 폭발로 도리어 죽습니다. 영화에서야 모든 것이 가능하지요. 수류탄을 던질 것을 미리 알고 밀가루를 흩뿌려 놓은 것은 각본에 따라 그랬다고 칩시다.

6) 권삼윤 저, 빵은 길을 만들고 밥은 마을을 만든다, 2007년, 이가서.

밀가루를 뿌리고 불을 붙이면 실제로 폭발하나요?

그렇습니다. 과학적으로 따졌을 때 가능한 일입니다. 아주 미세한 가연성 입자가 공기 중에 흩어져 있을 때 불꽃에 의해 점화가 되면 입자들이 연쇄적으로 연소하면서 많은 열을 발생하고 폭발이 일어날 수 있습니다. 이것을 분진폭발(粉塵爆發)이라고 합니다.

바닥에 놓인 한 숟가락 정도의 밀가루에 성냥불을 가져다 대면 불 주위만 새까맣게 탈 뿐 밀가루 전체에 불이 붙지는 않습니다. 성냥불에 닿은 부분이 탈 때 나오는 열이 흩어져서 주위의 밀가루를 계속 발화점 이상으로 올리지 못하기 때문입니다. 또, 밀가루의 안쪽에는 공기가 충분하지 않고, 연소가 일어나는 불꽃의 겉 부분에서 산소의 공급이 차단되어, 불이 붙는다고 해도 표면만 그을리는 정도에 그칩니다. 그런데 밀가루가 공기 중에 흩뿌려져서 떠다니면 거의 모든 가루 입자가 공기와 접촉하고 있는 상태가 되어 계속해서 연소가 일어날 수 있습니다. 충분히 많은 양의 밀가루가 연소할 때 나오는 열이 뜨거운 기체의 막을 만드는데, 이것이 소리의 속도보다 빠르게 팽창하면 충격파가 발생하여 폭발음이 나게 됩니다. 닫힌 공간에서 이러한 연쇄반응이 일어나면 영화에서처럼 공간을 막고 있던 구조물을 부수는 폭발이 일어날 수도 있습니다.

몇몇 인터넷 사이트에 숟가락 하나 정도의 밀가루가 축구장의 3.7배의 표면적을 가진다고 과장하고 있습니다. 누군가가 잘못 계산해 올린 것이 계속 돌아다니는 것으로 보입니다. 밀가루가 공중에 흩뿌려져 있을 때 공기와의 접촉면적이 얼마만큼 늘어나는지 알아볼까요? 한 변의 길이가 1 cm인 정육면체 모양으로 뭉쳐진 밀가루 덩어리의 표면적은 6 cm^2입니다. 일상에서 사용하는 밀가루 입자의 크기는 10~200 μm 정도입니다. 모든 밀가루 입자가 한 변의 길이가 100 μm인 정육면체라고 가정해 봅시다. 마이크로미터라고 하니 무척 작아 보이지만 이것은 1 cm의 1/100입니다. 밀가루 입자 한 개의 표면적은 한 덩어리였을 때의 1/100의 제곱 배로 줄어듭니다. 그런데 입자의 수는 100의 세제곱 배가 되지요. 그 결과 전체 표면적은 기껏 100배로 늘어납니다. 100배가 결코 작은 것은 아니지만 600 cm^2가 축구장의 3.7배가 될 수는 없지요.

분진폭발에서 중요한 것은 표면적이 극적으로 늘어나는 것이 아니라 입자 대부분이 공기와 접촉한 상태에 있다는 것이고 그 결과 한꺼번에 연소가 일어난다는 것입니다. 이것이 폭발로 이어지려면 입자의 크기와 공기 중 입자가 분포하는 농도가 충분해야 합니다. 그러니 밀가루를 엎어서 부엌에 약간의 가루가 흩뿌려졌다고 해서 크게 당황할 필요는 없습니다. 가스레인지를 켜고 요리하는 중이었다면 이미 폭발이 일어났어야 할 텐데 그렇지 않은 것이니까요. 선풍기로 계속 날리게 하지 않는 한 밀가루는 얼마 지나지 않아서 바닥으로 내려올 겁니다. 불꽃이 튀지 않게 가스레인지를 끄고 또 어떤 전기 스위치도 작동하지 말고, 창을 열어 환기를 시키면 됩니다.[7] 여하간 불이 켜진 가스레인지 근처에서 밀가루를 다루는 것은 피하면 좋겠습니다. 폭발까지는 일어나지 않더라도 실수로 날린 밀가루가 연소하며 화재로 이어질 수 있으니까요. 또, 이때 불완전연소 결과 발생한 일산화탄소가 가스중독을 일으킬 수도 있습니다. 밀가루에 관한 이야기를 이런 낯선 주제로 시작한 이유는 이런 사고를 예방하자는 뜻이었습니다.

---

7) 전기 스위치를 작동하지 말라는 것은 켜는 것은 물론 끄지도 말라는 뜻입니다. 집안에 가스가 누출된 것을 감지했을 때도 같은 방법으로 대처해야 합니다.

여러 조건이 맞아야 일어날 수 있는 낮은 확률의 사고인데도 의외로 분진폭발은 자주 일어납니다. 벼를 도정(搗精, 벼를 찧어 겨를 벗겨내고 현미를 만들거나 겉을 더 깎아서 백미로 만드는 일, rice milling 또는 rice polishing)하는 정미소나 밀을 빻아 밀가루를 만드는 제분소에서 폭발이 일어났다는 뉴스를 가끔 접합니다. 목공소에서도 나무를 잘라 가구를 만드는 과정 중 발생한 먼지에 전동기계의 불꽃[8]이 튀어 폭발을 일으킬 수 있습니다. 석탄을 캐는 탄광이나 이것을 사용하는 화력발전소도 폭발한 적이 있습니다. 미국에는 거대한 농장에서는 수확한 곡물을 사일로(저장탑, silo)에 저장합니다. 사일로에 곡물을 쏟아붓는 과정에서 곡물이 비벼질 때 떨어져 나간 먼지에 마찰전기로 불꽃이 튀어 폭발하기도 합니다.[9]

한때 졸업식에서 교복에 밀가루를 뿌리는 것이 학생들에게 유행했던 적이 있습니다. 생각해보면 이것은 큰 사고가 날 수도 있는 위험한 장난이었습니다. 폭발까지는 아니더라도 담뱃불과 같은 것에 인화가 되면 날린 가루에 불이 붙어 화상을 입을 수도 있으니까요. 닫힌 방 안에서 아이들이 베개로 서로 치며 장난하는 것도 위험할 수 있습니다. 이때 날린 먼지에 불이 붙는 것은 생각만 해도 끔찍하네요. 그 먼지를 호흡하는 것만도 웃으며 두고 볼일은 아니지요. 냉장고나 세탁기의 구석진 곳에 쌓인 먼지도 자주 청소하는 것이 좋겠습니다. 이것들은 연소를 시작하게 하는 좋은 불쏘시개니까요.

자, 이제 불꽃 근처에서 밀가루가 날리면 위험한 일이 일어날 수도 있다는 경고는 충분히 했으니 밀가루를 반죽해 봅시다. 어떤 요리를 처음으로 할

---

8) 전동톱이나 전동드라이버를 오래 사용하면 모터의 전동자 부분에서 불꽃이 많이 튑니다.

9) 사일로 폭발에 대한 실험을 하는 재미있는 영상 소개합니다. Mythbusters: Silo Explosions https://www.youtube.com/watch?v=N2jeQt5Yjew

때는 밀가루와 물, 그리고 달걀을 계량컵까지 써가며 정확하게 재서 조리법을 따릅니다. 그러다가 익숙해지면 눈대중으로 양을 맞추니까 반죽이 질거나 되게 되지요. 반죽이 조금 질어 밀가루를 숟가락으로 조금 떠서 넣으려고 하면 꼭 흘리지요? 숟가락으로 뜰 때까지는 잘 올려져 있던 밀가루가 숟가락이 봉지를 나와 옮기는 도중에 꼭 무너집니다. 아무리 조심해도 그렇습니다. 그래서 조금씩 여러 번 옮기는 것보다 흘린 것 치우는 게 오히려 시간과 노력이 더 들지요. 잘 알면서도 설탕이나 소금 또는 쌀을 옮길 때도 똑같은 실수를 되풀이합니다. 한꺼번에 많이 옮기려고 욕심을 부리는 것이 그 원인입니다. 그러니 '밀가루를 숟가락으로 떠서 옮길 때는 조금씩 여러 번 나누어서 하라'라는 것을 그 집안 부엌의 전통으로 하면 됩니다. 그렇지만 '왜 꼭 그래야 하는데요?'라고 대드는 후손이 언젠가는 나올 겁니다.

밀가루를 옮길 때 왜 항상 바닥에 흘릴까요?

'일은 항상 원하지 않는 방향으로 진행된다'는 머피의 법칙(Murphy's Law)일까요? 그렇지 않습니다. 숟가락에 욕심껏 올려놓은 밀가루가 무너지며 바닥에 흩어지는 것은 물리 법칙으로 설명할 수 있습니다. 이것은 봉지에 낸 작은 구멍을 통해 밀가루를 위에서 아래로 조금씩 떨어지게 할 때 나타나는 물리적 현상과 관계가 있습니다. 항상 일어나는 그 특이한 현상을 눈여겨본 적이 있나요? 밀가루가 항상 산 모양으로 쌓이는 것 말입니다.

'에이, 별것 아니네?'라는 생각이 들지요? 봉지의 좁은 구멍에서 밀가루가 내려오니 바로 그 아래에 떨어져서 높게 쌓이다가 무너지고, 또다시 쌓이다가 무너지는 것을 계속하면서 산 모양이 되는 것은 우리에게 너무도 익숙한 현상이니까요. 어릴 때 모래 장난을 해 본 사람이라면 누구나 알고 있는 거지요. 그림 1-1에서 볼 수 있듯이 염전에서 거두어 쌓아 놓은 소금도 그렇습니다. 물을 빼기 위해 소금을 높이 쌓으려고 아무리 노력해도 결국은 무너지며 산 모양이 됩니다. 더미의 크기에 따라 달라지지도 않습니다. 기름 소금장 만들려고 소금 통의 작은 구멍을 통해 작은 접시에 소금을 따라 놓아도 산 모양이 됩니다. 그 모양이 가루의 양에 따라 별로 다르지 않고 항상 닮은꼴이 된다는 것이 신기한 일이지요.

생각해 보면 또 신기한 점이 있습니다. 이 산 모양을 연직면으로 자르면 그 단면은 항상 삼각형 모양입니다. 물론 바닥이 평평할 때 그렇지요. 아무렇게나 그린 세모가 아니라 기하학적으로 각 변이 직선인 삼각형이라는 것입니다. 즉, 바닥으로부터의 높이가 다른 모든 부분에서 경사각이

그림 1-1 언제나 경사각이 일정한 산 모양으로만 쌓이는 알갱이 물질

일정하지요. 태국의 왓 아룬 사원에 있는 탑처럼 위로 올라가며 경사각이 커지지도 않고, 타지마할의 돔처럼 위로 올라가며 경사각이 낮아지지도 않습니다.

심지어 입자들의 크기가 달라도 마찬가지로 경사각이 일정한 산 모양이 됩니다. 쌀과 콩도 위에서 작은 구멍을 통해 쏟아지도록 하면 바닥에 쌓인 모양이 경사각이 일정한 산 모양입니다. 돌을 분쇄하여 모래와 자갈을 만드는 골재 사업장에 쌓인 모래 더미와 자갈 더미도 그렇습니다. 적은 양의 자갈은 쌓인 모양이 제멋대로이지만 많은 양이 컨베이어벨트에서 아래로 떨어지면 자연스럽게 그림 1-1과 같은 경사각이 일정한 산 모양이 되지요. 이렇듯 똑같은 현상이 여러 다른 상황에서 예외 없이 일어나면 물리학의 중요한 연구 대상이 됩니다. 그 현상을 관통하는 물리학의 원리가 반드시 있을 것이기 때문입니다.

밀가루 한 컵이나 쌀 한 그릇처럼 고체 낱알이 모인 물질을 알갱이 물질(granular material)이라고 합니다. 부엌에는 이러한 알갱이 물질이 많이 있습니다. 양념통에 들어 있는 설탕, 소금, 후추, 고춧가루도 알갱이 물질이고, 봉지에 들어 있는 쌀, 보리, 콩, 팥, 조도 그렇습니다. 이것들을 갈아서 만든 미숫가루도 있네요. 커피 원두와 이것을 분쇄한 가루도, 그리고 봉지에 들어 있는 커피 믹스 가루도 알갱이 물질입니다. 이들 알갱이 하나하나는 각각 다른 물리적 성질을 보이는 고체이지만, 이것들이 물질을 이루어 집단이 되었을 때는 특이한 물리적 현상이 나타납니다. 예를 들어, 각각의 입자는 고체인데도 알갱이 물질은 액체의 성질을 가지기도 한다는 것입니다. 소금 통에 들어 있는 소금이 구멍을 통해 주르르 흐르는 것이나, 모래시계에서 아래로 떨어지는 모래가 좋은 예가 되겠네요. 이것은 알갱이들이 따로따로 움직일 수 있기 때문에 일어나는 현상입니다. 액체 상태의 물질에서 분자가 서로 상대적인 위치를 바꿀 수 있는 것처럼 말이지요.

알갱이 물질이 쌓여 있는 것은 알갱이가 다른 알갱이들이 만든 경사면 위에 올려져 있는 상태입니다. 그래서 어느 특정한 경사각 이상으로 쌓을 수가 없습니다. 중력에 의해 아래로 내려가려는 힘이 최대정지마찰력보다 크게 작용하면 알갱이가 미끄러지기 때문이지요. 그 결과 경계면이 매끈한 산 모양의 더미가 만들어집니다. 알갱이 물질이 쌓일 수 있는 최대 경사각을 **안식각(安息角, angle of repose)**이라고 합니다. 안식각은 알갱이 물질의 고유한 성질입니다. 안식각에 가장 큰 영향을 주는 것은 알갱이 사이의 최대정지마찰력입니다. 대략적으로 **안식각의 탄젠트 값이 정지마찰계수**입니다. 안식각은 같은 물질이라고 해도 알갱이의 모양과 크기에 따라 약간 달라집니다.

알갱이 물질을 담고 있는 그릇에 충격이 가해지는 경우 **안식각의 탄젠트 값은 운동마찰계수**와 같게 됩니다. 일반적으로 운동마찰계수는 정지마찰계수보다 작습니다. 그래서 밀가루를 숟가락에 떠서 나르는 중에 손이 약간이라도 흔들리면 밀가루가 쏟아지는 것입니다. 아무리 조심해도 손은 약간씩 흔들립니다. 손과 팔을 지나는 혈관의 맥에 의해서도 지속적으로 진동하지요. 팔을 앞으로 쭉 펴고 한참 있으면 이 진동을 느낄 수 있습니다. 아령과 같은 무거운 물체를 들고 팔을 펴면 진동이 더 잘 나타납니다.

그림 1-2 (가)는 알갱이 물질의 안식각을 어떻게 정의하고 측정하는지를 설명하기 위한 것입니다. 그림에서 선분 PQ는 O점에서 알갱이 물질과 바닥의 경계선에 대한 접선을 나타냅니다. 그리고 선분 OA는 선분 PQ에 수직으로 바닥에 그은 것이고, 선분 OB는 선분 PQ에 수직으로 알갱이와

공기의 경계면에 그은 것입니다. 안식각은 선분 OA와 OB가 이루는 각입니다. 쌓인 모양이 어떻든지 경계선의 모든 곳에서 안식각이 같은 값을 가진다는 것이 알갱이 물질의 재미있는 성질입니다.

그래서 알갱이 물질이 쌓인 더미의 모양은 그림 1-2 (나)처럼 바닥과의 경계선이 어떤 모양인지에 따라 달라집니다. 단면의 모양이 원, 삼각형, 정사각형인 그릇에 밀가루나 쌀을 위에서 주르륵 쏟으면 원뿔, 삼각뿔, 정사각뿔 모양의 더미가 만들어집니다. 동그란 모양의 경계를 가지는 숟가락으로 밀가루를 퍼서 옮길 때 원뿔 모양보다 더 많이 옮기려고 욕심을 부리면 중간에 반드시 쏟게 될 것입니다. 직사각형 위에 쌓인 더미의 모양은 어디에서 많이 본 것 같지 않나요? 바로 우리 한옥의 기와지붕 모양입니다. 알갱이가 쌓인 자연스러운 모양으로 기와지붕을 만들어 기와가 안정적으로 자리 잡게 하면서도 안식각이 더 작은 눈은 잘 흘러내리도록 한 조상의 슬기가 담겨 있습니다.

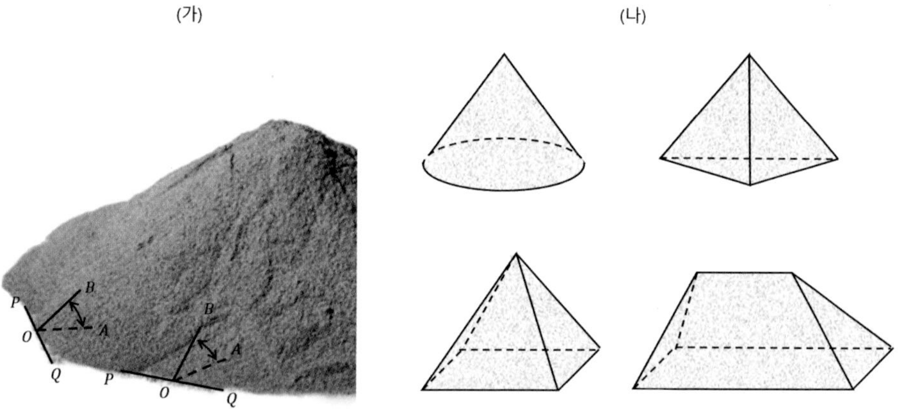

그림 1-2 (가) 알갱이 물질의 안식각의 정의 (나) 바닥의 모양에 따라 달라지는 알갱이 물질이 쌓인 더미의 모양

그림 1-2의 (나)는 알갱이가 쌓인 전반적인 모양일 뿐이고 실제 모양은 이보다 훨씬 더 복잡합니다. (가)의 사진에서 볼 수 있듯이 알갱이와 공기의 경계면은 매끄럽지 않지요. 더구나 이 모양조차 결코 안정한 상태가 아닙니다. 알갱이가 한두 개 그 위에 쌓이다가 미끄러지면 그 주위의 알갱이들이 같이 흘러내리며 사태(沙汰, avalanche)가 일어납니다. 언제 어느 지점에서 어떤 크기의 사태가 일어날지는 예측할 수 없습니다. 무작위로 일어나는 이 '사태'에도 자연계의 중요한 규칙이 나타납니다. 알갱이를 위에서 조금씩 떨어뜨리면서 어떤 크기의 사태가 얼마나 자주 일어나는지, 즉 빈도(頻度, frequency)를 조사해 보면 사태의 크기와 빈도 사이에 반비례의 관계가 성립합니다. 즉, 큰 크기의 사태일수록 일어나는 빈도가 줄어든다는 것입니다. 이것을 $1/f$ 규칙이라고 합니다. 그래서 일정한 시간동안 일어나는 사태의 총량은 같지요. 이것은 어쩌면 당연한 것입니다. 단위 시간당 일정한 수의 알갱이를 떨어뜨릴 때, 그림 (나)와 같은 더미가 만들어지고 나면 더 이상 쌓이지 못하고 미끄러질 테니까요.

지진이 일어나는 것에도 똑같은 $1/f$ 규칙이 성립합니다. 다행히도 규모가 큰 지진은 그만큼 잘 일어나지 않습니다. 다른 한편으로는 아주 드물다고 해도 규모가 큰 지진도 언젠가는 일어날 수 있다는 말도 됩니다. 우리가 보는 경치 속에서 산의 크기와 그 크기를 가지는 산의 수에도 $1/f$규칙이 성립하지요. 밀가루를 체로 쳐서 아래로 조금씩 떨어뜨리면 바닥에 쌓이는 모양도 자연스러운 산 경치 모양이 됩니다. 새들이 지저귀는 소리, 숲을 지나는 바람 소리, 개울물 소리와 같은 자연계의 소리는 모두 $1/f$규칙을 따릅니다. 음악에서도 음계의 높이와 빈도가 서로 반비례하는 것이 듣기에 좋은 노래입니다. 그래서 크기와 빈도 사이의 반비례 규칙은 '자연스러움'을 판단하는 기준이 됩니다. 인위적으로 그린 어떤 그림이나 조작이 들어간 어떤 사진이 자연스럽지 않다는 느낌이 드는 것은 이 규칙에서 벗어나기 때문입니다.

$1/f$ 규칙의 중요한 특징은 이 현상을 나타내는 그래프가 모두 똑같다는 것입니다. 가로축과 세로축의 눈금 간격을 조절하면 모든 그래프를 서로 겹치게 할 수 있습니다. 그림 1-3의 (가)에서 $y=1/x$와 $y=2/x$는 다른 그래프처럼 보이지만 그림 (나)와 같이 가로축의 눈금을 2배로 바꾸면 $y=2/x$는 그림 (가)의 $y=1/x$ 그래프와 완전히 겹치는 모양이 됩니다. 또, 그림 (다)와 같이 가로축의 눈금을 1/2로 바꾸고 세로축의 눈금을 2배로 바꾸어서 $y=1/x$ 그래프를 그리면 그림 (가)의 $y=1/x$그래프와 완전히 겹칩니다. 그러니까 크기와 빈도의 단위를 어떤 것으로 잡고 측정을 해도 그래프를 항상 똑같은 모양으로 그릴 수 있다는 것입니다. 신기하지요? 사실은 $y \propto 1/x$뿐 아니라 $y \propto x^{\alpha}$ 형태의 모든 그래프가 이러한 성질을 가집니다. x의 척도를, 예를 들어, 2배로 바꾸고 y의 척도를 2^{α}배로 바꾸면 그래프가 완전히 똑같은 모양이 되지요. 이것을 **눈금 불변성(scale invariance)**이

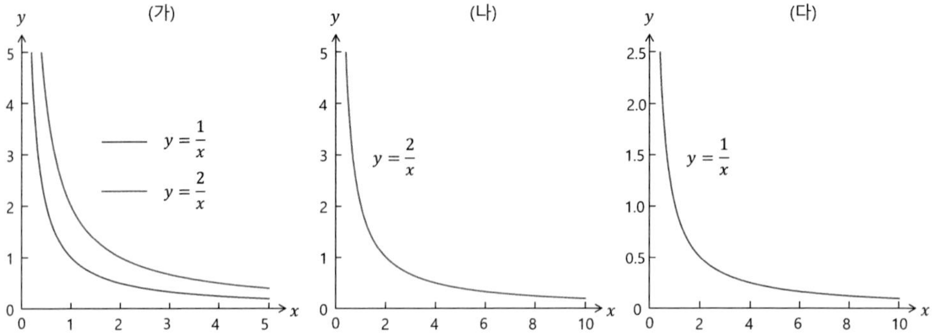

그림 1-3 $y=1/x$ 그래프의 척도 불변성

라고 합니다. 밀가루가 바닥에 쌓인 모양을 찍은 사진에서 일부분을 확대하면 거의 같은 모양의 사진이 됩니다. 이것도 $1/f$의 눈금 불변성이 일으키는 재미있는 현상입니다.

눈금 불변성은 액체 상태와 기체 상태의 구분이 사라지는 임계점(critical point)에서 일어나는 특이한 물리 현상입니다. 온도 T가 임계온도 T_c에 가까울 때 물질의 성질을 나타내는 어떤 물리량들은 $(T-T_c)^{\alpha}$에 비례합니다. 이때의 지수 α를 임계지수(critical exponent)라고 하고 이것은 상전이(相轉移, phase transition) 현상을 연구하는 데 중요한 역할을 합니다.

일반적인 임계 현상은 온도가 임계온도 근처일 때 일어납니다. 그러니까 외부에서 열을 가해 온도를 변화시켜서 이러한 현상이 일어나게 하거나 일어나지 않게 할 수 있습니다. 그런데 알갱이가 쌓일 때 $1/f$규칙이 나타나는 것은 외부에서 조절할 수가 없습니다. 그냥 스스로가 그런 상태를 만들어내는 것입니다. 그래서 모래나 밀가루와 같은 알갱이 물질이 쌓여서 임계 상태가 되는 것을 물리학에서는 자체 조직 임계성(self-organized criticality)[10]이라고 부릅니다.

밀가루가 쌓이는 모양에 대한 물리학은 우리에게 자연에 대한 두 개의 진실을 알려줍니다. 하나는 우리가 보는 복잡한 현상은 아주 간단한 물리 법칙이 단지 많은 수의 입자에 적용된 결과로 나타난다는 것입니다. 체로 친 밀가루가 바닥에 쌓이며 만들어내는 복잡한 모양은 가루들이 안식각 이상으로 쌓이면 미끄러지고 그 운동의 영향으로 주위의 가루들이 함께 사태가 일어난다는 간단한 규칙을 따른 결과입니다. 이 세상의 모든 복잡한

10) P. Bak, C. Tang, K. Wiesenfeld, *Self-organized criticality: an explanantion of 1/f noise*, Phys. Rev. Lett. 59, 381-384 (1987).

생명현상도 그렇습니다. 결국은 양성자와 중성자가 핵력으로 결합하여 핵을 만들고 여기에 전자가 전기력으로 결합하여 원자를 만든 결과지요. 마치 두 사람이 검은 돌과 흰 돌을 19×19 격자점에 번갈아 놓고, 둘러싸면 돌을 잡는 단 두 개의 간단한 규칙을 가진 바둑에서 수없이 많은 기보가 만들어지는 것과 같다고 할까요?

또 하나의 진실은 우리가 살아가는 자연계가 자체 조직 임계성을 가진 불안정한 상태라는 것입니다. 스스로 그런 상태가 되기 때문에 어떻게 조절할 방법도 없습니다. 이것은 매우 이상하게 들립니다. 자연계는 물리학의 법칙에 따라 작동하고 있고, 물리학 법칙은 현재 상태가 어떤 상태로 변화할지를 예측할 수 있게 해주니 안정한 상태를 계속 유지할 수 있을 테니까 말입니다. 그런데 자연계는 여러 개체가 모여 있어서 어쩔 수 없이 자체 조직 임계성을 가지게 됩니다. 대표적인 것이 지진입니다. 지구 내부의 에너지에 의해 여러 조각의 판이 서서히 움직이다가 경계의 한 지점에서 갑작스러운 변화가 일어나는 것이 지진입니다. 이것은 밀가루가 조금씩 위에서 떨어질 때 산사태가 일어나는 것과 똑같은 자체 조직 임계현상입니다. 많은 수의 다양한 종이 이루고 있는 생태계도 마찬가지입니다. 아주 작은 교란이 멸종이라는 중대 사건으로 이어질 수도 있습니다. 우리 사람들이 사는 세상도 마찬가지입니다. 각 개인은 주위의 몇 사람과 관계를 맺으며 단순한 일상을 보내는 것뿐인데도 사회나 국가 전체에 나타나는 사회현상은 무척 복잡합니다. 밀가루가 쌓일 때 한 개의 가루가 떨어진 것이 규모가 큰 사태를 일으키는 것처럼, 몇 사람 사이에 일어난 사소한 사건이 혁명이나 전쟁과 같은 재앙으로 이어지기도 합니다.

밀가루를 옮기면서 너무 심각한 이야기까지 하게 되었네요. 여하간 밀가루를 숟가락이나 작은 그릇으로 퍼서 옮길 때, 안식각보다 크게 담으면 반드시 무너져서 바닥에 흘린다는 것을 기억하기 바랍니다. 또, 밀가루에는 안식각보다 작은 각으로 쌓아도 옮기는 중에 손 떨림과 같은 약간의 교란만 있어도 사태가 일어나며 무너지는 자체 조직 임계성이 있다는 것도 잊지 맙시다.

밀가루를 그릇에 담은 후 가만히 두면 그 모양을 그대로 유지하는데 그릇을 가볍게 쳐주기만 해도 밀가루는 물처럼 움직이며 윗면이 평평해지려 합니다. 유동적인 액체의 성질을 보이는 것입니다. 그렇지만 그릇에 가하는 충격이 없어지면 금방 움직임이 멈추고 그 상태를 유지합니다. 고체가 된 것이지요. 이렇게 유동성이 곧바로 나타나다가 또 곧바로 없어지는 것도 알갱이 물질의 특별한 성질입니다. 일반적인 물질은 열의 이동으로 물질을 이루는 분자의 열적 운동이 달라져서 고체-액체-기체 상태가 되고, 열이 전도나 대류로 이동하는 데는 시간이 걸리니까 이러한 물질의 상태 변화는 서서히 일어납니다. 그런데 알갱이 물질을 이루는 입자는 분자들과는 비교할 수 없을 정도로 커서 열적인 운동을 하지 못합니다. 열운동은 입자를 구성하는 분자들이 하지요. 그래서 알갱이 물질의 유동적 성질은 입자들의 역학적 운동의 결과입니다. 입자들이 움직이면 서로 부딪히며 운동에너지를 아주 빠르게 잃기 때문에 지속적으로 에너지를 공급하지 않으면 입자들의 움직임이 곧바로 멈추는 것입니다. 알갱이들이 부딪힐 때 얼마나 빨리 에너지를 잃어버리는지 알아볼까요? 밀가루는 입자의 크기가 작아서 효과가 잘 드러나지 않으니 쌀로 다음과 같은 실험을 해 봅시다.

확인해 볼까요?

1. 쌀알 하나를 식탁 위에 떨어뜨려 보세요. 쌀알이 얼마나 멀리 튀어가나요?
2. 쌀알 하나를 그릇에 담긴 쌀에 떨어뜨려 보세요. 쌀알이 얼마나 멀리 튀어가나요?

나무로 된 식탁은 딱딱한 고체입니다. 그 위를 유리로 덮기도 하지요. 고체 상태에서는 분자들이 서로를 움직이지 못하게 단단히 묶고 있습니다. 마치 각각의 분자 사이에 보이지 않는 용수철이 연결된 것과 같아서 하나 또는 여러 분자에 약간의 위치 변화가 생기면 제자리로 돌아가려고 합니다. 그래서 고체 상태인 바닥의 면은 침대 매트나 트램펄린(trampoline)과 같아서 부딪힌 물체가 튀어 오릅니다. 실수로 쌀을 부엌 바닥에 쏟았을 때 얼마나 멀리 떨어진 곳까지 쌀알이 흩어져 있던가요?

그런데 쌀알을 그릇에 담긴 쌀에 떨어뜨리면 튀어 오르지 않고 바로 멈춥니다.

왜 쌀이 쌓인 곳에 떨어진 쌀알은 튀어 오르지 않을까요?

떨어진 쌀알과 그릇에 담겨 있는 쌀알 하나하나는 모두 딱딱한 고체라서 탄성을 가질 텐데 말이지요. 그것은 그릇에 담겨 있는 쌀알이 따로따로 움직일 수 있기 때문입니다. 그래서 떨어진 쌀알이 부딪혔을 때 그릇에 담긴 쌀알 전체가 한 덩어리로 움직이게 되는 것이 아니라, 쌀알 중 하나와 부딪히고 다시 그 쌀알이 다른 쌀알과 부딪히는 일이 연속적으로 일어납니다. 마치 당구공이 당구대의 모서리에 부딪힐 때와 여러 개의 당구공을 모아 놓은 곳에 부딪힐 때의 차이와 같습니다. 이렇게 말로 해서는 상황을 제대로 설명하기 어렵습니다. 제대로 된 물리학 공부를 조금만 해 볼까요?

그림 1-4 (가)와 같이 질량 m_1인 물체가 v_0의 속력으로 움직이다가 질량 m_2인 정지해 있던 물체에 부딪힙니다. 외부에서 따로 작용하는 힘은 없고, 정면으로 부딪힌 후 두 물체가 v_0와 나란한 방향으로 각각 v_1과 v_2의 속력으로 움직인다고 합시다. 부딪히기 전과 후에 두 물체의 운동량의 합은 같습니다. 이것을 수식으로 나타내면

$$m_1 v_0 = m_1 v_1 + m_2 v_2 \tag{1.1}$$

입니다. 두 물체가 부딪힐 때 나타나는 규칙이 또 하나 있습니다. 그것은

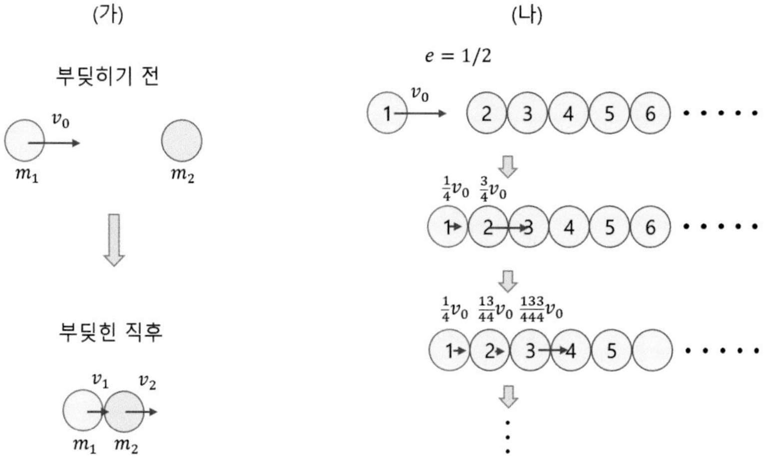

그림 1-4 (가) 두 물체가 부딪히기 전과 직후 (나) 일렬로 서 있는 질량이 같은 입자들에 또 다른 입자 하나가 와서 부딪히는 경우

물체가 부딪히기 전과 후의 상대속도의 비는 어떤 속력으로 부딪혔는지에 따라 달라지지 않는다는 것입니다. 그 비를 반발계수라고 하고 그 값은 두 물체가 어떤 물질로 만들어져 있고 모양이 어떤가에 따라 결정됩니다. 그림 1-4의 (가)와 같은 상황에서, 충돌 전에는 파란색 물체가 오른쪽으로 더 빠르게 움직였고, 충돌 후에는 빨간색 물체가 오른쪽으로 더 빠르게 움직입니다. 그러므로, 두 물체의 반발계수 e는

$$e = \frac{v_2 - v_1}{v_0 - 0} \tag{1.2}$$

가 됩니다. (1.1)과 (1.2) 식으로부터 v_1과 v_2를 구하면

$$v_1 = \frac{m_1 - em_2}{m_1 + m_2} v_0 \,, \quad v_2 = \frac{m_1}{m_1 + m_2}(1+e)v_0 \tag{1.3}$$

인 것을 알 수 있습니다.

간단한 식이지만 이 결과로부터 우리는 많은 현상을 설명할 수 있습니다. 이것이 얼마나 근사한지 알아볼까요? 농구공을 바닥에 튕기거나 당구공을 당구대의 모서리에 부딪히게 할 때 정지해 있던 바닥이나 당구대의 질량 m_2는 농구공이나 당구공의 질량 m_1에 비해 무척 크지요. 이 경우 바닥이나 당구대가 충돌 후 움직이는 속도 v_2는 거의 0이고 농구공과 당구공의 속도 v_1은 $-ev_0$에 가까운 값을 가집니다. v_1이 음수인 것은 처음에 움직이는 방향과 반대 방향으로 움직인다는 것을 의미합니다. 튕겨 나가는 것이지요. 농구공도 그렇고 당구공도 그렇습니다. 농구공과 바닥의 경우 e가 1보다 작아서 바닥에 부딪힌 후 농구공의 속력이 줄어듭니다. 그래서 농구공을

어떤 높이에서 떨어뜨리면 바닥에 부딪힌 후 그 높이까지 올라오지 못합니다. 이것이 드리블을 할 때 계속해서 손으로 힘을 작용해야 하는 이유입니다. 그렇지 않으면 통-통-통 튀다가 결국 바닥에 닿게 되지요. 당구공과 당구대의 경우에는 e가 1에 가깝습니다.

이와는 반대로 바닥에 놓여 있는 골프공을 골프채로 친 경우에는 m_1이 m_2에 비해 무척 큽니다. (1.3) 식은 우리에게 v_1은 v_0에서 거의 변하지 않고 v_2는 $(1+e)v_0$에 가까운 값을 가진다는 것을 알려줍니다. 골프채는 골프공을 치고 난 후에도 속력이 거의 변하지 않고 그대로 움직입니다.[11] 이것은 경험으로 알 수 있지만, 골프공이 $(1+e)$배의 속력으로 골프채가 때린 속력보다 더 빠르게 움직인다는 것은 놀랍지 않나요? e가 1이라면 골프공은 골프채의 거의 두 배의 속력으로 날아갑니다. 이런 것은 (1.3)과 같은 식을 얻기 전에는 알 수 없지요.

이야기가 너무 옆으로 샜네요. 이제, 쌀알 하나가 그릇에 담겨 있는 쌀에 떨어지는 상황을, 그림 1-4의 (나)와 같이, 질량이 m인 입자가 v_0의 속력으로 움직이다가 질량이 모두 똑같이 m인 입자가 일렬로 배열된 덩어리에 부딪히는 것으로 단순화해 봅시다. 각각의 입자는 서로 가까이 있지만 따로 움직일 수 있습니다. 반발계수는 편의상 1/2로 놓겠습니다. 오른쪽에 배열된 입자가 각각 따로 움직일 수 있으니까 아주 짧은 시간 동안 일어나기는 해도 부딪히는 것이 왼쪽부터 순차적으로 일어납니다. 맨 처음 1번 입자와 2번 입자가 부딪힐 것이고, (1.3) 식에 의하면, 부딪힌 직후 두 입자는 각각

---

11) 이것이 기차에 안전벨트가 없는 이유입니다. 기차는 질량이 매우 커서 사고가 나더라도 속도의 변화가 급격하게 일어나지 않습니다. 물론 기차와 같은 질량을 가지거나 더 무거운 물체와 충돌하는 경우에는 큰 문제가 되겠지만 그런 사고는 거의 일어나지 않지요.

$v_0/4$와 $3v_0/4$로 움직입니다. 그러면 2번이 정지하고 있는 3번이 부딪혀서 2번 입자는 $(1/4)(3/4)v_0$로 3번 입자는 $(3/4)(3/4)v_0$로 움직입니다. 이런 일이 연속해서 일어난다면 1, 2, 3, 4, …번 입자는 $v_0/4$에서 3/4의 비율로 줄어드는 속력을 가지게 됩니다. 이때 모든 입자가 가지는 운동에너지의 합을 계산해 보면 처음에 1번 입자가 가지고 있던 운동에너지의 1/7로 급격하게 줄어듭니다. 맨 처음 1번과 2번 입자가 부딪혔을 때 이미 5/8로 줄어들고, 입자들이 부딪힐 때마다 운동에너지가 계속 줄어들지요.[12)]

물론 실제로는 이렇게 단순하지 않습니다. 그림에서 볼 수 있듯이 2번과 3번 입자가 부딪히고 나면 2번 입자의 속력이 1번 입자보다 낮아지기 때문에 1번과 2번은 또 한 번 부딪힐 것입니다. 이러한 부딪힘은 아주 짧은 시간 동안 여러 곳에서 동시다발적으로 일어나고 그때마다 운동에너지는 줄어들어 결국 모든 입자가 운동을 멈추게 됩니다. 모든 운동에너지가 입자를 구성하는 분자들의 운동에너지, 즉 열에너지로 변환되고 나면 입자들의 역학적 운동은 멈추는 것입니다. 모든 부딪힘이 일어나는 시간이 무척 짧아서 입자들의 위치 변화는 크지 않습니다. 우리에게는 1번 입자가 입자 덩어리에 가서 붙는 것으로 보일 것입니다.

이것은 왜 쌀 위에 떨어진 쌀알이 튀어서 멀리 가지 않는지를 설명해 줍니다. 만일 오른쪽에 배열되어 있던 입자들이 따로 움직일 수 없게 서로 단단하게 묶여 있었다면 질량이 무척 큰 물체와 부딪히는 상황이 되어 (가)와 같은 단 한 번의 부딪힘만 일어나고 그 결과 1번 입자는 $v_0/2$로 왼쪽으로 튕겨 나갔을 것입니다. 처음에 바닥에 떨어진 쌀알은 이렇게 튀어 오르지만

12) 반발계수가 1인 이상적인 경우에는 부딪힘으로 인하여 운동에너지가 줄어들지 않습니다. 두 물체가 반발계수가 1로 부딪히는 상황을 완전탄성충돌(elastic collision)이라고 합니다.

계속 떨어지는 쌀알들과 부딪혀서 움직임이 멈추며 산 모양으로 쌓이게 되는 것입니다. 밀가루를 그릇에 쏟을 때 바닥에 부딪힌 입자가 튀지 않고 그대로 쌓이는 것도 같은 원리입니다. 더구나 밀가루는 입자의 크기가 작아 떨어지는 동안 작용하는 저항력이 상대적으로 커서 바닥에 부딪힐 때의 속력도 작습니다.

부엌에서 일어나는 일은 아니지만, 말이 나온 김에 연속적인 부딪힘과 관련된 이야기를 하나 더 해보겠습니다. 그림 1-5와 같이 정지해 있던 파란색 자동차를 v_0의 속력으로 달리던 노란색 자동차가 뒤에서 충돌했다고 합시다. 두 자동차의 질량이 같고 반발계수가 e라면 충돌로 인하여 노란색 자동차는 $(1-e)v_0/2$의 속도로, 파란색 자동차는 $(1+e)v_0/2$의

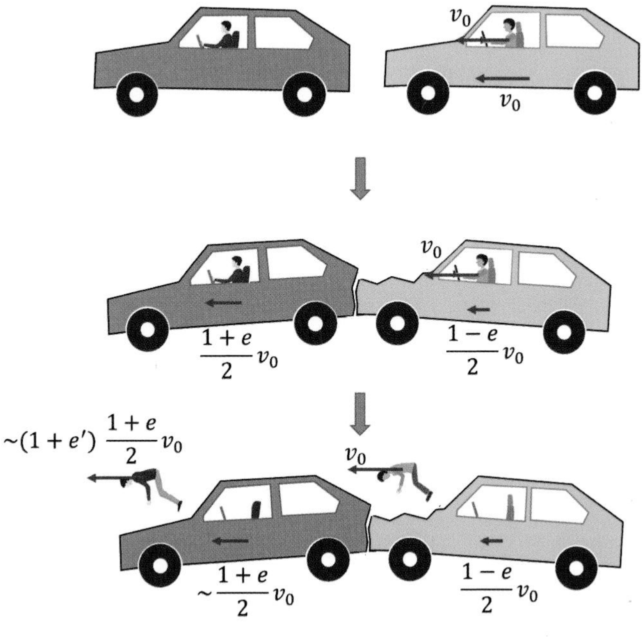

그림 1-5 안전띠를 매지 않으면 일어나는 일

속도로 움직이게 됩니다. 안전띠를 매고 있지 않았다면 노란색 자동차의 운전자는 몸이 자동차와 분리되어 있으니까 여전히 v_0로 움직일 것입니다. 그래서 차 앞으로 튀어 나가게 됩니다. 파란색 자동차에 타고 있던 운전자도 안전띠를 매고 있지 않았다면 타고 있던 자동차가 갑자기 움직이면서 운전자에게 큰 충격 줍니다. 따로따로 움직일 수 있는 파란색 자동차와 운전자의 충돌이 일어나는 것입니다. 자동차의 질량이 운전자보다 훨씬 크므로, 운전석 의자와 운전자 사이의 반발계수가 e'이라면 운전자는 파란색 자동차가 얻게 된 속력의 $(1+e')$배의 속력으로 움직이게 되어 역시 차 앞으로 튀어 나가게 되지요. 그러니 자동차에 타면 반드시 안전띠를 매도록 합시다.

이야기가 또 옆으로 샜네요. 이제 부엌으로 돌아갈까요? 밀가루를 그릇에 담았으면 물을 붓고 반죽을 해야겠지요? 아, 그전에 소금을 섞어 간을 맞추어야겠네요. 가끔 소금이 골고루 퍼지지 않아서 어느 부분은 짜고 어느 부분은 싱거울 때가 있습니다. 물에 소금을 녹인 후 밀가루에 부어 반죽을 하면 어떨까요? 소금을 물에 녹이면 균질한 혼합물이 되니까요. 그런데 이것은 물의 양을 정확하게 알고 있어야 가능합니다. 나중에 물을 더 넣거나 밀가루를 더 넣으면 다시 잘 섞어야 하겠지요. 백설기를 찔 때는 쌀가루가 젖을 만큼[13] 아주 적은 양의 물로 습기만 주는 정도이니 가능할지도 모르겠습니다.

---

13) 이것을 '물주기'라고 합니다. 쌀가루가 살짝 습기를 머금게 하는 것은 물기가 있어야 녹말이 익기 때문입니다. 수증기가 지나가는 부분은 액화되는 물로 가루가 젖으며 익을 수도 있습니다. 하지만 수증기가 가루 사이의 모든 공간을 지나지도 않고, 마른 가루에는 물이 잘 묻지 않습니다. 이것은 바짝 마른 수건으로는 물기가 잘 닦이지 않는 것과 같은 원리입니다. 오히려 약간 젖은 수건이 물을 더 잘 닦아내지요.

어떻게 하면 소금을 골고루 섞을 수 있을까요?

사실 밀가루 반죽을 할 때 소금이 골고루 퍼지게 하는 것은 그다지 신경 쓸 문제는 아닙니다. 그냥 알맞은 양의 소금을 뿌리고 몇 번 섞어준 다음 반죽하면 됩니다. 반죽을 늘리고 접고 치대는 작업을, 그림 1-6과 같이 늘려서 반으로 잘라 다시 겹치는 작업을 되풀이하는 것으로 단순화 해 봅시다. 그러면 얼마나 빨리 섞이는지 알 수 있을 겁니다. 섞이지 않은 두 개의 층은 '늘리고-반으로 자르고-겹쳐 쌓기' 작업을 10번 반복하면 약 1000층이 되고[14] 다시 10번을 더 하면 무려 100만 층이나 됩니다. 그 정도면 충분히 섞였다고 할 수 있지 않겠어요?

부엌에서는 요리 하나의 맛을 결정하는 정도이지만, 식품을 가공하거나 약을 만드는 자동화 공정에서는 재료를 골고루 섞는 것이 아주 중요합니다. 예를 들어, 제약회사에서는 많은 양의 여러 물질을 섞어서 작은 크기의 알약을 여러 개 만듭니다. 그러니 각각의 알약에 필요한 성분이 일정 비율을 유지할 정도로 물질들을 아주 균일하게 섞어야 합니다. 반죽 상태에서 섞는

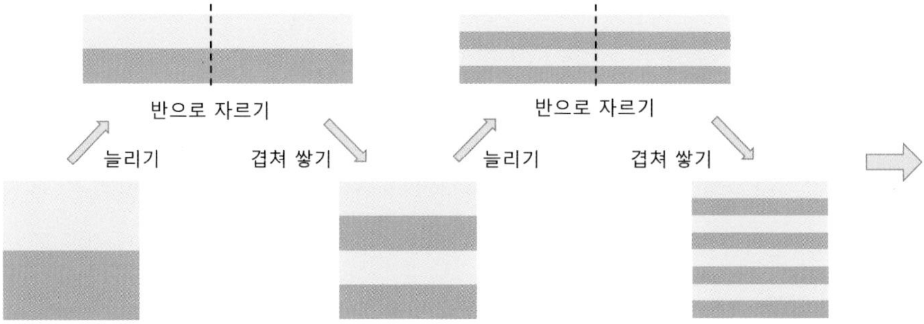

그림 1-6 '늘리고-반으로 자르고-겹쳐 쌓기'와 두 물질의 혼합

---

14) 2^{10}은 1024입니다.

것은 앞에서 설명한 '늘리고-반으로 자르고-겹쳐 쌓기' 작업을 되풀이하면 됩니다. 그런데 마른 상태의 가루나 낱알을 골고루 섞는 것은 매우 어렵습니다. 실수하지 않고 정확하게 이 작업을 자동으로 하는 기계도 고안해야 하지요.

가루를 섞는 기계에서는 주로 **사태 혼합**(沙汰 混合, avalanche mixing)을 사용합니다. 이것은 우리가 부엌에서 밀가루와 소금을 섞을 때 무심코 하는 방법입니다. 즉, 손을 밀가루 속에 넣어 아래에 있던 것을 위로 퍼 올리는 것입니다. 그러면 높이 쌓인 더미가 무너지면서 사태가 일어나고 이 부분에 있는 소금과 밀가루가 유체처럼 움직이면서 섞이게 됩니다. 이것도 일종의 '늘리고-반으로 자르고-겹쳐 쌓기' 과정으로 볼 수 있지만 제대로 하지 않으면 섞이는 곳만 계속 섞이고 나머지 부분은 섞이지 않은 채로 남아 있게 됩니다. 사람이 손으로 할 때는 상태를 눈으로 확인하고 두뇌로 판단하여 구석까지 잘 섞이게 할 수 있지만 기계는 그렇게 할 수 없기 때문에 설계를 잘해야 합니다.

사태 혼합을 이용하는 가장 간단한 기계를 예로 들어 봅시다.[15] 그림 1-7처럼 원통에 알갱이 물질을 넣고 돌리면 계속해서 사태가 일어나는 상황을 만들 수 있습니다. 원통이 회전하여 알갱이 물질의 기울기가 안식각 θ_r보다 ε만큼 커지면 어느 순간 사태가 일어나 다시 안식각을 이루는 상황이 되풀이되면서 물질이 섞이는 것입니다. 간단하지만 멋진 아이디어 아닌가요? 그림 1-7의 그림에서 각각의 사태로 다시 쌓인 부분을 여러 색으로 나타내었습니다. 그림 1-7 (가)와 같이 원통 반지름의 1/2까지만 물질이

---

15) G. Metcalfe, T. Shinbrot, J. J. McCarthy, and J. M. Ottino, *Avalanche mixing of granular solids*, Nature, 374, 39-41 (1995).

채워진 경우, 새로 무너질 부분에는 그 이전에 무너진 여러 부분이 포함되어 있습니다. 그러니까 원통이 회전하면 알갱이들이 빠르게 그리고 골고루 섞일 수 있습니다. 그런데 원통의 절반을 채운 경우 그림 1-7 (나)와 같은 상황이 되풀이된다면 계속 같은 부분에 있던 물질만 섞이게 될 것입니다. 물론 이 그림은 상황을 단순화하여 그린 것이며, 사태가 어떤 각에서 어떤 규모로 일어날지는 예측할 수 없습니다. 무너져 쌓인 부분이 그림 1-7 (나)처럼 모두 똑같은 모양은 아니기 때문에, 경계에 있는 물질들은 섞일 수 있습니다. 그래서 1-7 (나)와 같은 상황에서도 골고루 섞이기는 하지만 오래 걸립니다. 그림 1-7 (다)와 같이 원통의 반 이상을 채운 경우 사태가 일어나지 않아서 거의 섞이지 않는 부분이 있게 됩니다.

사태가 일어나 무너지는 부분에서 서로 다른 알갱이가 반드시 섞인다는 보장도 없습니다. 섞으려는 물질의 입자 크기가 다르거나 밀도가 다르면, 교란을 주었을 때 오히려 물질의 **분리(分離, segregation)**가 일어납니다.

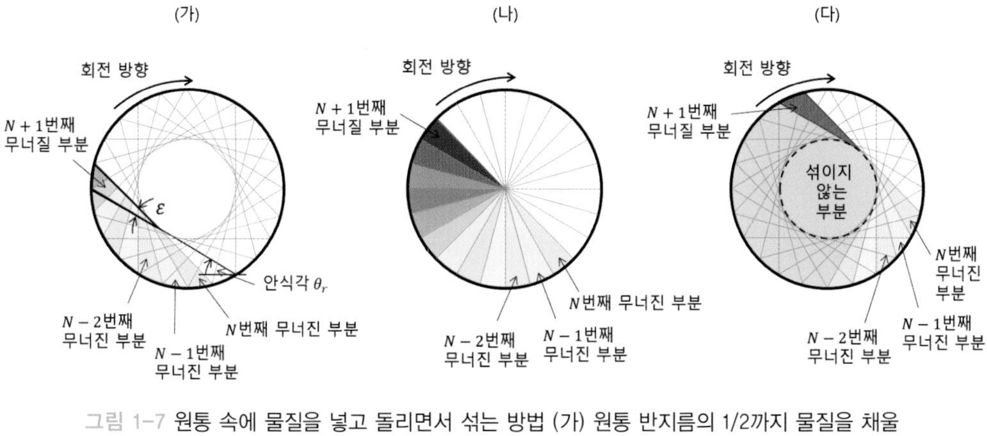

그림 1-7 원통 속에 물질을 넣고 돌리면서 섞는 방법 (가) 원통 반지름의 1/2까지 물질을 채울 때 (나) 원통의 반지름까지 물질로 채울 때 (다) 원통 반지름의 1/2만 남기고 물질을 채울 때

예전에 우리 조상들이 알곡을 골라내기 위해 했던 키질이 좋은 예입니다. 벼를 절구에 찧으면 껍질이 벗겨지면서 쌀과 겨가 섞인 상태가 되는데, 이것을 키에 놓고 위아래로 까불어 움직이면 벼와 겨가 분리됩니다. 쌀알과 겨의 밀도 차이로 인하여 무거운 쌀알이 더 먼저 떨어지는 것을 이용하는 것입니다. 바람을 이용해 겨를 날리면 키질의 효과가 더 좋지요. 모래에 섞인 사금을 채취할 때도 모래와 금 알갱이의 밀도가 달라 분리되는 현상을 이용합니다. 얕고 넓은 접시에 모래를 담고 물속에서 빙빙 돌리면 무거운 금은 접시 바닥에 가라앉고 가벼운 모래는 위에 머물다가 물에 쓸려 접시 밖으로 나갑니다.[16)]

그림 1-7과 같이 물질을 섞기 위한 원통에 밀도가 차이가 나는 두 물질을 넣고 오래 돌리면 섞이는 것이 아니라 분리되기도 합니다. 무너져 내릴 때 무거운 알갱이가 더 빨리 아래로 떨어져서 중심축에서 먼 쪽에 무거운 물질이 쌓이니까요. 물질을 골고루 잘 섞어야 하는 식품회사나 제약회사의 공정에서 이런 분리가 일어나면 심각한 문제를 일으킬 수 있습니다.

혼합과 분리에서 알갱이의 크기는 아주 중요한 역할을 합니다. 요즘 견과류가 몸에 좋다고 알려지면서 다양한 견과류를 섞어서 통에 담아 놓은 상품이 많이 판매되고 있습니다. 잣, 땅콩, 아몬드, 캐슈너트, 호두, 브라질너

---

16) 영어로는 이 작업을 패닝(panning)이라고 합니다. 명사인 pan이 그것을 돌리듯이 움직이는 것을 뜻하는 동사가 된 후, 그 작업을 가리키는 다시 명사를 만들어냈네요. 우리말로는 선별(選別)이라고 합니다. 이 용어는 가려서 골라낸다는 것만 나타낼 뿐, 물속에서 팬을 돌리듯이 움직이는 특별한 동작을 나타내지 못하는 것이 아쉽습니다. 키질이나 톱질처럼 '팬질'이라고 해야 뜻이 잘 전달될 것 같습니다. 야외활동에서 취미로 사금을 찾는 사람들을 위해 인터넷에서 '패닝접시'라는 상품을 판매하고 있습니다. 패닝이라는 단어의 어원이었던 팬은 오히려 접시가 되어버렸네요.

트[17]와 같이 크기가 다른 견과류가 담겨 있는 통을 흔들면 가장 크기가 큰 브라질너트가 항상 맨 위로 올라옵니다. 이것도 여러 상황에서 일반적으로 일어나는 현상입니다. 다양한 크기가 섞인 알갱이 물질을 흔들면 크기가 큰 알갱이가 맨 위에 올라오는 현상을 '브라질너트 효과'라고 부릅니다. 쌀과 콩이 섞였을 때 체를 사용하지 않고도 브라질너트 효과를 이용하여 다시 분리할 수 있습니다. 그릇에 담고 몇 번 흔들어주면 콩이 위로 올라오지요.

브라질너트 효과는 자연 곳곳에서 나타납니다. 추운 지역에서는 겨울이 지나 봄이 왔을 때 밭에 가보면 커다란 돌멩이들이 드러나 있다고 합니다.[18] 지난해 가을에 분명히 모든 돌을 다 주워서 버렸는데도 말이지요. 겨울에는 많은 비가 내리지 않으니 그 위에 있던 흙이 씻겨 내려가서 아래에 있던 돌이 드러난 것은 아닙니다. 이 돌은 겨우내 서리가 얼었다 녹기를 반복하며 땅이 들썩여질 때 아래에 묻혀 있던 것이 위로 들어 올려진 것입니다. 천천히 일어난 큰 규모의 브라질너트 효과지요. 콘크리트 타설(打設, 두드려서 설치한다는 뜻) 공정에서도 브라질너트 효과가 문제가 됩니다. 틀을 만들어 콘크리트를 붓고 틀을 두드리거나 기계로 진동을 시킵니다. 그러면 콘크리트가 유체처럼 되어 빈곳이 없게 틀을 꽉 채우게 되지요.[19]

---

17) Brazil nut은 다른 견과류처럼 나무에서 열리는데도 이것을 '브라질 땅콩'으로 번역하는 것은 잘못입니다. 땅콩은 수분이 일어난 꽃의 씨방자루가 땅속으로 파고 들어가서 열매가 자라고 익기 때문에 붙여진 이름입니다. 그래서 예전에는 낙화생(落花生, 꽃이 떨어져서 만들어진다는 뜻)이라고도 했었습니다.

18) J. Walker, *The Flying Circus of Physics* 72, Wiley, New York, 1975.

19) 이것을 '콘크리트를 친다' 또는 '콘크리트를 때린다'라고 합니다. 공사 현장에서 사용하는 은어가 아니라 실제로 치고 때리는 것을 의미합니다.

하지만 두드리는 과정에서 브라질너트 효과가 일어나서 크기가 큰 자갈이 위로 몰려 콘크리트가 균질하지 않게 됩니다. 이것은 콘크리트의 강도에 좋지 않은 영향을 미치지요. 브라질너트 효과를 제대로 분석해서 잘 활용하거나 혹은 억제하여 골고루 섞이게 하는 것은 공학적으로 매우 중요한 문제입니다.

왜 브라질너트가 맨 위로 올라오나요?

브라질너트가 다른 견과류에 비해 밀도가 낮기 때문은 아닙니다. 브라질너트는 캐슈넛보다 밀도가 높지요.[20] 그러니 흔들어서 유체 상태가 된 알갱이 물질에서 부력이 작용해서 밀도가 낮은 알갱이가 위쪽으로 떠오르는 것이 아닙니다. 쌀 속에 쇠로 된 구슬을 넣고 흔들어도 구슬이 위로 올라옵니다. 오히려 부력에 반하는 일이 일어나는 것입니다.

이 현상에 대해 단순히 '흔들 때 큰 알갱이의 틈 사이로 작은 알갱이들이 빠져서 아래를 채우는 것 아닌가?'라고 생각할 수 있습니다. 마치 체의 눈 사이로 알갱이가 빠져나가듯이 말이지요. 물론 이것도 브라질너트 효과에 대한 좋은 설명일 수 있습니다. 그림 1-8과 같은 단순한 계산에 따르면, 서로 붙어 있는 큰 알갱이 틈 사이로 빠져나가려면 작은 알갱이가 충분히 작아야 합니다. 그렇지만 큰 알갱이들이 이렇게까지 가깝게 붙어 있지도

20) 볶지 않은 상태에서 브라질너트의 밀도(약 1.1 g/cm^3)는 캐슈너트의 밀도(0.55 g/cm^3)의 약 두 배입니다. 캐슈너트는 옻 성분을 포함하고 있어서 볶아서 판매되니까 밀도가 더 낮습니다. 정확하게 측정하지 않더라도 두 너트의 밀도 차이는 먹을 때 쉽게 알아챌 수 있습니다.

않을뿐더러, 알갱이들이 들썩일 때는 큰 알갱이가 서로 떨어질 테니 큰 알갱이 사이의 공간이 그림 1-8과 같이 좁지 않습니다. 일단 작은 알갱이가 끼어들면 그 틈은 더 벌어지지요. 큰 알갱이 아래에 작은 알갱이가 끼어들 확률은 높습니다. 그 반대의 일은 잘 일어나지 않습니다. 알갱이가 어떤 위치에 놓이기 위해서는 그 위치에 알갱이보다 부피가 큰 공간이 비어 있어야 합니다. 그러니 많은 알갱이가 모여 있는 곳에서 큰 알갱이일수록 어느 틈새에 놓일 수 있는 확률은 그 부피에 반비례하여 줄어들 것입니다.

작은 알갱이가 끼어들어 일으키는 2차 효과가 브라질너트 효과가 나타나게 하는 데 중요한 역할을 합니다. 그림 1-9 (가)에서 보는 것처럼 들썩일 때 위로 올라간 큰 알갱이 밑으로 작은 알갱이가 끼어 들어가면 큰 알갱이가 그 이전에 있던 위치로 돌아가지 못하게 될 테니까요. 그런데 이 설명에도 문제가 있습니다. 큰 알갱이의 질량이 아무래도 클 테니 들썩였다가 떨어질 때 더 빨리 떨어져 아래에 쌓이지 않을까요? 물론 그럴 수 있습니다. 키질은

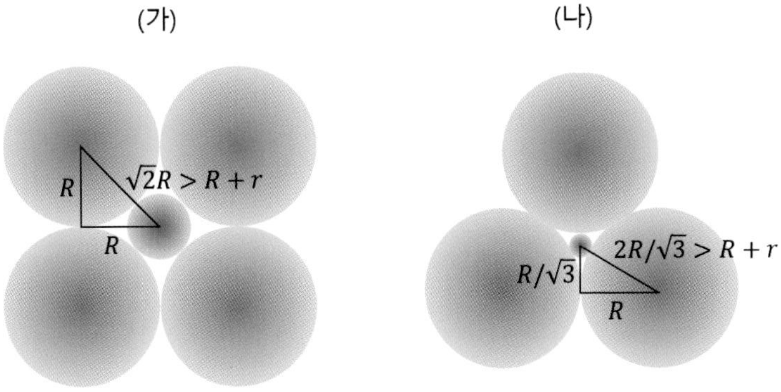

그림 1-8 서로 붙어 있는 반지름이 R인 큰 공 사이로 빠져나갈 수 있는 작은 공의 반지름 r 은 (가)와 같이 붙어 있는 경우 $(\sqrt{2}-1)R \sim 0.4R$보다 작아야 하고 (나)와 같이 붙어 있는 경우 $(2/\sqrt{3}-1)R \sim 0.15R$보다 작아야 한다.

이것을 이용해서 알곡을 분리했습니다. 그렇다면 작은 알갱이가 어떻게 해서 아래에 끼어들까요?

질량에 의한 다른 영향도 고려해야 합니다. 용기의 바닥이 위로 올라가며 알갱이들을 위로 움직이게 할 때 알갱이들은 앞에서 설명한 '연속적인 충돌'을 합니다. 들썩여서 위로 올라가는 과정에서 무거운 큰 알갱이의 아래에 있던 가볍고 작은 알갱이는 큰 알갱이보다 더 빠른 속력으로 움직일 수 없습니다. 만일 아래에 있던 작은 알갱이가 큰 알갱이보다 더 빠르게 위로 움직였다면 큰 알갱이와 충돌하여 더 낮은 속력이 될 테니까요. 심지어는 반대 방향으로 튕겨져서 아래로 떨어질 수도 있습니다. 같은 이유로 큰 알갱이보다 위에 놓여 있던 작은 알갱이들은 큰 알갱이보다 더 빠르게 위로

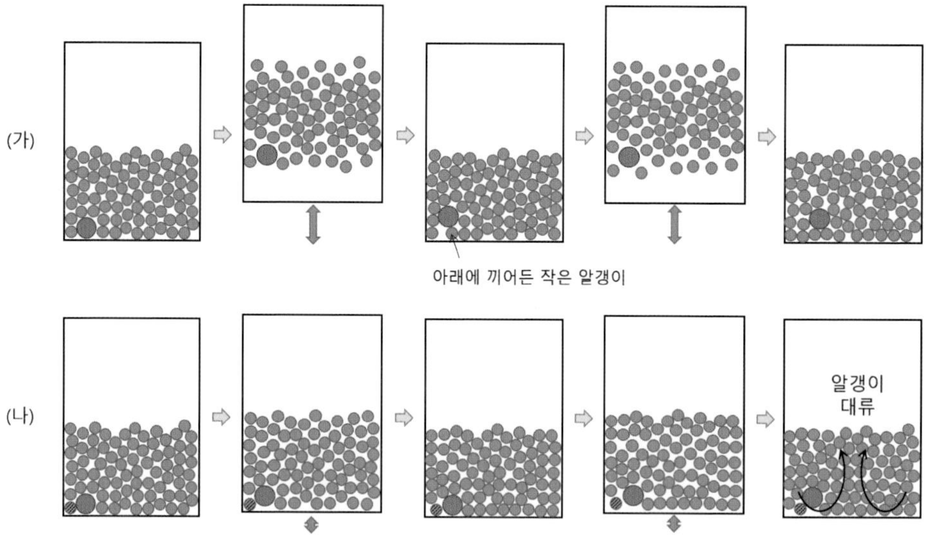

그림 1-9 브라질너트 효과에 대한 두 가지 설명 (가) 알갱이가 들썩일 때 작은 알갱이가 큰 알갱이 아래로 끼어들면 큰 알갱이는 그 아래로 내려가지 못한다. (나) 알갱이 물질을 흔들어주면 중심 부분은 올라가고 용기의 면을 따라 내려오는 대류가 일어난다. 큰 알갱이도 작은 알갱이에 섞여 대류를 하게 되는데 맨 위로 올라온 다음에는 벽을 따라 내려가지 못한다.

올라갑니다. 큰 알갱이의 옆에 있는 작은 알갱이들은 어떨까요? 이 알갱이들 역시 위로 올라가는 도중에 연속적으로 충돌을 합니다. 충돌로 인한 속력의 변화(감소)가 큰 알갱이에 비해 훨씬 크니까 큰 알갱이의 옆에 있는 작은 알갱이가 위로 올라가는 속력이 더 작게 됩니다. 그 결과 위로 올라갔던 알갱이들이 아래로 떨어질 때 작은 알갱이가 큰 알갱이보다 먼저 아래로 떨어져 그 밑으로 끼어 들어갈 확률이 높습니다.

이 설명이 맞다면 큰 알갱이의 밀도가 아주 낮아서 작은 알갱이보다 가벼울 때는 브라질너트 효과가 반대로 일어나야 합니다. 이것 역시 일반적인 유체에서 일어나는 부력 현상과는 정반대지요. 실제로 큰 알갱이가 오히려 작은 알갱이 밑으로 파고 들어가는 역브라질너트 효과(reverse Brazil nut effect)도 일어납니다. 용기에 작은 유리구슬을 채우고 유리구슬보다 무거운 공과 가벼운 공을 놓고 흔들어주면 무거운 공은 떠오르는데, 가벼운 공은 구슬 속으로 파고 들어간다는 연구결과도 발표되었습니다.[21] 브라질너트 효과는 알갱이의 밀도에도 영향을 받는 것입니다. 여기까지는 그림 1-9 (가)와 같이 들썩일 때 그 아래에 놓이게 된 알갱이가 그 위에 떨어지는 알갱이를 아래로 내려가게 하지 못하기 때문에 브라질너트 효과가 나타난다는 설명이 잘 들어맞는 것으로 보입니다.

그런데 문제가 하나 남았습니다. 그림 1-9 (가)와 같은 일이 일어나려면 알갱이를 그 크기보다 큰 진폭으로 흔들어야 하는데, 그렇지 않은 경우에도 브라질너트 효과는 나타난다는 겁니다. 브라질너트 효과에는 알갱이 물질에서 일어나는 대류도 아주 중요한 역할을 합니다. 알갱이 물질을 흔들어주

21) T. Shinbrot and F. J. Muzzio, *Reverse Buoyancy in Shaken Granular Beds,* Phys. Rev. Lett. 81, 4365 (1998)

면 유체의 성질을 가진다고 했지요? 지금으로부터 거의 200년 전에 패러데이는 알갱이 물질에서도 대류현상이 일어난다는 것을 발견하였습니다.[22) 현재는 이러한 대류현상이 있다는 것을 CT[23) 또는 MRI[24)를 이용하여 실시간으로 확인할 수 있습니다. 알갱이 물질의 대류도 물이 끓을 때처럼 용기의 중심 부분은 위로 올라가고 용기 벽면을 따라서는 내려갑니다. 용기의 밑바닥이 움직여 알갱이를 움직이는 에너지가 공급되고 벽면과의 마찰로 알갱이들이 에너지를 잃으니까요. 냄비의 바닥에서 열이 공급되어 물의 온도를 올리고 윗면과 옆면을 통해 열이 빠져나가며 물의 온도가 내려가는 것과 똑같습니다. 아래에 있던 크기가 큰 알갱이는 대류하는 작은 알갱이에 떠밀려 위로 올라오게 됩니다. 그렇지만 작은 알갱이들의 틈 사이로 비집고 들어갈 수는 없어서 작은 알갱이들과 함께 벽면을 따라 아래로 내려가지 못합니다. 그래서 위에 남아 있게 된다는 것이지요. 이 설명도 그럴듯하지요? 그런데 아주 가벼운 큰 알갱이가 아래로 파고든다는 것은 설명하지 못합니다.

이것이 전부가 아닙니다. 모래를 발라 마찰을 크게 한 용기에 알갱이 물질을 담고 흔들면 크기가 큰 알갱이도 벽면을 따라 아래로 내려간다는 연구결과도 있습니다.[25) 같은 연구에서 깔때기처럼 벽면이 수직이 아니라

---

22) M. Faraday, *On A Peculiar Class of Acoustical Figures and on Certain Forms Assumed by A Group of Particles Upon Vibrating Elastic Surfaces*, Phil. Trans. R. Soc. London 52, 299 (1931)

23) G. W. Baxter, R. P. Behringer, T. Fagert, and G. A. Johnson, Phys. Rev. Lett. 62, 2825 (1989); J. Baker, F. Guillard, B. Marks, and I. Einav, *X-ray rgeography uncovers planar granular flows despite non-planar walls*, Nat. Commun. 9, 5119 (2018)

24) E. E. Ehrichts, H. M. Jaeger, G. S. Karczmar, J. B. Knight, V. Y. Kuperman, S. R. Nagel, *Granular Convection Observed by Magnetic Resonance Imaging*, Science, 267, 1632 (1995)

위로 벌어진 용기를 사용하면 큰 알갱이가 작은 알갱이 속에 묻힌 채 가만히 있다는 것도 밝혔습니다. 브라질너트 효과는 용기를 흔들어주는 진동수에도 큰 영향을 받습니다.[26] 용기를 천천히 흔들면 무거운 큰 알갱이는 위로 떠오르고 가벼운 큰 알갱이는 가라앉습니다. 이것이 정상적인 브라질너트 효과지요. 그런데, 용기를 빠르게 흔들면 알갱이 물질이 유체의 성질을 가지게 되면서 가벼운 물체는 떠오르고 무거운 물체는 가라앉는 정반대의 결과가 나타납니다. 이제는 일반적인 유체에서 일어나는 부력 현상과 같아진 것입니다. 그러니까 브라질너트 효과는 알갱이의 크기, 밀도, 용기의 모양, 알갱이 사이의 마찰, 알갱이와 용기 사이의 마찰, 알갱이 사이의 반발계수 등 여러 변인에 따라 다르게 나타나는 복잡한 현상으로, 아직도 제대로 이해하지 못하고 있다고 할 수 있습니다. 그러고 보니 마른 밀가루에 소금을 골고루 섞는 것은 물로 반죽할 때와는 달리 그리 단순한 문제가 아니었던 거네요?

자, 이제 밀가루에 물을 붓고 반죽을 해 봅시다. 물과 밀가루를 섞어서 치대고 주무르면 마술 같은 일이 벌어집니다. 마술사가 모자에 물을 붓고 그 모자를 머리에 쓰려고 뒤집었을 때 물이 쏟아지지 않으면 우리는 무척 신기해합니다. 분명히 접은 신문지에 물을 부었는데 신문지를 펼치면 물이 사라지는 신기한 마술도 있습니다. 그런데도 밀가루에 물을 붓고 반죽을 할 때 그 물이 사라지는 것은 아무도 신기하게 생각하지 않지요.

25) J. B. Knight, H. M. Jaeger, and S. R. Nagel, *Vibration-Induced Size Separation in Granular Media : The Convection Connection*, Phys. Rev. Lett. 70, 3728 (1993).

26) D. A. Huerta, J. C. Ruiz-Suárez, *Vibration-induced granular segregation: a phenomenon driven by three mechanisms,* Phys. Rev. Lett. 92, 115301 (2004).

밀가루에 부은 물은 어디로 갔을까요?

에이, 이것은 너무도 당연한 것 아닌가요? 모래나 흙에 물을 부으면 스며드는 것처럼 물이 밀가루 사이의 비어 있는 공간을 채우는 것 아닐까요? 신기하게도 모래 사이로 들어간 물은 다시 흘러나오지 않습니다. 또, 틈을 메꾼 물에 의해 모래 사이의 결합력도 생겨 물에 적신 모래로는 모래성을 쌓을 수 있게 해 줍니다. 그래서 가루일 때는 산 모양으로만 쌓일 수 있던 밀가루를 반죽하고 나면 안식각이라는 제한 없이 어떤 모양을 만들 수 있는 것 아닐까요? 이것도 그럴듯한 설명입니다. 하지만 이것뿐이라면 마술이라고 할 수 없지요.

단순히 틈을 채우는 것이라면 밀가루가 어느 이상의 물을 머금을 수는 없습니다. 모래를 컵에 담고 어느 이상 물을 부은 후 컵을 기울이면 물이 흘러나옵니다. 화분에 물을 줄 때도 흙이 흡수하지 못한 물은 밑으로 흘러나옵니다. 바닥에 쏟아진 물을 걸레로 훔칠 때 계속해서 걸레를 짜야 하는 이유도 같습니다. 걸레가 담을 수 있는 물에 한계가 있으니까요.

알갱이가 쌓여 있을 때 전체 공간과 비어 있는 공간의 비율을 공극률(空隙率, 빈틈의 비율, porosity)이라고 합니다. 반지름이 똑같은 공을 쌓았을 때의 공극률을 계산해 볼까요? 비어 있는 공간을 줄이려면 차곡차곡 규칙적으로 공을 쌓아야 합니다. 냉장고나 선반에 물건 정리할 때도 그렇게 해야 좁은 공간에 많이 넣을 수 있지요. 가장 단순한 방법은 그림 1-10 (가)와 같이 첫 번째 층에 공을 서로 붙여 놓고 각각의 공 위에 공을 놓아 이것과 똑같은 모양으로 모든 층을 쌓는 것입니다. 이렇게 쌓으면 첫 번째와 두 번째 층에서 각각 파란색 정사각형을 이루는 네 개의 공의 중심을 연결했을 때 정육면체가 됩니다. 이것을 단순 입방(單純 立方, 정육면체의 꼭짓점에 입자가 있다는 뜻, Simple Cubic, SC) 구조라고 합니다. 그림에서 보는 것처럼 8개의 꼭짓점에 공의 1/8조각이 있으므로 정육면체마다 공이 하나씩 들어 있게 됩니다.[27] 공의 부피는 $4\pi R^3/3(=4.2R^3)$이고 정육면체의 부피는 $(2R)^3=8R^3$이므로 공극률은 3.8/8.0, 즉 48%입니다. 전체 공간의 1/2이 비어 있는 것입니다. 공을 꽉 채웠는데도 의외로 빈 곳의 부피가 크지요?

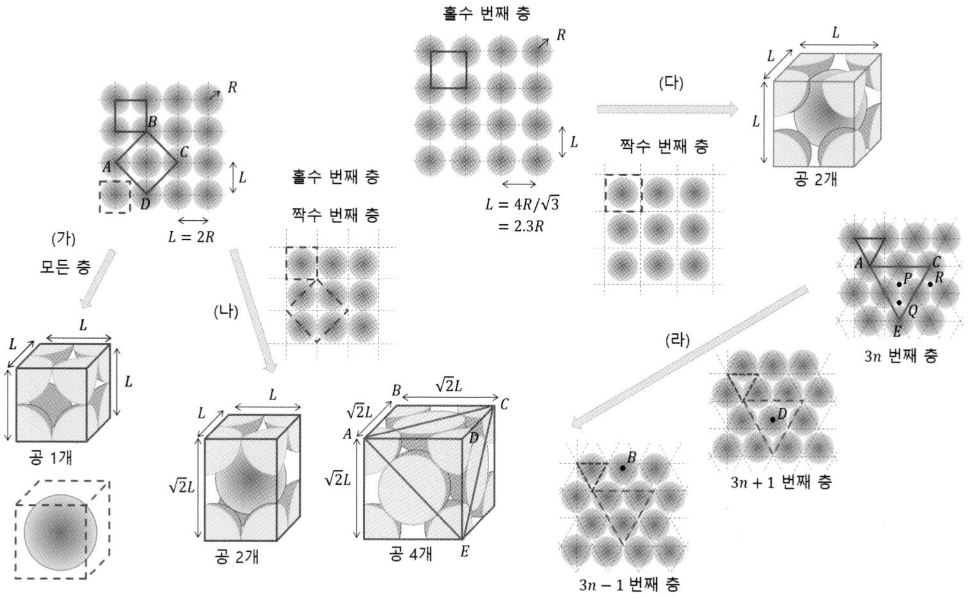

그림 1-10 규칙적으로 공 쌓기 (가) 단순 입방(Simple Cubic) 구조와 면심 입방(Face Centered Cubic) 구조 (나) 체심 입방(Body Centered Cubic) 구조 (다) 면심 입방 구조로 쌓는 또 다른 방법

27) 정육면체를 $L/2$만큼씩 앞으로, 오른쪽으로, 위로 옮기면 그 안에 공이 하나 들어가 있는 모양으로 바꿀 수도 있습니다.

비어 있는 공간을 더 줄이는 방법도 있습니다. 그림 1-10 (나)와 같이 두 번째 층을 쌓을 때 첫 번째 층의 공 네 개 사이에 만들어진 오목한 곳에 공을 놓아 두 번째 층을 쌓는 것입니다. 그러면 첫 번째 층과 모양은 똑같지만 약간 어긋난 두 번째 층이 만들어지지요. 그리고 다시 두 번째 층의 오목한 곳에 공을 놓아 세 번째 층을 쌓으면 다시 첫 번째 층과 똑같은 모양이 됩니다. 이런 식으로 쌓으면 첫 번째 층에서 파란색 정사각형을 이루는 네 개의 공과 여기에 대응하는 세 번째 층의 네 개의 공의 중심을 연결하면 직육면체가 됩니다. 그리고 그 중심에 두 번째 층에 놓았던 공이 하나 들어가 있게 되지요. 이제 첫 번째 층의 공과 세 번째 층의 공은 서로 접촉하지 못합니다. 밑면은 한 변의 길이가 $2R$인 정사각형이지만 높이가 $2\sqrt{2}R$(그림에서 $\sqrt{2}L$)이어서 두 공의 반지름의 합(그림에서 L)보다 크기 때문입니다. 이 구조에서는 직육면체의 8개의 꼭짓점에 공의 1/8조각이 있고 중심에 공이 하나 더 있으므로 직육면체에 2개의 공이 들어 있게 됩니다. 직육면체의 부피는 $8\sqrt{2}R^3$, 즉 $11.3R^3$이고 이 값에서 두 공의 부피인 $2\times4.2R^3$을 빼면 비어 있는 공간의 부피가 $2.9R^3$인 것을 알 수 있습니다. 이 값은 직육면체 부피의 26%입니다. 공이 차지하고 있는 부피와 비어 있는 공간의 부피의 비가 약 3:1인 것이지요.

이것도 어찌 보면 신기한 일입니다. 자연계에서는 대부분 대칭인 모양을 가지는 것이 더 효율적인데, 정육면체 모양이 규칙적으로 쌓이는 (가) 방법보다 직육면체 모양이 규칙적으로 쌓이는 (나) 방법이 더 공간을 줄일 수 있으니까요. 그런데 사실은 (나) 방법도 정육면체에 공이 들어 있는 구조로 볼 수 있습니다. 첫 번째 층과 세 번째 층에서 빨간색 사각형을 이루는 네 공의 중심을 연결하면 정육면체가 됩니다. 빨간색 사각형 한 변의 길이도

$2\sqrt{2}R$이어서 앞에서 구한 첫 번째 층과 세 번째 층의 거리와 같기 때문이지요. 이제는 이 정육면체의 여덟 개의 꼭짓점뿐 아니라 여섯 면의 중심에도 공이 하나씩 놓입니다. 이것을 면심 입방(面心 立方, 정육면체의 꼭짓점과[28] 면의 중심에 입자가 있다는 뜻, Face Centered Cubic) 구조라고 합니다. 이제 이 정육면체에는 8개의 꼭짓점에 공의 1/8조각, 6개의 면에 공의 1/2조각이 들어 있으므로 총 4개의 공이 들어 있게 됩니다. 정육면체의 부피가 앞에서 이야기한 직육면체 부피의 두 배가 되고 공의 수도 두 배로 늘어난 것이므로 공의 부피와 비어 있는 공간의 부피의 비는 그대로 3:1입니다.

그림 1-10 (나)의 직육면체를 정육면체가 되게 하려면 어떻게 쌓아야 할까요? 정육면체 대각선의 길이 $\sqrt{3}L$이 공 지름의 2배여야 하므로 공 중심 사이의 거리가 $L = 4R/\sqrt{3} = 2.3R$이 되도록 첫 번째 층을 쌓아야 합니다. 첫 번째 층에서는 공 사이의 거리가 멀어지지만, 대신 첫 번째 층과 세 번째 층의 거리가 가까워지기 때문에 효율적일 수도 있습니다. 앞에서처럼 첫 번째 층의 네 공 사이의 오목한 곳에 공을 놓으며 층을 만들어 가면 홀수층과 짝수층이 똑같은 모양이 되고, 그림 1-10 (다)처럼 정육면체의 꼭짓점과 중심에 공이 놓이는 정육면체가 계속 쌓이는 구조가 됩니다. 이것을 체심 입방(體心 立方, 정육면체의 꼭짓점과 중심에 입자가 있다는 뜻, Body Centered Cubic, BCC) 구조라고 합니다. 부피가 $L^3 = (4R/\sqrt{3})^3 \sim 12.3R^3$인 정육면체에 부피가 $4\pi R^3/3 \sim 4.2R^3$인 공이 두 개 들어 있으므로 공극률은 32%입니다. 공이 차지하는 부피와 비어

28) 정육면체의 꼭짓점에 입자가 놓인다는 것은 입방 구조의 공통적인 사항입니다.

있는 공간의 부피가 약 2:1 정도인거지요. 체심 입방 구조는 비어 있는 공간이 단순 입방 구조보다는 작지만 면심 입방 구조보다는 크네요. 그러니 (나) 방법처럼 첫 번째 층을 쌓을 때 빈틈을 적게 하는 것이 효율이 높다는 것을 알 수 있습니다.

그렇다면 그림 1-10 (라)와 같이 첫 번째 층을 쌓을 때 중심이 정삼각형을 이루도록 공을 놓으면 빈틈이 더 줄어들지 않을까요? 첫 번째 층만 비교해보면 그림 1-10 (가)와 같이 정사각형을 이루도록 공을 놓은 것에 비해 확연히 빈틈이 줄어듭니다. 그림 1-8에서 틈의 크기를 실제로 계산하기도 했지요. 그런데 첫 번째 층에서 서로 붙어 있는 세 개의 공이 만드는 오목한 곳에 공을 놓아 두 번째 층을 쌓을 때 (가) 방법에 비해 효율이 떨어집니다. 첫 번째 층과 두 번째 층의 거리가 $2\sqrt{2}R/\sqrt{3}$이어서 (가) 방법보다 커지니까요. 그리고 모든 오목한 곳에 공을 놓을 수 없습니다. 그림에서 세 개의 공이 삼각형을 이루는 오목한 곳이나, 아니면 역삼각형을 이루는 오목한 곳의 중심에만 공을 놓을 수 있지요. 예를 들어, P점에 공을 놓으면 Q점에는 공을 놓을 수 없지만 R점에는 다시 공을 놓을 수 있습니다. 그림 1-10 (라)에서는 세 개의 공이 삼각형을 이루는 오목한 곳에 공을 놓아 두 번째 층을 쌓는 방법을 선택한 것입니다. 그러면 두 번째 층은 첫 번째 층을 약간 어긋나게 평행이동한 모양이 됩니다. 다시 같은 규칙을 적용하여 세 번째 층을 쌓으면, 세 번째 층의 모양도 두 번째 층을 평행이동한 모양이 됩니다. 그런데 앞에서 사각형으로 쌓았을 때와는 달리 세 번째 층의 모양도 첫 번째 층과 모양이 다릅니다. 네 번째 층이 첫 번째 층과 모양이 같아집니다.

(라) 방법의 경우 비어 있는 공간의 부피는 어떻게 구해야 할까요? 3개

의 층이 쌓일 때마다 똑같은 모양이 나타나니까 그림 1-10 (라)에 파란색으로 표시한 정삼각형을 밑면으로 하고 높이가 3개 층 사이의 거리인 정삼각기둥을 생각해 봅시다. 이 삼각기둥 안에는 공이 1.5개 들어 있게 됩니다. 삼각기둥의 꼭짓점 6개에 공의 1/12조각이 있고, $3n+1$번째 층에 있는 공이 삼각기둥의 면에 의해 잘려나간 부분만큼 $3n-1$번째 층에 있는 공의 일부분이 삼각기둥 안에 놓이게 되니까요. 삼각기둥의 부피는 $(\sqrt{3}/2)(2R)^2 \times 3(2\sqrt{2}R/\sqrt{3}) = 6\sqrt{2}R^3$이고 공 1.5개의 부피는 $1.5 \times (4\pi R^3/3) = 2\pi R^3$이므로 공극률은 26%로 면심 입방 구조와 같습니다. 재미있지요? 왜 이렇게 될까요?

(라) 방법처럼 공을 쌓아도 면심 입방 구조가 되기 때문입니다. $3n$번째 층에 표시한 녹색 정삼각형 ACE는 면심 입방 구조에서 정육면체의 꼭짓점 ACE를 연결한 삼각형과 같습니다. 이 삼각형을 포함하는 면이 $3n$번째 층이 만드는 면이라고 하면, 정육면체에서 꼭짓점 $D(B)$는 $3n+1$번째 층의 D점이고, 이 점을 지나며 삼각형 ACE에 나란한 면이 $3n+1$번째 층이 만드는 면이 됩니다. 그리고 정육면체에서 꼭짓점 B는 $3n-1$번째 층의 B점이고, 이 점을 지나며 삼각형 ACE에 나란한 면이 $3n-1$번째 층이 만드는 면이 됩니다. 이 구조가 보이나요? 공을 (나) 방법과 같이 정사각형 모양으로 바짝 붙여서 쌓는 것과 (라) 방법과 같이 정삼각형 모양으로 바짝 붙여서 쌓는 것이 똑같이 면심 입방 구조가 된다는 것이 신기하지요? 반지름이 모두 같은 공을 쌓았을 때 비어 있는 공간의 비율이 최소가 되게 하는 것이 면심 입방 구조입니다. 이때 **전체 부피의 약 1/4, 공 부피의 약 1/3 정도가 비어 있는 공간의 부피이고 이것이 최솟값입니다.** 이것은 공의 크기와 관계가 없이 항상 그렇게 됩니다.[29)]

수학 문제

지금까지의 논의에 나온 값들을 실제로 계산해 봅시다.

(나) 방법처럼 쌓을 때 첫 번째 층과 두 번째 층 사이의 거리는?

(다) 방법처럼 쌓을 때 첫 번째 층과 두 번째 층 사이의 거리는? 왜 첫 번째 층에서 공 사이의 거리가 $L = 4R/\sqrt{3}$ 여야 하는가?

(라) 방법처럼 쌓을 때 첫 번째 층과 두 번째 층 사이의 거리는?

실제 밀가루나 모래와 같은 알갱이 물질에서는 상황이 복잡합니다. 차곡차곡 규칙적으로 쌓을 수 없고, 크기와 모양이 모두 다를 것이기 때문입니다. 작은 알갱이가 큰 알갱이 사이의 빈틈에 들어가서 공간을 채우기도 하지만, 브라질너트 효과에서처럼 끼어든 작은 알갱이에 의해 큰 알갱이 사이의 빈틈이 더 벌어지기도 할 테니까요.

밀가루의 부피 밀도는 약 0.5 g/cm^3입니다. 부피 밀도(bulk density)는 밀가루 질량을 밀가루가 차지하고 있는 부피로 나눈 값입니다. 이때의 부피는 가루를 담고 있는 용기의 부피이며, 가루 사이의 비어 있는 공간의 부피도 포함된 것입니다. 그런데 가루로 갈기 전의 밀알은 물에서 가라앉습니다.[30] 그러니까 밀가루 입자만의 밀도는 1 g/cm^3보다 클 것이고, 밀가루

29) 규칙적인 공의 배열에서 이렇게 된다는 것은 가우스(Carl Friedrich Gauss)가 수학적으로 증명하였습니다. 케플러(Joahannes Kepler)는 불규칙적인 배열까지 포함해서 이렇게 될 것이라고 추측하였고, 1998년에 와서야 컴퓨터의 도움을 받아 헤일스(Thomas Callister Hales)가 증명을 완료하였습니다. 반지름이 똑같은 공을 효율적으로 쌓는 방법을 찾는 것을 수학에서는 대포알 문제(cannon ball problem)라고 부릅니다.

30) 알이 제대로 차지 않은 쭉정이를 골라내고 싹이 제대로 틀 씨앗을 골라내는 전통적인 방법이 물에 넣어보는 것이지요. 쭉정이는 물 위로 떠오르니까요. 품종과 말린 정도에 따라 다르지만

100 g의 부피는 대략 200 mL정도 되는데 그 절반 이상이 비어 있는 셈입니다. 밀가루 사이에 비어 있는 공간이 제법 크지요? 빵 반죽을 할 때는 밀가루 100 g에 60 mL 정도의 물을 섞습니다. 이만큼의 물은 밀가루 사이의 공간을 아직 채우지 못하지요. 그러니 밀가루 사이의 비어 있는 공간에 물이 들어가서 보이지 않는다고도 할 수 있겠습니다.

그런데 밀가루에 이보다 훨씬 많은 물을 부어도 물이 없어진 것처럼 보입니다. 케이크를 굽기 위한 반죽에는 빵 반죽보다 물을 많이 섞지만 물이 드러나 보이지 않습니다. 전을 부칠 때는 훨씬 더 묽게 하지만 물이 보이지 않습니다. 그래서 신기하다는 것이지요. 모자나 신문지에 물을 부을 때 모자나 신문지에 흡수될 만큼만 붓고 젖은 모자를 쓰거나 젖은 신문지를 펼치는 마술에 놀라며 박수를 보낼 사람이 있겠어요?

밀가루 자체가 흡수하는 물도 있지 않을까요? 밀가루는 말린 밀알을 간 것이고, 밀을 말릴 때 원래의 식물 세포에 있던 물이 빠져나갔을 테니까요. 밀알은 양분을 저장하는 씨앗이어서 식물의 잎이나 줄기에 있는 일반 세포처럼 60% 정도가 물은 아니지만, 밀알이 익었을 때는 약 40%의 수분을 함유하고 있습니다. 이것을 수분 함량이 14% 이하일 때까지 말려 저장하거나 가루로 빻지요. 그러니 밀가루도 물을 흡수할 수 있겠지요. 그런데 밀알을 구성하는 녹말 분자들은 아주 단단히 뭉쳐 있어서 물 분자를 금방 흡수하지 못합니다. 심지어 녹말 분자들이 결정구조를 이루고 있기까지 합니다. 잘 마른 밀알이나 쌀알이 얼마나 단단한지 생각해 보세요. 그래서 물을 흡수해서 불어나는 데 시간이 제법 걸립니다. 밥을 지을 때 보통 삼십 분

밀알의 밀도는 0.97~1.39 g/cm^{3}입니다.

이상 쌀을 불리지요? 하지만 밀가루에 부은 물이 흡수될 때까지 삼십 분 정도 기다렸다가 반죽을 하지는 않지요.[31)]

밀가루가 물에 녹는 것은 더더욱 아닙니다. 밀가루에 들어 있는 녹말과 단백질은 물에 녹지 않습니다. 소금처럼 물에서 이온들로 분해되어 물 분자들과 섞이지 않을 뿐 아니라, 설탕처럼 각각의 분자로 떨어져 나가서 물 분자들과 골고루 섞이지도 않습니다. 그저 각각의 밀가루 알갱이가 물과 섞여 있는 유화액(乳化液, emulsion) 상태에 있는 것입니다. 유화액이라는 용어의 기원인 우유에는 카제인 분자가 뭉친 마이셀 입자가 물에 섞여 있습니다. 우유에 대해서는 '물이 어디에 있어?'라는 질문을 던지는 사람은 없을 것입니다. 우유에 물이 들어 있다는 것을 쉽게 알아챌 수 있으니까요. 우유는 소의 몸에서 만들어진 물과 다른 특별한 액체라고 생각하는 어린 아이가 아니라면 말이지요. 그런데 치즈는 어떤가요? 체다(Cheddar) 치즈의 35%, 브리(Brie) 치즈의 50%가 물입니다.[32)] 물이 제일 많지요. 그런데도 우리는 이 점에 대해서는 별로 신경 쓰지 않습니다. 오히려 '치즈에 이렇게 많은 물이 있었어?'라고 놀라는 사람이 있을지 모릅니다. 물이 들어 있지 않다면 치즈를 전자레인지에서 녹일 수 없었을 텐데도 말이지요.[33)] 치즈에 있는 물과 기름(지방)은 왜 밖으로 새어 나오지 않을까요? 앞 장에서 이야기한 삶은 달걀의 흰자와 두부처럼 단백질 분자가 만드는 막이 기름과 물방울을 감싸고 있기 때문입니다. 이 막이 터지면 치즈에서 기름과 물이 흘러나옵니

31) 밀가루 요리를 할 때 밀가루를 물에 불리면 익힐 때 녹말이 더 잘 익기 때문에 밀가루를 불려서 반죽하라는 요리책도 있습니다.

32) 체다 치즈는 단백질, 지방, 물의 성분비가 30:35:35이고 브리 치즈는 20:30:50입니다.

33) 전자레인지는 물 분자의 회전(또는 진동)이 특정 주파수의 전자기파에 공명하는 것을 이용하여 음식을 데웁니다.

다. 치즈도 기름과 물이 섞인 유화액입니다.[34)]

사람들 대부분은 치즈가 만들어지는 과정을 본 적이 없기 때문에 치즈에 물이 들어 있다고 생각하지 않습니다. 이것처럼 칼국수를 만들기 위한 밀가루 반죽을 처음 본 어린아이가 그 반죽에 물이 들어 있다고 생각할 수 있을까요? 치즈처럼 밖으로 물이 새어 나오지도 않고 손으로 만져도 거의 물이 묻어나오지 않으니까요. 그러니 밀가루에 물을 부어 치대기만 해서 이런 밀가루 반죽을 만들었다고 하면 그 아이는 '물이 어디로 갔어?'라고 물어보지 않을까요?

더구나 잘 치댄 밀가루 반죽은 미숫가루나 쌀가루에 물을 붓고 버무려 놓은 것과는 다릅니다. 손가락으로 약간 눌렀다가 떼면 제 모양으로 돌아오지요. 이점도 치즈와 비슷하네요. 삶은 달걀의 흰자도 이런 탄성이 있습니다. 노른자는 살짝만 눌러도 부스러집니다. 미숫가루를 적당한 양의 물에 버무려 놓으면 물이 흘러나오지도 않고, 어떤 형태를 만들어 놓으면 그대로 있지만 탄성을 보이지는 않습니다. 젖은 모래처럼 말이지요. 송편을 만들 때 쌀가루 반죽은 어떤가요? 손가락으로 누르면 늘어나기만 할 뿐 탄성은 없습니다. 너무 늘리면 끝이 갈라지지 않던가요?

왜 잘 치댄 밀가루 반죽은 탄성이 있을까요?

이것이 바로 밀에 들어 있는 글루텐(gluten)이라는 특별한 단백질[35)]이

34) 유화액이라는 용어에 액체라는 뜻이 강하게 들어 있어서인지, 치즈처럼 형태를 유지하는 경우에는 유탁질(乳濁質, 우유처럼 탁한 물질)이라고 하기도 합니다. 영어로는 모두 emulsion입니다.

일으키는 마술입니다. 글루텐은 그림 1-11에서 보는 것처럼 긴 사슬 모양의 단백질 글루테닌(glutenin)과 공 모양의 단백질 글리아딘(gliadin)이 모여 만든 단백질 중합체입니다. 글리아딘과 저 분자량 글루테닌은 약 300개 정도, 고분자량 글루테닌은 약 500개 정도의 아미노산으로 이루어져 있습니다. 하나하나의 글루테닌과 글리아딘은 다른 모든 단백질처럼 세포의 리보솜에서 유전자 정보대로 만들어집니다. 그러니까 밀의 종류에 따라 아미노산의 배열이 약간씩 다르기는 하지만, 같은 밀의 글리아딘과 글루테닌이라면 똑같은 순서대로 아미노산이 펩타이드 결합을 한 것입니다. 만들어질 때의 상황에 따라 분자 안에서 또는 분자끼리 결합하는 양상이 달라질 수 있어서 각 단백질 분자의 접힌 모양은 다를 수 있습니다. 그리고 리보솜에서 만들어진 후 배젖으로 이동하고 저장되는 과정에서 이 분자들끼리 결합하여 글루텐 단백질을 만듭니다.

이때 시스테인(1권의 그림 4-1 참조)에 붙어 있는 황화수소(HS)기가 중요한 역할을 합니다. 글리아딘은 만들어지는 과정에서 소수성 아미노산이 시스테인을 감싸며 공 모양으로 뭉칩니다.[36] 글루테닌은 이러한 엉김이 적어서 사슬 모양이고 시스테인이 어느 정도 드러나 있는 구조라서 서로 다른 글루테닌 분자와 이황화 결합(disulfide bond)을 하며 더 큰 분자를 만들어 갑니다. 글루테닌과 글리아딘은 두 분자의 친수성 아미노산이 물 분자를 매개로 하여 결합합니다. 이렇게 해서 글루텐이 만들어지고 이것이

35) 원래는 밀에 들어 있는 단백질을 지칭하는 용어지만 보리, 귀리, 호밀에 있는 단백질을 통칭하는 용어로 사용하기도 합니다.

36) J. Markgren, M. Hedenqvist, F. Rasheed, M. Skepö and E. Johansson, *Glutenin and Gliadin, a Piece in the Puzzle of their Structural Properties in the Cell Described through Monte Carlo Simulations,* Biomolecules, 2020, 10, 1095.

밀알의 단백질체(protein body)에 저장됩니다.

밀가루에 물을 붓고 반죽기로 젓거나 손으로 주물러 반죽을 하면 단단히 뭉쳐 있던 글루텐 단백질이 물에 의해 풀어지고 다른 글루텐에 있던 글리아딘 또는 글루테닌과 결합하며 거대한 글루텐 망을 만들어냅니다. 밀에서 만들어져 밀알에 저장되었을 때는 마이크로미터의 크기였던 글루텐이 이제 밀가루 반죽 전체에 걸친 망을 만드는 것입니다. 짧은 길이의 글루테닌이 서로 결합하여 이런 거대한 망을 이루는 것은, 볏짚으로 새끼를 꼬고 가마니를 짜는 것, 또는 짧은 양털과 목화솜의 섬유로 실을 자아 천을 짜는 것에 비유할 수 있습니다.

반죽을 치댈 때마다 단백질 분자들의 결합이 늘어나서 망이 점점 더 튼튼해집니다. 치대는 작업이 반죽 안에서 단백질 분자를 이리저리 움직이

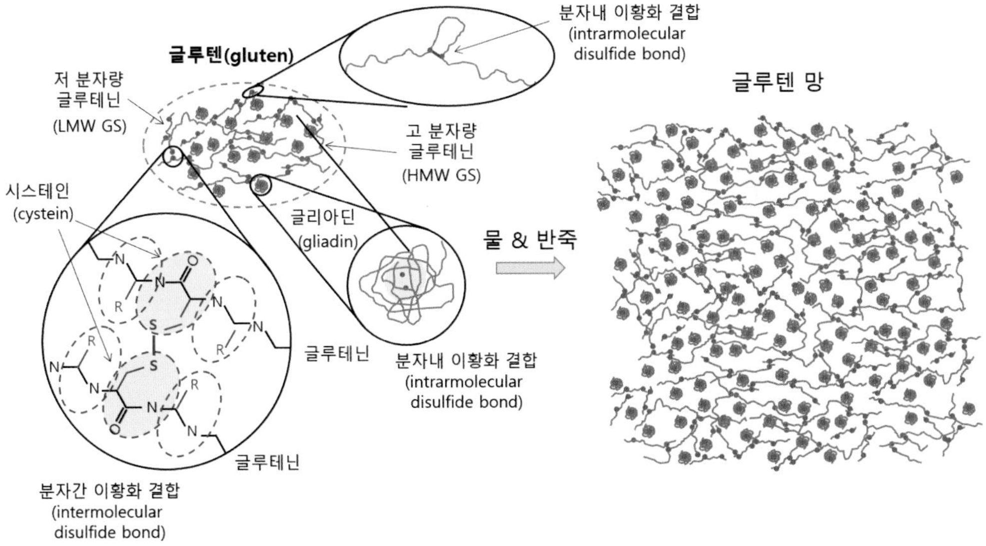

그림 1-11 밀가루 반죽에 만들어지는 글루텐 망

게 하여 이들의 결합 확률을 높여주기 때문입니다. 수타면(手打麵, 손으로 때려서 만든 국수)을 뽑을 때 반죽을 바닥에 두드리는 것도 같은 효과를 줍니다. 이것이 반죽을 늘려 칼로 잘게 썬 칼국수나 반죽을 작은 구멍으로 빠져나오게 하여 만든 국수에 비해 수타면이 더 쫄깃쫄깃한 이유입니다.

글루테닌과 글리아딘으로 만들어진 망은 탄력이 좋으면서도 잘 늘어납니다. 단순화해서 그린 그림 1-11로는 나타낼 수 없지만, 글루텐 망은 매우 촘촘하여 액체 상태의 물은 물론 기체 상태의 분자도 빠져나가지 못합니다. 빵 반죽이 부푸는 것은 바로 이 촘촘한 글루텐 망 덕분입니다. 밀가루에 이스트를 섞어서 반죽하면 이스트가 밀가루의 녹말을 당류로 분해하면서 이산화탄소가 만들어집니다. 이산화탄소가 글루텐 망을 빠져나가지 못하고 반죽 안에 갇히기 때문에 부풀어 오르는 것입니다. 빵 안에 갇힌 기체가 만든 작은 구멍 덕분에 우리는 두툼하면서도 부드러운 식빵이나 찐빵을 즐길 수 있는 거지요. 구멍이 없다면 그 정도 크기의 밀가루 반죽은 굽거나 찔 수조차 없을 것입니다. 비어있는 공간에서 일어나는 대류가 열의 전달을 도와 익히는 데 걸리는 시간을 줄여 줍니다. 비어 있는 공간을 연결하는 열의 통로도 열 전달에 중요한 역할을 합니다. 녹말을 익히는 데 글루텐 망에 갇힌 물도 중요한 역할을 합니다. 어찌 되었건 비어 있는 공간이 없이 밀가루 덩어리를 익혀 놓은 것은 익혔다고 해도 도저히 먹을 수 없을 것입니다. 구운 것은 무척 딱딱할 것이고 찐 것은 무척 질길 테니까요.

글루텐과 효모의 합작으로 만들어낸 기포 구멍이 없다면 바삭하면서도 부드러운 바게트(baguette)나 난(naan)과 같은 빵은 이 세상에 나오지 못했을 것입니다. 토르티야(tortilla)처럼 얇게 펴서 구운 빵만 가능했겠지요. 물론 토르티야가 맛이 없다는 뜻은 아닙니다. 요즘은 밀가루로 만든 토르티야도 있지만, 중미(Mesoamerica)의 원주민들이 만들었던 본래의 토르티야는 옥수수 가루를 사용했습니다. 옥수수에는 밀의 글루텐이 들어 있지 않습니다. 그래서 이스트를 넣어도 부풀게 할 수 없었겠지요. 옥수수 또는 그 가루를 석회수에 담가서 소화가 잘되게 만드는 닉스타말(nixtamal)화[37] 과정까지 찾아낸 사람들이 부풀리는 방법을 찾아내지 못했을 리 없으니까요. 그런데 혹시 찐빵을 먹을 때 이런 질문을 해 본 적 있나요?

왜 찐빵의 표면은 매끄럽고 반들거릴까요?

거울처럼 얼굴이 반사될 정도는 아니지만 불빛 아래에서 보면 반짝거리기까지 합니다. 증기로 쪘기 때문에 표면에 물기가 묻어 있어서 그럴까요? 물론 물기가 찐빵을 반질거리게 하는 요인이기는 합니다. 그런데 자세히 보면 오븐에서 구운 식빵 또는 바게트의 표면도 물기가 없지만 아주 매끄럽고 반짝입니다. 높은 온도에서 구운 빵의 표면은 마이야르 반응(Maillard reaction)[38]이 일어나서 갈색으로 변해 있지만요.

이 현상 역시 글루텐 망이 일으키는 것입니다. 토르티야는 표면이 반질거

---

37) 멕시코에서 만들어진 스페인어 단어로 원주민의 말을 발음대로 따라 쓴 것이기 때문에 '닉스타말'이 아니라 '니스타말'이라고 해야 합니다. 원주민의 말로 '니스'는' 라임 나무를 태운 재를 뜻하고, '타말'은 요리한다는 뜻이라고 하네요. Mexico도 멕시코 사람들은 '메히코'라고 발음하지요.

38) 어떤 온도 이상으로 요리할 때 당과 아미노산이 화학반응을 하며 새로운 물질로 변하는 반응을 일컫는 용어입니다. 빵을 구울 때는 밀가루의 녹말과 단백질이 분해된 당과 아미노산이 반응을 하지요. 이 반응 덕분에 빵을 구우면 표면의 색이 갈색으로 변하고 좋은 냄새가 나는 것입니다. 프랑스의 화학자 마이야르(Louis-Camille Maillard)가 이 반응을 처음으로 발견하였습니다.

리지 않습니다. 물과 밀가루를 풀기 위해 몇 번 저은 것이 전부인 질은 반죽으로 만든 파전도 찐빵처럼 반들거리지 않습니다. 몇 번 저은 것으로는 조밀한 글루텐 망이 만들어지지 않기 때문이지요. 부칠 때 사용한 기름이 표면에 묻어 약간 반들거리기는 하지만 기름이 흡수되고 나면 그만입니다. 글루텐 망은 사슬모양의 글리테닌이 어떤 방향으로 배열하면서 서로 붙어서 만든 것입니다. 그러니 망이 만드는 면에 대해 튀어나오는 방향으로 배열하는 글리테닌은 많지 않지요. 마치 짚으로 짠 가마니의 표면에 튀어나와 있는 짚이 적은 것과 마찬가지입니다. 매끄러운 글루텐 망에서 반사가 일어나기 때문에 반질거리고 반짝이는 것입니다. 반죽 전의 밀가루가 그림 1-2 (가)와 같이 쌓여 있을 때 공기와의 경계 면은 매끄러워 보이지만 미시적으로는 아주 울퉁불퉁합니다. 그래서 밀가루의 표면에서는 난반사가 일어나지요.

무엇보다도 중요한 것은 글루텐 망의 틈새가 가시광선의 파장보다 훨씬 작다는 것입니다. 1권의 3장에서 이야기했었지요? 전자레인지에 사용하는 마이크로파는 전자레인지 문에 있는 작은 구멍들을 통과하지 못한다고요. 전자기파인 빛이 회절을 하기 때문에 파장보다 작은 크기의 물체나 구멍을 구분해 낼 수 없습니다. 그래서 우리 눈에 글루텐 망에 있는 틈은 보이지 않고 빵의 표면이 연속적인 면으로 보이는 것입니다. 한편, 찐빵과 식빵의 안쪽은 구멍 크기가 가시광선의 파장보다 커서 우리 눈에 보이지요. 그리고 자른 면이 거칠어 난반사가 일어나니 반짝이지도 않습니다.

강력분(强力粉, 힘이 센 밀가루라는 뜻), 중력분(中力粉. 중간 세기의 밀가루라는 뜻), 박력분(薄力粉, 힘이 약한 밀가루라는 뜻, '박력'이 있다는 뜻이 아님)은 밀가루에 들어 있는 글루텐의 함량에 따라 밀가루를 분류한 것입니다. 강력분에는 12~14%, 중력분에는 10~12%, 박력분에는 8~10%의 글루텐이 들어 있습니다. 이것은 밀의 품종에 따라 결정되는 것이며 인위적으로 글루텐을 빼거나 넣은 것이 아닙니다. 겨를 벗겨낸 밀알의 바깥 부분인 밀기울(wheat bran)은 배아보다 글루텐의 함량이 높습니다. 그러니 통밀의 가루에는 글루텐이 더 많이 들어 있지요.

확인해 볼까요?

밀가루 반죽의 글루텐 망을 눈으로 보고 손으로 만져 볼까요?

1. 강력분, 중력분, 박력분, 통밀가루 1컵을 각각 그릇에 따로 담고, 물을 섞은 후 충분한 탄성이 생길 때까지 밀가루를 반죽합니다.
2. 흐르는 물에서 손가락으로 반죽을 살살 주물러 전분을 빼냅니다. 처음에는 우유처럼 뿌옇다가 물이 점점 깨끗해질 것입니다. 그리고 껌같이 생긴 물질이 남을 것입니다. 모든 반죽에 대해 똑같은 작업을 되풀이합니다.
3. 각각의 밀가루 반죽에서 얻은 글루텐 덩어리의 무게를 달아 봅시다. 어떤 밀가루 반죽에서 가장 많은 글루텐 덩어리가 남았나요?
4. 글루텐 덩어리를 양손으로 잡고 잡아당겨 늘려 봅시다.
5. 글루텐 덩어리를 빨대 끝에 붙여 풍선을 불어 봅시다.

글루텐이라는 용어는 끈적끈적한 물질을 가리키는 라틴어 단어로부터 나온 것입니다. 어떤 것을 서로 붙이는 '풀'을 영어로 glue라고 하지요? 기본 입자인 쿼크(quark) 사이에 인력을 매개하는 게이지 입자를 글루온(gluon)이라고 하는데 어원이 같습니다. 중국어로는 부(麩, 밀기울)에서 얻은 물질이라는 뜻으로 부질(麩質)이라고 합니다. 밀가루 또는 면(麵, 국수)에 탄력을 주는 근육이라는 뜻으로 면근(麵筋, 중국어 발음 미얀진)이라고도 부릅니다. 6세기경 승려들이 이 글루텐을 찾아냈다고 합니다. 고기를 먹을 수 없는 불가의 식단에서 부족할 수밖에 없는 단백질을 보충하는 좋은 식자재였겠지요. 우리나라에도 글루텐을 이용한 요리에 대한 기록이 있습니다. 18세기 조선 중기에 쓰인 수문사설(謏聞事說, 일상생활에 필요한 여러 일에 대해 들은 것을 가려서 정리했다는 뜻)[39]에 면근탕을 만드는 방법이 나옵니다. 채식주의자들을 위한 밀고기의 주원료가 밀에서 추출한 글루텐입니다. 앞의 실험에서 얻은 글루텐으로 밀고기 볶음을 만들어 봅시다.

밀고기 볶음

1. 글루텐 덩어리와 견과류, 양파, 당근, 들깨, 콩을 갈아 반죽을 합니다.
2. 일반적인 고깃덩어리 크기와 모양으로 팬에 노릇노릇 굽습니다.

그림 1-12 구례 천은사에서 맛본 콩고기

39) 현대식으로 다시 보는 수문사설, 농촌진흥청 전통한식과 지음, 모던플러스, 2012.

3. 양파, 피망, 당근을 적당한 크기로 썰어 넣고 볶아서 익힙니다.
4. 재료가 다 익으면 밀고기를 넣고 간장으로 간을 한 후 다시 한번 볶습니다.

글루텐이 자가면역 질환의 하나인 셀리악병(celiac desease)을 일으키는 주요 원인으로 알려지면서 최근 국내에도 '글루텐-프리' 열풍이 불고 있는 것으로 보입니다. 하지만 셀리악병은 사실 곡물을 주로 섭취하는 우리나라 사람에게는 거의 나타나지 않으며 지금까지 의학계가 인정한 환자는 단 1명뿐입니다. 사람에 따라 글루텐이 일으키는 밀 알레르기나 글루텐 민감증을 가질 수 있습니다. 하지만 의사들은 우리나라 사람에게 이것 역시 큰 문제는 아니라고 합니다. 그러니 '글루텐은 무조건 나쁘니까 먹지 말아야 한다'는 글루텐-프리 열풍 역시 과학에 대한 무지와 맹신을 이용한 공포 마케팅의 결과일지도 모릅니다. 몇 년 전 우리나라 TV 광고를 도배했던 '카제인'이라는 단어처럼 말입니다. 우유를 마시면 좋다고 하면서 거기에 들어 있는 단백질을 거부했었습니다. 글루텐은 단백질이어서 단당류가 결합된 탄수화물보다는 몸에 덜 해로울 수 있는데 살을 빼기 위해 글루텐-프리 음식을 먹어야 한다는 것은 매우 비과학적인 결론입니다. 일반인보다 단백질을 더 많이 섭취해야 하는 당뇨병 환자가 글루텐-프리 음식을 먹는 것이 몸에 좋을까요? 글루텐-프리 열풍은 마치 물을 DHMO라고 부르고 호들갑을 떠는 것(1권의 3장 참조)일 수도 있습니다.

우리 밀가루 반죽을 하다 말았지요? 저런! 물을 너무 많이 부었나 봅니다. 반죽이 질어요. 손에 막 달라붙네요!

왜 반죽이 질면 손에 달라붙을까요?

밀가루 반죽이 질면 밀가루를 조금씩 더 넣어가며 반죽하면 그만입니다. 그러면, 서서히 손에 붙어 있던 것이 반죽으로 옮겨 붙으면서 어느 순간에는 손이 깨끗해지지요. 그런데 똑같은 일이 포장하지 않은 흙길에서도 일어납니다. 비가 와서 질척해진 흙은 신발에 달라붙지요. 이것은 우리를 아주 곤란하게 합니다. 어딘가에서 마른 흙을 퍼 와서 물의 양을 조절할 수 없으니까요. 특히 봄이 되어 겨우내 얼어 있던 땅이 녹을 때 아주 심합니다. 장화를 신어서 묻은 흙을 쉽게 씻어 낼 수 있다고 해도 걷기가 힘들 정도로 흙이 달라붙습니다.

밀가루의 양에 비해 아예 물의 양이 많을 때는 밀가루 섞은 물이 손에 묻기는 해도 손에 달라붙는다는 느낌은 나지 않습니다. 흙길도 그렇지요. 비가 아주 많이 와서 흙을 적시는 정도가 아니라 물웅덩이가 만들어지고 나면 그곳을 밟아도 흙이 신에 달라붙지는 않습니다. 약간의 흙탕물이 묻을 뿐이지요. 질척한 밀가루 반죽과 질척한 흙의 공통점은 물의 양입니다. 흙에는 글루텐이 없을 테니 이번에는 글루텐이 일으키는 일은 아닌 거지요. 반죽과 흙이 어딘가에 달라붙는 성질을 가지게 하는 데 물이 중요한 역할을 하는 것으로 보입니다.

그런데 바닷물에 젖은 모래사장을 걸을 때는 모래가 달라붙지 않습니다. 물에 젖은 맨발에 아주 작은 양의 모래가 묻을 뿐입니다. 바닷물에 잠긴 곳은 더더욱 그렇지요. 밥을 짓기 위해 불려 놓은 쌀도 잘 달라붙지 않습니다. 달라붙기는커녕 뭉쳐지지도 않지요. 한편 송편을 만들 때 쌀가루 반죽은 잘 뭉쳐집니다. 조금만 질게 반죽하면 손에 달라붙지요. 흙도 그렇습니다.

도자기를 만드는 데 사용하는 고령토는 알갱이가 아주 고운 흙입니다. 황토로 벽을 바를 때도 물에 풀어 흙탕물을 만들고 위에 뜬 것을 가라앉힌 고운 흙을 사용합니다. 이렇게 알갱이가 고운 흙은 자신들끼리도 잘 뭉치고 어딘가에도 잘 달라붙지요. 그러니 물의 양뿐 아니라 입자의 크기도 중요한 역할을 하겠네요. 어떤 일이 일어나는 것일까요?

알갱이에는 여러 가지 힘이 작용합니다. 질량이 있으니 당연히 중력이 작용할 것이고, 마찰로 전하를 띠게 되었다면 정전기력도 작용할 것입니다. 알갱이들이 아주 가깝게 붙어 있다면 알갱이를 이루고 있는 분자들 사이의 판데르발스 힘(van der Waaals force)이 작용할 수도 있습니다. 물이 알갱이 사이를 채우고 있다면 물 분자들의 수소 결합이 알갱이 사이에 힘을 매개할 수 있지요. 물이 공기와의 접촉면적을 줄이려고 하는 표면장력도 알갱이가 붙어 있도록 하는 힘을 만들어냅니다. 이 힘이 진 밀가루 반죽과 진흙이 물체에 달라붙게 하는 데 중요한 역할을 합니다.

그림 1-13 (가)는 물의 표면장력이 어떻게 하여 알갱이가 물체에 붙어 있도록 하는 힘을 만들어내는지를 설명하기 위한 것입니다. 간단히 반지름이 같은 두 알갱이 사이에 물방울이 하나 들어 있는 경우를 생각해 봅시다. 알갱이를 이루는 물질에 대한 물의 접촉각[40]이 90°보다 작다고 가정하겠습니다. 그러면 물방울은 알갱이에 붙는 면적은 최대한 늘리고 공기와의 접촉하는 면적은 최대한 줄이려고 할 것입니다. 그림 1-13 (가)에서 보는 것처럼 두 알갱이 사이의 거리가 멀어지면 물방울이 가늘어지고 길어지므로 물방울의 표면장력에 의한 퍼텐셜에너지가 높아집니다. 조금만 더 정량적으로

40) 접촉각에 대해서는 3장을 참조하세요.

다루어 볼까요?

알갱이 사이에 들어 있는 물방울의 모양은 표면이 곡률을 가진 복잡한 모양입니다. 알갱이의 모양에 따라서도 달라지겠지요. 이것을 그림 1-13 (가)의 아래에 그린 것처럼 반지름이 R이고 높이가 h인 원기둥 모양이라고 단순화 해 봅시다. 표면장력에 의한 퍼텐셜에너지는 표면장력에 표면적을 곱한 것이므로

$$U = 2(\gamma_{gw} - \gamma_{ga})(\pi R^2) + \gamma_{wa}(2\pi Rh) \tag{1.4}$$

가 됩니다. 이 식에서 (πR^2)과 $(2\pi Rh)$는 원기둥의 위-아래 면과 옆면의 표면적이고, γ_{wa}, γ_{gw}, γ_{ga}는 각각 물(water)과 공기(air), 알갱이(grain)와 물

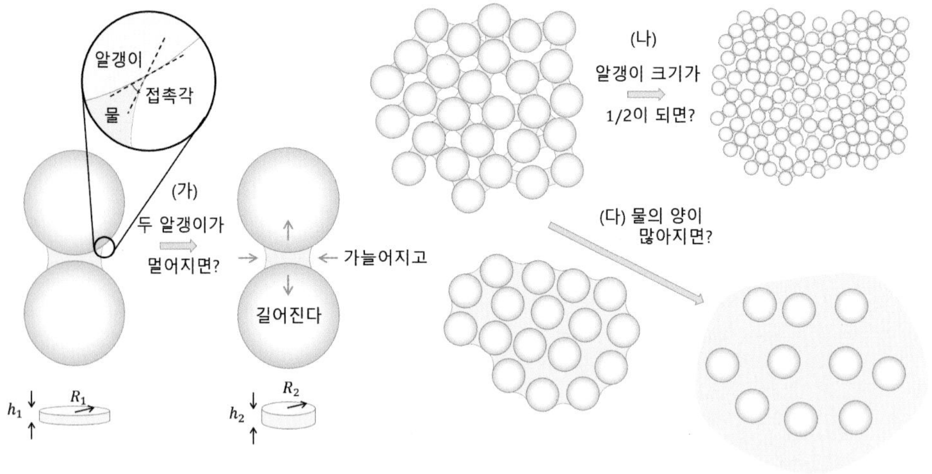

그림 1-13 (가) 두 알갱이 사이가 멀어지면 물이 공기와 접촉하는 표면적이 늘어난다. (나) 알갱이의 크기가 1/2이 되면, 알갱이 사이에 작용하는 각각의 힘은 약 1/4로 약해지지만, 알갱이의 개수가 8배가 되기 때문에 전체적으로는 응집력이 2배가 된다. (다) 물의 양이 점점 많아져서 알갱이 사이의 공간을 채우면 표면장력에 의한 힘이 알갱이를 뭉치게 하거나 물체에 붙게 할 수 없다. 물이 더 많아지면 알갱이들이 물에 떠다니는 콜로이드가 된다.

(water), 알갱이(grain)와 공기(air)의 접촉면에서의 표면장력입니다. 물과 알갱이가 접촉하는 만큼 공기와 알갱이가 접촉하는 면적이 줄어드니 그만큼의 퍼텐셜에너지는 빼주어야 하지요. 접촉각 θ는 이들 세 표면장력으로부터 다음과 같이 결정됩니다.

$$\cos\theta = -\frac{\gamma_{gw} - \gamma_{ga}}{\gamma_{wa}} \tag{1.5}$$

그러므로 접촉각이 90°보다 작으면 $\gamma_{gw} - \gamma_{ga}$는 음수인 것입니다. 두 알갱이 사이의 거리가 멀어지면 h가 커지고 R이 줄어드는 것은 직관적으로 알 수 있습니다. 그러니까 (1.4) 식에서 첫 번째 항의 크기는 확실히 줄어들지요. 하지만 두 번째 항에 있는 원기둥의 표면적은 확실하지는 않습니다. 줄어드는 R과 늘어나는 h를 곱하는 것이니까요.

과학에서는 명확해질 때까지 따져야 합니다. '물방울이 가늘어지고 길어지면 공기와의 접촉면이 늘어난다'라고 할 때 '과연 그럴까?'라고 의심을 해야 합니다. 물방울을 원기둥 모양으로 가정하면 옆면을 펼치면 직사각형 모양일 것이고 직사각형의 가로를 줄이고 세로를 키우면 반드시 면적이 줄어든다고 할 수 없으니까요. 가로와 세로가 각각 5 cm와 3 cm인 직사각형의 면적은 15 cm^{2}인데 가로를 4 cm로 줄이고 세로를 4 cm로 늘리면 면적이 16 cm^{2}로 오히려 늘어나지 않나요?

이 문제를 해결하는 멋진 방법이 있습니다. 원기둥 옆면의 면적 ($2\pi Rh$)에 R을 곱하고 R로 나누면 $2\pi R^2h/R$가 되는데 πR^2h가 원기둥의 부피 V이므로 (1.1) 식을

$$U = 2(\gamma_{gw} - \gamma_{ga})(\pi R^2) + \gamma_{wa}(2V/R) \tag{1.6}$$

와 같이 바꿔볼 수 있습니다. 이제는 확실하게 R이 작아지면(h가 커지면) 항상 옆면의 면적이 늘어난다는 것을 알 수 있지요. 부피가 일정하니까 그런 거지요. 사실 앞에서 h가 늘어나면 R이 줄어든다고 할 때 이미 부피가 일정하다는 것을 고려했었습니다. (1.6) 식과 같이 써 놓으면, R이 작아질 때 첫 번째 항은 음수인데 크기가 작아지고 두 번째 항은 양수인데 크기가 커지니까 퍼텐셜에너지 U가 증가한다는 것을 확실하게 알 수 있습니다.

이러한 이유로 물방울이 두 알갱이 사이에 끼어 있으면 두 알갱이에는 힘이 작용합니다. 힘의 방향은 퍼텐셜에너지가 낮아지는 방향이고 크기는 변위에 대한 퍼텐셜에너지의 변화율입니다. 알갱이 사이에 있는 물방울이 힘을 만들어 낸 것이지요. 물론 미시적인 관점에서는 물 분자, 공기 분자, 알갱이 분자 사이에 작용하는 힘이 거시적으로 두 알갱이 사이에 작용하는 힘으로 나타난 것입니다. 그러니 공기가 친수성이 아닌 것과 알갱이 물질이 친수성인 것도 이 힘이 만들어지는 데 중요한 요인입니다. 아주 가는 관을 액체에 넣었을 때 관 속의 액체가 관 밖보다 높이 올라가거나 더 낮게 내려가는 모세관 현상(毛細管 現象, 털처럼 가는 관에서 나타나는 현상, capillary action)이라고 하지요? 그래서 이 힘을 모세관 힘(capillary force)라고 부릅니다. 지금까지의 논의는 그림 1-13 (가)처럼 공 모양의 두 알갱이 사이에서만이 아니라 모든 물체와 알갱이 사이에도 똑같이 적용할 수 있습니다. 그 사이에 있는 작은 물방울이 표면적이 늘어나지 않으려 버티고 있는 것이지요.

이제 밀가루 반죽과 흙이 질척거릴 때 이것들이 왜 어딘가에 달라붙으려 하는지 알게 되었나요? 이때 물이 얼마나 중요한 역할을 하는지도요. 그러면 알갱이의 크기는 어떤 역할을 할까요? 그림 1-13 (나)와 같이 알갱이 사이에 들어 있는 물방울이 알갱이를 뭉치게 하고 있다고 합시다. 알갱이의 크기가 1/2이 되고 물방울도 그에 비례해서 똑같이 작아지면 어떤 일이 일어날까요? (1.4) 식에서 R과 h가 각각 1/2이 되니까, 즉 표면적들이 1/4이 되니까 U는 1/4이 됩니다. 그래서 두 알갱이 사이에 작용하는 힘도 1/4로 줄어들지요. 앞에서 알갱이가 작을수록 더 잘 뭉치고 더 잘 달라붙는다고 했는데 이상하지요? 우리가 흙길을 걸을 때 신에 흙이 달라붙을지 떨어질지는 이 달라붙게 하는 힘과 중력을 비교해야 합니다. 알갱이에 작용하는 중력은 질량에 비례합니다. 알갱이의 크기가 1/2이 되면 질량은 1/8이 되고, 그 결과 중력도 1/8이 되지요. 흙이 떨어지게 하려는 중력에 비해 달라붙게 하려는 힘은 상대적으로는 오히려 두 배가 된 셈입니다. 그러니까 모래는 발에 잘 붙지 않지만 진흙은 잘 달라붙는 것입니다.

자기들끼리 뭉치려는 힘은 어떨까요? 알갱이의 크기가 1/2이 되면 같은 부피에 들어 있는 알갱이의 수는 8배가 됩니다. 그리고 각각의 알갱이가 주위에 있는 알갱이와 물을 매개로 하여 서로 잡아당기고 있으니 서로 뭉치려는 힘은 $(1/4)\times 8$배, 즉 2배가 됩니다. 각각의 알갱이 사이의 힘은 1/4이지만 그런 힘을 작용하는 알갱이의 수가 8배가 되니 더 잘 뭉치는 것입니다. 어떻습니까? 달라붙고 뭉치는 현상에 대해 모세관 힘을 이용한 설명이 제법 그럴듯한가요?

설명해야 할 현상이 하나 더 남았네요. 물이 너무 많아지면 오히려 달라붙지 않는다는 것 말입니다. 그것도 간단합니다. 그림 1-13 (다)와 같이 물의 양이 많아서 알갱이 사이의 공간을 물이 모두 채우면 모세관 힘이 나타나지 않게 됩니다. 알갱이 사이의 거리가 멀어지거나 가까워져도 물과 공기가 접하는 표면적에 변화가 거의 없게 되니까요. 물의 양이 점점 더 많아지면 알갱이들이 물에 떠다니는 콜로이드가 됩니다. 이때 물 분자가 계속 알갱이에 충돌하여 알갱이는 브라운 운동(Brownian motion)을 합니다.

자, 이제 질척거리는 반죽에 밀가루를 더 부어 물의 양을 맞추었습니다. '조금인데 뭘?'하며 숟가락으로 퍼서 나르느라 바닥에 흘리고 치우면서 후회하지는 않았겠지요? 반죽을 바닥에 대고 이리저리 주무르면 손에 묻었던 밀가루도 모두 반죽으로 옮아가고 반죽은 점점 더 탄력을 가지게 됩니다. 오래 주무를수록 요리한 음식이 쫄깃쫄깃해집니다. 물론 그만큼 힘은 들지요. 반죽을 밀대로 밀어 넓게 펴고 겉에 밀가루를 발라 붙지 않게 여러 겹으로 접은 뒤 알맞은 두께로 썰면 긴 국수 가락이 만들어집니다. 접을 때 일정한 폭으로 접고 접힌 선에 대해 수직으로 잘라야 국수 가락이 일직선이 됩니다. 그렇지 않으면 접힌 부분에서 가락이 일직선이 되지 못하지요. 맛과 먹는 데야 차이가 없지만 삐뚤삐뚤하게 굽은 칼국수 가락은 요리사 체면을 구기지 않을까요?

이렇게 국수를 긴 가락으로 만들어 요리하는 것도 조상이 남겨준 멋진 '과학 유산'입니다. 부피가 작아야 표면으로부터 내부까지 열전달이 잘 일어나 빨리 익는데(1권의 1장 참조) 젓가락으로 집어 먹기가 편하게 한 방향으로는 길고 나머지 방향으로는 가늘게 만든 것은 무척 창의적인 아이디어지요. 분명히 고체인데 '후루룩'하고 액체를 들이마시듯이 먹을 수 있으니까요.[41] 젓가락으로 몇 가락만 집어도 입안을 가득 채울 수 있지요. 부스러져서 짧게 토막 난 라면 조각을 국물 속에서 집어내기가 얼마나 어려운지

41) 국수를 먹을 때 '후루룩' 소리를 내는 것을 예의가 없다고 경시하는 서양 사람들은 국수의 좋은 점 하나를 활용하지 못하는 것이라고 할 수 있습니다. 일본에서는 오히려 국수를 먹을 때 후루룩 소리를 내는 것이 예절이라고 하네요.

다들 경험해 보았을 것입니다. 긴 국수 가락은 요리하는 데도 큰 도움을 줍니다. 국수의 겉이 익으면 서로 붙기 시작하는데 이것을 서로 엉기지 않게 할 수 있으니까요. 국수 가락이 짧다면 삶을 때 여러 방향으로 서로 엉겨 붙을 것입니다.

그렇지만 국수는 아주 손이 많이 가는 음식입니다. 이미 빻아져서 판매되는 밀가루를 반죽해서 만든다고 해도 말이지요. 예전에는 밀의 껍질을 벗기고 빻아서 가루로 만드는 것까지 집에서 했으니 훨씬 더 힘들었을 것입니다. 그러니 아주 귀한 음식이라 잔치에서만 먹을 수 있었지요. 그런데 요즘은 국수 가락을 사서 삶기만 하면 먹을 수 있는 간편한 음식이 되었습니다. 슈퍼마켓에서 아주 가는 소면, 넓적한 칼국수용 면, 잘 불지 않는 스파게티 면 등 다양한 종류의 말린 국수 제품들을 살 수 있습니다. 우동 또는 칼국수를 끓이는 데 사용할 수 있는 말리지 않은 생면도 있지요. 국물까지 쉽게 만들 수 있는 인스턴트 라면도 있습니다.

혹시 말린 국수 가락을 부러뜨려본 적 있나요? 지금까지 한 번도 해 보지 않았다면 지금 당장 부엌으로 가서 여러 종류의 국수 가락의 양 끝을 두 손으로 잡고 천천히 구부려서 부러뜨려보세요. 국수 가락의 가운데가 부러지며 두 조각으로 나뉘나요? 그렇지 않을 겁니다. 어떻게 해 보아도 스파게티 면은 여러 조각으로 나뉩니다.[42] 일부러 국수 가락을 부러뜨려본 적은 없더라도 라면 사리를 둘로 나눠 본 적은 있을 것입니다. 이때 두 조각으로 쪼개지기만 하던가요? 항상 사방으로 튄 작은 조각을 치워야만 했을 것입니다. 이 현상도 물리학의 재미있는 연구 주제가 됩니다.

---

42) YTN Science에서 방송되었습니다. https://www.youtube.com/watch?v=ddQ3TKfXNws

세상에, 이런 아무짝에도 쓸 데가 없어 보이는 것을 물리학자들이 연구한다고요? 그렇습니다. 심지어는 파인만(Richard Feynmann)도 이 현상에 흥미를 느껴 친구와 함께 저녁 내내 스파게티 면을 부러뜨리며 이론적인 설명을 찾으려 했다고 알려져 있습니다.[43] 충격을 줄이려고 물에 담가서 부러뜨려 보기까지 했다고 하네요. 사람들이 파인만에게 "당신은 궁극적인 물리 법칙을 찾고(look for) 있나요?"라고 물으면 그는 항상 "그렇지 않습니다. 나는 더 찾기 위해 그저 세상을 보고 있는(look to find out) 것입니다."라고 대답했다고 합니다. 양자전자기학(quantum electrodynamics)이라는 대단한 물리학을 완성한 공로로 노벨상을 수상한 파인만이 말이지요. 현재 화제가 되고 있는 암흑 물질(dark matter), 양자색소역학(quantum chromodynamics), 분수 양자 홀 효과(fractional quantum hall effect)와 같이 거창하고 어려운 주제만이 아니라 이렇게 일상에서 찾을 수 있지만 간단히 설명할 수 없는 신기한 현상들도 물리학의 좋은 연구 대상인 것입니다.

더구나 스파게티 면이 여러 조각으로 부러지는 것과 같은 현상은 여러 상황에서 일어납니다. 모닥불을 피울 불쏘시개를 만들기 위해 잘 마른 가는 나뭇가지를 부러뜨려 본 적 있나요? 긴 가지를 부러뜨리기 위해 구부리면 항상 여러 조각으로 나뉩니다. 이때 조각들이 사방으로 튈 수 있으니 주위에

---

43) C. Sykes, *No ordinary Genius : The Ilustrated Richard Feynmann*, W. W. Norton & Company, New York, 1996, pp. 180-181에 이 일화가 소개되어 있습니다. 위에 번역한 파인만이 했다는 말도 이 책에 있는데 원문은 다음과 같습니다. "People say to me, 'Are you looking for the ultimate laws of physics?' No, I'm not. I'm just looking to find out more about the world,"

사람이 있으면 조심해야 합니다. 조금 더 큰 규모로 가볼까요? 건물이나 다리를 지을 때 들어가는 철제 빔이나 유리섬유로 만들어진 기둥이 지진이 일어났을 때 부러지는 것도 국수 가락이 부러지는 것과 같습니다. 그러니 이 현상에 대한 원리를 이해하게 되면 고층 건물이나 다리를 지진이나 다른 충격에 대비하여 더 튼튼하게 지을 수 있을 겁니다. 이 정도면 국수 가락 부러뜨리기에 대해 알아보는 것이 의미가 있지요?

누가, 그리고 왜 스파게티 면을 부러뜨릴 생각을 할까요? 아무리 개구쟁이라 하더라도 별로 재미가 없는 일일 텐데요. 그런데 스파게티 면을 삶아본 사람들은 반으로 부러뜨리고 싶은 유혹을 느낍니다. 대부분의 가정에서 사용하는 솥이나 냄비는 긴 스파게티 면을 통째로 넣고 삶을 정도로 크거나 깊지 않습니다. 스파게티 면을 삶는 특별히 깊은 냄비가 아니라면 말입니다. 그래서 끓는 물에 넣은 부분이 부드러워지기를 기다려 조금씩 밀어 넣어야

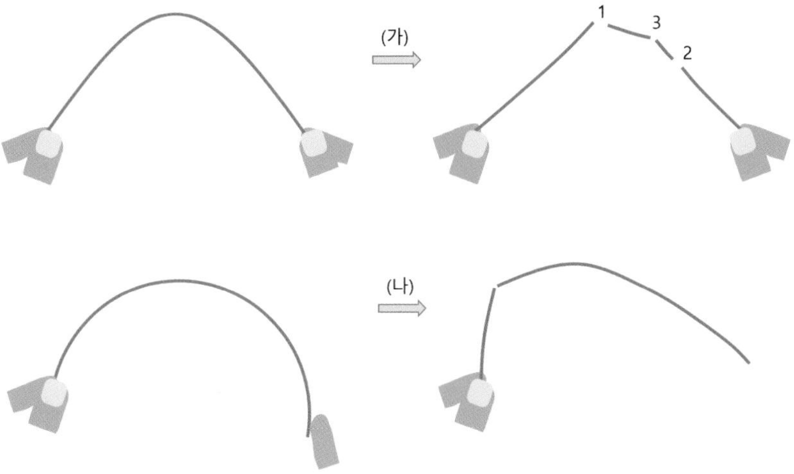

그림 1-14 (가) 스파게티 면을 구부려 부러뜨리면 여러 조각으로 나뉜다. (나) 스파게티 면을 구부렸다가 놓기만 해도 부러진다.

하지요. 이 과정이 귀찮고 또 먼저 넣은 부분과 나중에 넣은 부분이 다르게 삶아질까도 걱정이니까 스파게티 면을 부러뜨려 한꺼번에 넣을 생각을 하게 됩니다. 하지만 파스타의 본고장인 이탈리아 사람들은 이렇게 스파게티 면을 부러뜨리는 것을 절대로 하지 말아야 할 일로 여긴다고 하네요. 면의 길이가 짧으면 포크로 말아서 먹기가 힘든 탓도 있지만 긴 국수 가락을 수명과 연결하는 미신적인 이유도 있다고 합니다. 이 점은 우리나라에서 국수가 장수를 상징하는 음식인 것과도 비슷하네요. 중국과 일본에서도 국수는 끊어서 먹지 않는 것이 전통이라는데 아마도 명을 짧게 자르지 말라는 뜻으로 보입니다. 돌잡이에 긴 실을 놓는 것도 같은 의미지요.

그림 1-14 (가)는 스파게티 면을 구부려서 부러뜨릴 때 일어나는 일을 보여줍니다. ms(밀리 세컨드, 천분의 1초) 정도를 구분할 수 있는 고속카메라로 촬영해 보면 동시에 여러 조각으로 나눠는 것이 아니라 그림에 나타낸 것처럼 어떤 순서로 각각의 부분이 부러집니다. 스파게티의 어느 부분이 끊어지는 것은 그 부분의 곡률반지름이 면이 버틸 수 있는 한계값보다 작아졌기 때문입니다. 아무리 잘 구부려도 모든 부분의 곡률이 같을 수는 없고 결국 가장 곡률반지름이 작은 곳이 부러집니다. 이 부분만 부러지면 스파게티가 곧게 펴질 테니 부러질 이유가 없는데 왜 또 부러지는 것일까요?

2005년에 프랑스의 오돌리와 노이키르히[44]가 이 현상을 물리학적으로 잘 설명했습니다. 구부리는 동안 쌓였던 탄성에너지가 한꺼번에 방출되고 이것이 스파게티 면을 진동하게 한다는 것이지요. 갑자기 스파게티 면의 모든 부분이 일제히 움직일 수 없으니 이 진동은 파동의 형태로 면에서

44) B. Audoly and S. Neukirch, *Fragmentation of Rods by Cascading Cracks : Why Spaghetti Does Not Break in Half*, Phys. Rev. Lett. 95, 095505 (2005).

퍼져 나갑니다. 그 결과 부러진 스파게티 조각이 그대로 펴지며 직선으로 돌아가지 못하고 조각 안에서도 곡률반지름이 한계값보다 작게 되면 그 부분이 또 부러지게 됩니다. 이렇게 되는 것을 증명하기 위해 이 연구팀은 그림 1-14 (나)와 같이 스파게티 면을 부러지지 않을 정도로 구부렸다가 놓았을 때 스파게티 면이 펴지는 동안 부러진다는 것을 보여주었습니다.

아무리 천천히 구부려도 끊어지는 순간 스파게티 면에는 아주 강한 힘이 작용합니다.[45] 그래서 스파게티 면을 딱 반으로 부러뜨리는 것은 불가능해 보입니다. 그런데 2018년에 미국 MIT의 연구팀이 스파게티 면을 단 두 조각으로 부러뜨리는 방법을 찾아냈습니다.[46] 스파게티 면을 360°까지 비틀어서 구부리면 부러진 조각들이 다시 부러지지 않더라는 거지요. 실제 실험을 통해서만이 아니라, 구부러지고 비틀어진 것이 펴질 때 서로 영향을 미쳐서 그렇게 된다는 것을 적절한 수학적 모형으로 증명하였습니다. 재미있지 않나요? 아주 그럴듯한 이유로 스파게티 면이 여러 조각으로 나뉠 수밖에 없다고 대부분의 과학자들이 받아들이고 있었는데 '왜 안 돼?'라고 생각하며 그 방법을 찾아내는 사람들이 있다는 것이요. 과학은 이런 식으로 발전합니다.

자, 이제 닭고기를 삶은 국물이나 바지락을 넣어 맛을 낸 국물이 팔팔 끓을 때 국수 가락을 넣어 칼국수를 만들어 봅시다. 국수 가락끼리 엉키지 않게 이리저리 휘젓다 보면 국수 가락들이 떠올라 윗부분에 모입니다. 이제 국수가 익은 것입니다. 몇 번 더 휘저은 뒤 그릇으로 옮겨서 먹으면 됩니다.

---

45) 그 충격을 손으로 느낄 수 있습니다. 제법 굵은 나뭇가지를 부러뜨릴 때는 충격이 손뿐 아니라 팔 전체에 전해지지요.

46) R. H. Heisser, V. P. Patil, N. Stoop, E. Villermaux, and J. Dunkel, *Controlling fracture cascades through twisting and quenching*, PNAS, 115, 8665-8670 (2018).

당연히 이런 질문을 던져야겠지요?

왜 익은 국수는 위로 떠오를까요?

이것은 녹말의 성질에 의해 일어나는 물리적 현상입니다. 녹말은 밀에 가장 많이 들어 있는 고분자 화합물입니다. 밀의 70% 정도를 차지하는 탄수화물 중 90%가 녹말이지요. 녹말(綠末, starch)이라는 한자 용어는 녹두에서 얻은 가루라는 뜻이지만 이제는 모든 식물에서 들어 있는 것까지 가리키는 공통 용어가 되었습니다. 앙금(澱)을 가라앉힌 가루라는 뜻을 가진 전분(澱粉)이라고도 합니다. 분(粉)이 가루라는 뜻이니 '전분 가루'라고 말하면 안 되겠네요. 감자를 깎거나 썬 칼에 물기가 말랐을 때 옆면에 하얗게 붙어 있는 것이 전분, 즉 녹말입니다.

녹말은 식물의 잎에서 광합성으로 만들어진 포도당이 열매나 뿌리에 저장될 때 만들어집니다.[47] 그림 1-15는 포도당이 결합하여 녹말 중합체(重合體, 결합하여 무겁게 뭉친 것이라는 뜻, polymer)가 되고 그것이 쌓여 녹말 덩어리가 만들어지는 것을 설명하기 위한 것입니다. 그림 1-15 (가)는 탄소 원자 6개, 수소 원자 12개가 결합한 α-포도당 분자의 가장 안정한 의자 형태(chair conformation)를 공-막대 모형[48]으로 나타낸 것이고 아래

---

47) 잎에서도 녹말이 만들어지는데 이 녹말은 식물이 생명을 유지하고 성장하는 데 사용합니다.

48) 공-막대 모형은 어떤 원자들이 서로 가까이 붙어 있는지를 보여주기 위한 것입니다. 실제 분자는 다릅니다. 원자에서 전자는 솜사탕처럼 원자핵 주위에 확률적으로 분포하고 있습니다. 전자가 발견될 확률이 의미가 있는 값을 가지는 공간을 원자의 크기라고 정의하면 원자의 크기는 이 그림에서 공의 크기보다 훨씬 큽니다. 인접한 두 원자가 거의 붙어 있을 정도이고 서로 전자를 공유하니 약간 겹쳐 있다고 해야겠네요. 원자의 모양도 원자가 따로 있을 때와 다른 모양으로 변형이 됩니다.

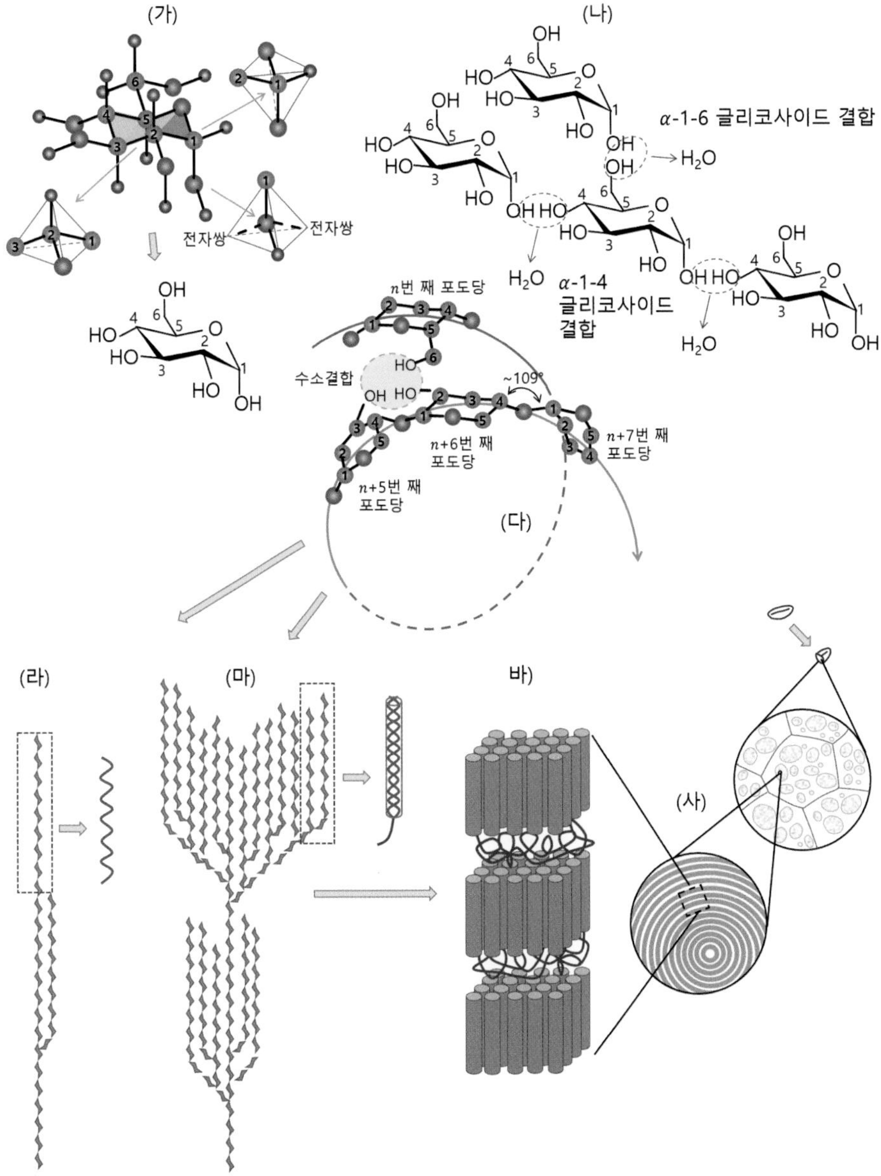

그림 1-15 (가) α-포도당 분자모형과 구조식 (나) α-1-4 글리코사이드 결합과 α-1-6 글리코사이드 결합 (다) α-1-4 글리코사이드 결합의 나선 구조 (라) 가지가 거의 없는 선형 아밀로스 (마) 가지가 많이 있는 아밀로펙틴 (바) 아밀로펙틴의 결정층과 비결정층 (사) 녹말의 층 구조

에 있는 것은 화학구조식입니다. 포도당에는 24개의 원자가 아주 복잡하게 결합하고 있지요? 그런데 하나씩 살펴보면 재미있는 구조가 보입니다. 탄소 원자 1개에 네 개의 원자가 공유결합을 하는데 해당 탄소 원자가 정사면체의 중심에 있고 정사면체의 네 꼭짓점에 인접한 네 개의 원자가 놓이는 구조입니다. 예를 들어 그림에 표시한 것처럼 1번 탄소 원자를 (뒤집은) 정사면체의 중심에 두면 2번 탄소 원자와 2개의 산소 원자 그리고 수소 원자가 네 꼭짓점에 놓여 있습니다. 이번에는 2번 탄소 원자를 (바로 세운) 정사면체의 중심에 놓고 보면 1번과 3번 탄소 원자와 산소 원자 그리고 수소 원자가 네 꼭짓점에 놓여 있습니다. 3번, 4번, 5번, 6번 탄소 원자 주위의 네 원자도 정사면체 구조를 하고 있다는 것이 보이나요? 그런데 산소 원자에 붙은 두 원자도 산소 원자를 중심에 둔 정사면체의 꼭짓점에 놓입니다. 원자가 놓이지 않는 나머지 꼭짓점에는 산소 원자가 가지고 있는 두 개의 채워진 전자쌍이 분포하고 있지요. (물 분자에 대한 1권의 그림 3-10을 참조하기 바랍니다.) 실제 분자에서 이 정사면체들은 완벽한 모양은 아닙니다.[49] 네 꼭짓점에 놓이는 원자 또는 전자쌍이 다른 성질을 가지기 때문이지요.

1-2-3-4-5번 탄소 원자 5개와 산소 원자는 고리를 이룹니다. 그런데 인접한 원자들이 서로 109° 정도의 각으로 서로 결합하고 있어서 6개의 원자는 하나의 평면에 있지 않습니다. 2-3-5번 탄소 원자와 고리를 만드는 데 참여하는 산소 원자가 만드는 (회색으로 표시한) 사각형에 대해, 3-4-5번 탄소

49) 네 꼭짓점에 놓이는 원자 4개가 모두 수소인 메테인(methane) 분자와 모두 탄소인 다이아몬드에서는 완벽한 정사면체입니다. SiO_2 결정인 석영에서도 그렇습니다. 석영을 중심에 둔 정사면체의 네 꼭짓점에 네 개의 산소 원자가 놓이지요.

원자가 만드는 (분홍색으로 표시한) 삼각형은 약간 위로 꺾여 올라가고, 1-2번 탄소 원자와 산소 원자가 만드는 (파란색으로 표시한) 삼각형은 약간 아래로 꺾여 내려갑니다. 이것이 마치 의자처럼 생겼다고 해서 이 분자구조를 의자 형태라고 부르는 것입니다. 이제 공-막대 모형 아래에 그린 포도당의 화학구조식도 눈에 들어오지요? 한쪽이 가늘고 다른 쪽이 굵게 그린 선은 굵은 쪽이 우리 눈에 가깝다는 것을 입체적으로 나타내기 위한 것입니다.

그림 1-15 (나)는 포도당 분자들이 서로 연결되는 글리코사이드 결합(glycoside bond)을 보여줍니다. α-1-4(α-1-6) 글리코사이드 결합은 두 포도당 분자의 1번 탄소 원자와 4번(6번) 탄소 원자에 붙어 있는 두 OH기에서 물 분자가 빠져나간 뒤 하나 남은 산소 원자를 사이에 두고 결합하는 거지요. 아미노산이 결합하여 단백질이 만들어질 때도 이렇게 물 분자가 빠져나가면서 결합했지요? 두 아미노산에 붙어 있는 아미노기의 수소 원자와 카복실기의 OH기가 물 분자로 빠져나가며 단백질 분자가 만들어졌고 이것을 펩타이드 결합이라고 했었습니다. 그래서 우리 몸 안에서 녹말과 단백질을 다시 포도당과 아미노산으로 분해하려면 물이 필요합니다.

글리코사이드 결합과 펩타이드 결합은 모두 세포 안에 있는 효소에 의해 일어납니다. 아미노산을 결합하여 단백질을 만들 때는 유전자에 기록된 특정한 정보에 따라 리보솜에서 하나의 아미노산과 또 하나의 아미노산을 차례로 붙입니다. 녹말을 만들 때도 이처럼 유전자가 관여할 것임에는 틀림이 없습니다. 식물에 따라 만들어진 녹말이 차이가 있으니까요. 그런데 유전자에 저장된 정보가 어떻게 녹말의 합성에 관여하는지는 아직 명확하게 밝혀지지 않았습니다.

단백질 분자는 20종류의 아미노산이 어떤 순서로 결합하고 있는가에 따라 서로 성질이 다르니까 쉽게 구분할 수 있습니다. 글루텐처럼 펩타이드 결합이 아닌 이황화 결합으로 분자끼리 서로 붙어 엉켜 있어도 펩타이드 결합으로 연결된 글루테닌과 글리아딘으로 분리하기도 했지요. 그런데 녹말은 그렇지 않아요. 단 한 종류의 분자, 즉 포도당 분자만 연결되어 있으니까 결합 순서라고 할 것이 없지요. 포도당 분자의 수도 큰 의미가 없습니다. 같은 식물에서 나온 같은 녹말 분자라 해도 붙어 있는 포도당의 수가 약간의 차이는 있으니까요.

그렇지만 포도당만 결합하고 있다고 해서 녹말의 구조가 단순하지는 않습니다. 아미노산이 일렬로만 연결된 단백질과는 달리 포도당 분자들이 붙을 때는 가지를 칠 수 있기 때문입니다. 그림 1-15 (나)에 나타낸 것처럼 이미 녹말 분자에 붙어 있는 하나의 포도당에 α-1-4 글리코사이드 결합과 α-1-6 글리코사이드 결합을 하며 또 다른 두 개의 포도당 분자가 결합할 수 있습니다.[50] 그리고 글리코사이드 결합을 하고 있는 포도당들이 단순하게 일직선으로 뻗어나가지 않습니다. 그림 1-15 (다)에서 보는 것처럼 포도당 분자 안에서뿐만 아니라 글리코사이드 결합을 중개하는 산소 원자에 대해서도 정사면체 구조여야 합니다. 즉, 한 포도당 분자의 1번 탄소 원자와 이에 연결된 다른 포도당 분자의 4번 탄소 원자가 중간에 있는 산소 원자에 대해 약 109°의 각을 이루어야 하지요. 그래서 포도당 분자들이 하나의 평면에 놓이지 않고 나선 모양으로 꼬이게 됩니다. 나선은 포도당 분자

50) 사실 아미노산끼리 결합할 때 가지를 치지 않는 것은 신기한 일입니다. 이론적으로는 아미노기 또는 카복실기가 두 개 이상인 아미노산에서는 가지를 칠 수 있으니까요. 리보솜에서 이런 일이 일어나지 않도록 하기 때문일 것으로 보입니다.

6개 정도의 주기로 한 바퀴를 돕니다. 이때 한 포도당 분자에 연결된 OH기와 다른 포도당 분자에 연결된 OH기 사이에 수소 결합이 일어나 나선 구조를 더 단단하게 해 줍니다. 그림 1-15 (다)는 n번째 포도당의 6번 탄소, $n+5$번째 포도당의 3번 탄소, $n+6$번째 탄소에 연결된 OH기 사이의 수소 결합을 보여주고 있습니다. α-1-6 글리코사이드 결합을 하는 두 포도당 분자도 하나의 평면에 놓이지 않고 입체적으로 꼬인 구조를 만듭니다.

녹말 분자는 크게 아밀로스(amylose)와 아밀로펙틴(amylopectin)으로 분류하여 부릅니다. 아밀로스는 그림 1-15 (라)와 같이 가지가 거의 없으며 있다고 해도 그 가지가 아주 짧습니다. 그림에는 단지 몇 개의 포도당 분자만 그렸지만, 아밀로스는 몰질량이 10^5-10^6 g/mol 정도이며 1천여 개의 포도당 분자가 결합한 것입니다. 포도당 $C_6H_{12}O_6$의 분자량이 $(6\times12)+(12\times1)+(6\times16)=180$이니까요. 이렇게 길게 연결된 포도당 분자들이 앞에서 이야기한 것처럼 나선 모양으로 꼬여 있습니다. 하나의 아밀로스가 하나의 나선을 이루기도 하고 두 아밀로스 분자가 서로 꼬여 이중 나선 구조가 되기도 합니다. 이렇게 꼬인 것들은 긴 원통 모양이 되니까 아밀로스끼리 뭉쳐서 단단한 결정을 이룹니다. 밀가루의 녹말에서 아밀로스가 차지하는 질량은 전체 질량의 1/4 정도입니다.

그림 1-15 (라)는 몰질량이 아밀로스의 100배나 되는 거대 중합체인 아밀로펙틴의 구조를 나타낸 것입니다. 포도당 분자 수십만 개가 결합한 것이지요. 밀가루 녹말의 3/4이 아밀로펙틴입니다. 물론 개수로는 아밀로스가 더 많습니다. 긴 사슬 모양인 아밀로스와는 달리 아밀로펙틴은 6 nm 정도의 짧은 잔가지가 많이 나 있습니다. 이 잔가지들은 두 개가 이중 나선 모양으로 꼬여 있고 이렇게 꼬인 것들이 그림 1-15 (마)에서 보는 것처럼 아주

촘촘히 규칙적으로 배열되어 결정과 같은 단단한 층을 이룹니다.[51] 이런 균일하고 밀도가 높은 결정 층 사이에는 상대적으로 밀도가 낮은 층이 끼어 있습니다. 녹말은 이러한 두 층이 번갈아 쌓여 있는 구조를 가집니다. 밀도가 낮은 층을 아밀레이스와 산으로 녹여낸 후 현미경으로 보면 층이 만드는 무늬(그림 1-14)를 볼 수 있습니다[52]. 이것은 마치 나무의 줄기에서 여름에 자란 성긴 층과 겨울에 자란 촘촘한 층이 만드는 나이테처럼 보입니다.

녹말은 이렇게 포도당 분자들이 결합한 중합체가 단단하게 결정을 이루며 뭉쳐 있습니다. 그래서 녹말 알갱이는 밀도가 높습니다. 대략 1.5 g/cm^3로 물의 1.5배 정도지요. 그래서 전분은 물에 가라앉습니다. 밀가루와 물을 섞어 반죽한 밀 반죽도 밀도가 물보다 높습니다. 이것을 밀대로 밀어서 썬 칼국수 가락과 손으로 떼어 넣는 수제비도 마찬가지이지요. 말린 소면(素麪, 흰색의 국수라는 뜻) 국수 가락과 스파게티 국수 가락도 물에 가라앉습니다. 대부분 삶는 데 사용하는 냄비의 지름이 면의 길이보다 작아서, 끝부분부터 넣고 부드러워지기를 기다렸다가 구부려서 넣느라 그 사실을 알아채지 못하지만요. 하지만 억지로 집어넣지 않아도 국수 가락은 자연스럽게 물 아래로 가라앉습니다. 만일 국수 가락의 밀도가 물보다 낮아 물에서 떠오른다면 이 작업이 더 어려웠을 것입니다.

뜨거운 물은 녹말 결정을 느슨하게 풀어줍니다. 단단하게 뭉쳐 있던 결정이 느슨하게 풀어지면서 녹말 알갱이의 밀도가 내려갑니다. 모든 부분에

---

51) B. Pfister and S. Zeeman, *Formation of starch in plant cells*, Cell. Mol. Life Sci. (2016) 73 : 2781.

52) E. Pilling and A. M. Smith. *Growth Ring Formation in the Starch Granules of Potato Tubers*, Plant Physiology 2003, Vol. 132, pp. 365–371.

있던 녹말이 풀어지면 밀도가 물과 비슷해진 국수 가락이 대류하는 물에 의해 떠오르는 것입니다. 녹말을 물에 풀어 60℃ 이상으로 가열하면 일어나는 이러한 특성의 변화를 녹말의 호화(糊化, 풀처럼 되었다는 뜻, gelatinization)[53]라고 합니다. 라면은 증기에 찌고 기름에 튀겨 95% 이상 호화된 상태이기 때문에 물에 뜹니다.[54] 뜨거운 물만 부어 몇 분만 기다리면 먹을 수 있는 컵라면은 가장 많이 호화된 것입니다. 컵라면에 물을 부으면 곧바로 면이 위로 뜨지요?

우리가 먹은 음식에 들어 있는 녹말은 몸에서 분비되는 소화효소에 의해 포도당으로 분해되어야만 소장에서 흡수되어 혈관을 통해 온몸의 세포에 전달될 수 있습니다. 이 소화과정에서 녹말의 호화는 아주 중요한 역할을 합니다. 녹말의 분해와 흡수는 주로 작은 창자(소장, 小腸)에서 일어납니다. 위에서 십이지장으로 내려갈 때 이자(췌장, 膵臟)에서 분비된 녹말 분해효소인 아밀레이스가 녹말을 포도당 분자가 2개 붙은 이당류(二糖類)로 분해합니다. 이당류는 다시 말테이즈, 수크레이즈 등의 분해효소에 의해 최종적으로 포도당으로 분해되어 소장의 벽에서 흡수됩니다. 만일 녹말이 호화되지 않았다면 물과 효소의 침투가 어려워서 거의 분해되지 못하고 대부분이 몸 밖으로 배출될 것입니다. 그러니까 우리 인류가 불을 사용하여 음식을 익혀 먹은 것이 얼마나 중요한 발전이었는지를 알 수 있지요. 날것으로 먹은 알곡이나 뿌리는 사람이 활동에 필요한 에너지를 얻는 데 큰 도움을 주지 못했을 것입니다. 먹은 음식으로부터 영양 성분을 거의 흡수하지 못했

53) α-화라고도 합니다.

54) 라면을 튀기는 데 사용한 기름이 어느 정도 사리에 스며들어 있다는 것도 라면 사리가 물에 뜨게 하는 데 중요한 요인입니다.

을 테니까요.

녹말의 글루코사이드 결합을 풀어서 작은 조각으로 나누는 것은 입에 넣고 씹는 순간부터 일어납니다. 침샘이 분비하는 아밀레이스가 이런 일을 합니다. 이 때문에 밥이나 빵을 오래 씹으면 단맛을 느낄 수 있지요. 음식물이 식도를 통해 내려가는 것은 채 10초도 되지 않고 강산이 분비되는 위에서는 침에서 분비된 아밀레이스가 효소 작용을 잘할 수 없기에 이 짧은 시간에 분해되는 녹말은 아주 작은 양입니다. 하지만 이것이 녹말의 소화과정에 중요한 역할을 합니다. 혀에서 단맛을 느끼면 뇌는 이것을 우리 몸에 좋은 음식으로 감지하고 이자의 아밀레이스 분비를 촉진하기 때문입니다. 맛없는 음식을 먹거나 즐겁지 않은 상황에서 먹은 음식은 소화가 잘되지 않지요? 뇌에서 소화효소를 분비하라는 명령이 내려가지 않은 것입니다.

호화되지 않은 녹말은 단단한 결정이라 찬물에는 녹지 않습니다. 특히 아밀로스가 그렇습니다. 녹말을 이루고 있는 각각의 포도당 분자는 친수성입니다. 물에 잘 녹으니 이것을 녹인 수용액을 직접 혈관에 주사할 수 있지요. 포도당 분자가 두 개 결합한 설탕도 물에 아주 잘 녹습니다. 그런데 포도당이 수천~수십만 개가 결합하여 단단히 뭉쳐 있는 녹말 알갱이는 물을 약간 흡수할 뿐 잘 녹지 않습니다. 글루코사이드 결합을 할 때 친수성인 OH기가 수소결합을 하며 나선의 안쪽에 놓이기 때문입니다. 단단히 뭉쳐 있어서 밀도도 높아 녹말 알갱이는 물에 가라앉습니다. 이 점을 이용하여 전분을 얻지요. 감자를 믹서나 강판에 갈아 베주머니에 넣고 물에서 주무르면 전분이 빠져나옵니다. 이 물을 가만히 두면 하얀 전분이 아래에 가라앉습니다.[55] 감자 전분을 얻는 전통적인 방법은 감자를 물에 넣고 썩히는 것입니다. 캐는 과정에서 상처가 나서 오래 보관할 수 없는 감자를 이용했지요.

썩어서 흐물흐물해진 감자를 체에 놓고 물을 부어가며 건더기를 걸러내면 녹말이 가라앉습니다. 윗물을 따라내고 깨끗한 물로 헹구는 작업을 계속하면 감자 썩은 냄새를 없애고 깨끗한 녹말을 얻을 수 있습니다. 만일 녹말이 물을 흡수한다면 이 냄새를 없앨 방법이 없기 때문에 그렇게 해서 얻은 전분을 요리에 사용하지 못했을 것입니다. 감자 썩은 냄새는 견딜 수 없을 정도로 고약합니다.

호화는 그림 1-16에서 보는 것처럼 꼬이고 단단하게 뭉쳐 있던 아밀로스와 아밀로펙틴이 풀리는 것입니다. 풀린 아밀로스와 아밀로펙틴의 여러 가지끼리 다시 엉기며 망을 만들고 그 안에 물을 가두기도 합니다. 그 결과 녹말을 푼 물을 끓이면 걸쭉해지며 풀처럼 됩니다. 호화라는 용어에서 '호(糊)'는 풀처럼 끈끈한 액체를 가리키는 한자입니다. 그림 1-16은 호화가 일어날 때 뭉친 상태의 아밀로펙틴에는 물 분자가 침투하지 못하다가 펼쳐진 아밀로펙틴 사이에 들어가 포도당 분자와 상호작용을 하고 또 그 망에 갇힌다는 중요한 변화만을 강조해서 그린 것입니다. 물 분자는 원래 크기보

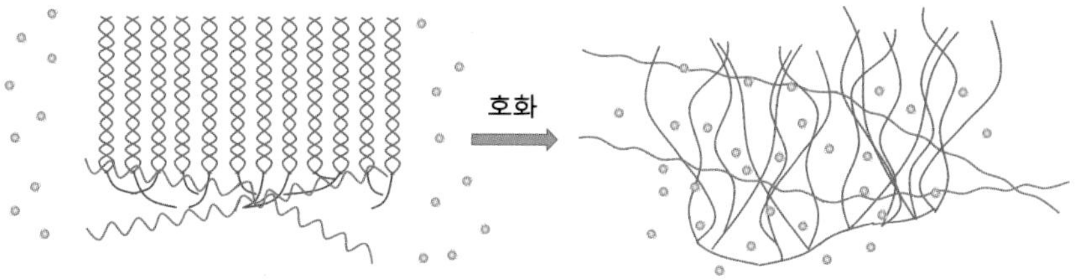

그림 1-16 녹말의 호화

55) 아밀로스, 아밀로펙틴, 아밀레이스에 공통으로 들어 있는 '아밀(amyl)'은 '갈지 않은(not milled)'이라는 뜻의 그리스어 amylon이 어원입니다. 녹말을 영어로 starch라고 하지만 amylum 이라고도 합니다. 감자를 으깨서 물에 씻어서 녹말을 얻는 것처럼 갈지 않고 얻은 가루이기 때문에 그런 이름이 붙은 것으로 보입니다.

다 훨씬 크게 그려졌고 그 수 또한 실제보다 무척 적게 그린 것이지요.

녹말이 호화될 때 아밀로스와 아밀로펙틴이 펼쳐지는 것이 달걀흰자가 익을 때 단단하게 접혀 있던 알부민이 풀리는 것과 비슷하지요? 그런데 색의 변화는 정반대입니다. 녹말을 푼 물은 흰색입니다. 물론 물을 저어서 가라앉아있는 녹말을 물과 잘 섞이게 했을 때 그렇지요. 이 물을 끓이면 어느 순간 약간 탁하지만 투명한 걸쭉한 액체가 됩니다. 달걀흰자는 익히기 전에는 약간 탁하지만 투명한 액체이다가 익히면 불투명한 흰색의 젤(gel)이 되지요. 정반대로 일어나는 현상이지만 이 둘은 똑같은 물리 원리로 설명할 수 있습니다. 즉, 알갱이가 가시광선의 파장보다 큰지 작은지에 따라 레일리 산란과 미 산란이 일어나는 것입니다. 달걀흰자의 알부민이 접혀 있을 때는 크기가 가시광선의 파장보다 작아서 가시광선을 반사하지 못하기 때문에 우리 눈에 보이지 않습니다. 단백질이 풀려 서로 엉기면서 그 안에 가둔 물방울의 크기가 가시광선의 파장보다 커지면 모든 파장의 빛을 반사하니 불투명하게 되고 흰색으로 보입니다. 녹말은 그 반대입니다. 녹말 알갱이는 가시광선의 파장보다 큽니다. 그래서 모든 파장의 빛을 반사해서 흰색으로 보입니다. 호화가 일어나 가지들이 풀려 가늘어지면 가시광선을 반사하지 못해 투명하게 되는 것입니다. 풀린 아밀로펙틴과 아밀로스가 물 분자를 가두기는 하지만 달걀흰자처럼 물이 방울처럼 뭉친 알갱이로 만들지는 못하지요. 그래서 걸쭉하기는 해도 아직은 유동적인 액체 상태입니다.

밀가루 풀을 식히면 굳어서 익힌 달걀흰자처럼 유동성이 없는 젤이 되고 불투명해집니다. 이제 아밀로스와 아밀로펙틴에 갇힌 물 분자들이 가시광선보다 큰 알갱이가 되어 가시광선을 반사하는 것입니다. 메밀묵이나 도토

리묵은 호화된 녹말이 식을 때 이렇게 굳는 성질을 이용하여 만듭니다.56)

짜장면이나 탕수육 같은 중국 요리에서 거의 대부분의 소스는 전분을 이용하여 걸쭉하게 만듭니다. 걸쭉한 소스가 다른 재료에 잘 붙어서 젓가락으로만 집어도 요리의 맛을 제대로 즐기게 해 주지요. 우리의 전통 요리에서 전분으로 걸쭉하게 한 소스를 사용하는 경우는 드뭅니다. 밀가루를 물에 풀어 끓여서 풀을 쑤어 벽지나 문창호를 바르는 접착제로는 사용했습니다. 편지를 봉투에 넣고 봉인할 때처럼 풀이 다량으로 필요하지 않다면 밥알로 붙이기도 했지요. 밀가루로 쑨 풀이나 뭉개진 밥알이 끈적끈적하니까 무엇을 붙이는 데 사용할 수 있다는 것은 쉽게 짐작할 수 있습니다. 풀이 마르고 나면 떼어내기가 어렵게 단단히 붙습니다. 떼어내려면 오히려 종이가 찢어지지요. 이 덕분에 편지를 믿고 보낼 수 있는 것입니다. 봉투가 온전하다면 최소한 누군가가 중간에 그 내용을 보지 않았다는 것을 알 수 있으니까요. 풀은 그런 용도로 사용하는 것이니까 이렇게 물으면 이상할까요?

밀가루 풀로 붙인 종이는 왜 계속 붙어 있을까요?

이것도 활성화된 글루텐과 호화된 녹말이 일으키는 마술입니다. 두 물체 A와 B를 붙어 있게 하는 접착제 C는 다음의 두 가지 조건을 만족해야 합니다. 당연히 A와 C 그리고 B와 C를 이루는 물질끼리의 접착력(接着力, 서로 달라 붙게 하는 힘, adhesion 또는 adhesive force)이 강해야 합니

56) 메밀묵이나 도토리묵도 녹말이고 소화되면 결국은 포도당으로 바뀌는 음식입니다. 물이 많이 들어 있어서 밥이나 빵만큼 탄수화물의 함량이 높지는 않지만, 탄수화물의 섭취를 줄여야 하는 당뇨병 환자는 묵도 조심해야 합니다.

다. 그리고 이에 못지않게 C를 이루는 물질의 응집력(凝集力, 뭉치게 하는 힘, cohesion 또는 cohesive force)도 강해야 합니다. 두 번째 조건을 만족하지 못하면 어떻게 될까요? 물에 적신 종이는 유리창에 붙일 수 있습니다. 극성 분자로 이루어진 물이 우리 주변의 거의 모든 물질에 잘 달라붙기 때문입니다. 물은 종이에도 잘 묻고 유리에도 잘 묻지요. 접착력이 강한 것입니다. 물 분자끼리의 응집력도 제법 강합니다. 그래서 물은 항상 방울로 뭉치지요. 그렇지만 종이와 유리 사이에 있는 물의 응집력은 우리가 종이를 떼어내는 힘보다는 약해서 유리에 붙은 종이를 쉽게 떼어낼 수 있습니다. 떼어낸 종이와 유리창에는 모두 물이 묻어 있지요. 종이와 물, 유리와 물의 접착력이 물의 응집력보다 강합니다. 유리창에 붙인 투명테이프를 떼어내면 유리창에는 테이프를 붙였던 자국이 거의 남지 않습니다. 이 경우에는 접착제와 유리의 접착력이 접착제의 응집력보다 약한 것입니다. '포스트잇(post it)'은 일부러 이런 성질을 가진 접착제를 사용한 것입니다.

그러니까 밀가루 풀로 종이를 붙일 수 있는 것은 밀가루 풀이 종이와의 접착력도 강하고 밀가루 풀끼리의 응집력도 강하기 때문이지요. 풀이 마르기 전에는 두 종이를 쉽게 떼어낼 수 있습니다. 한쪽만 풀을 칠해도 붙였다가 떼어내면 양쪽 모두에 풀이 묻어 있지요. 이것은 마르지 않은 풀의 응집력은 약하지만 종이와의 접착력이 강하기 때문입니다. 마르고 나면 풀의 응집력이 강해지는 것이고요. 그렇지만 이것은 우리가 던진 질문에 대한 과학적인 답은 아닙니다. 결과를 보고 이야기하는 것일 뿐, 그 원인에 대해 설명하는 것은 아니니까요. 이 답은 '그렇게 하는 것이 풀이니까요'라고 말하는 것과 다르지 않습니다. 과학적인 답은 '왜 밀가루 풀은 종이에 대한 접착력과 자신들끼리의 응집력이 강한지'를 설명해야 합니다.

미시적으로 접착력과 응집력은 분자 사이의 인력에 기인합니다. 안정된 상태에서 모든 분자는 중성입니다. 하지만 분자 안에서 전자가 비대칭으로 분포하면 분자의 일부분이 극성을 띠기도 합니다. 한 분자에서 극성인 부분은 다른 분자의 극성인 부분과 전기적으로 인력과 척력을 작용합니다. 이 부분은 극성 분자인 물 분자와 인력을 작용하여 친수성이 됩니다. 전기음성도가 높은 질소 원자와 산소 원자에 수소 원자가 결합한 아민기(NH_2)와 수산기(OH)는 특히 강한 극성을 보이며 이웃한 다른 분자에 있는 아민기 또는 수산기와 제법 강한 인력을 작용합니다. 물론 이 힘은 공유결합이나 이온결합을 일으키는 힘에 비해서는 약한 힘입니다. 이 힘에 의해 분자가 결합하는 것을 **수소결합(hydrogen bond)**이라고 합니다. 수소결합을 일으키는 힘은 분자 사이의 거리가 수 Å 정도로 가까울 때에만 분자들을 결합할 수 있습니다. 이 힘은 전기쌍극자와 전기쌍극자 사이에 작용하는 힘으로 볼 수 있어서 분자가 멀리 떨어지면 거리의 네제곱에 반비례하여 힘의 크기가 줄어들기 때문입니다. 거리가 2배로 멀어지면 힘의 크기가 1/16이 되는 것이지요. 힘이 약하면 분자의 열운동을 억제할 수 없어서 결합한 상태를 유지할 수 없습니다.

전기적으로 중성이던 부분도 극성 분자 또는 분자의 극성인 부분이 가까이 오면 전기 유도가 일어나서 분극이 되기도 합니다. 이러한 이유로 중성인 분자들 사이에도 인력 또는 척력이 작용하는 데 이 힘을 **판데르발스 힘(van der Waals force)**이라고 합니다. 판데르발스 힘은 수소결합에 비해서도 약한 힘이고, 분자 사이의 거리가 멀어지면 거리의 네제곱에 반비례하는 것보다도 더 빨리 약해집니다. 이렇게 분자 사이에 작용하는 힘은 거리가 멀면 무척 약해지기 때문에 거시적인 물체, 예를 들어, 종이와 종이, 종이와 유리는 서로 붙지 않습니다. 표면이 아주 매끄럽게 보이더라도 두 물체를 붙였을 때 두 물체를 이루는 분자들 사이에 힘이 작용할 정도로 가깝게 붙는 부분은 무시할 수 있을 정도로 작기 때문입니다. 아주 매끄럽게 다듬어서 튀어나온 부분과 들어간 부분의 높이 차이가 수 Å 정도가 되게 하면 붙을 수도 있겠지만 일반적인 가공 기술로는 그렇게 할 수 없지요.

그림 1-17은 왜 종이 두 장은 서로 붙지 못하고, 물에 적신 종이가 서로 붙어 있을 수 있으며 풀로 붙인 종이는 마른 후에 떼기 어려운지를 미시적으로 설명하기 위한 것입니다. 물론, 실제 상황을 단순화한 것이지요. 종이의 표면은 매끄럽게 보이지만 미시적으로는 매우 거칩니다. 그래서 그림 1-17 (가)에서 보는 것처럼 종이를 이루고 있는 분자가 부분적으로 전기를 띠고

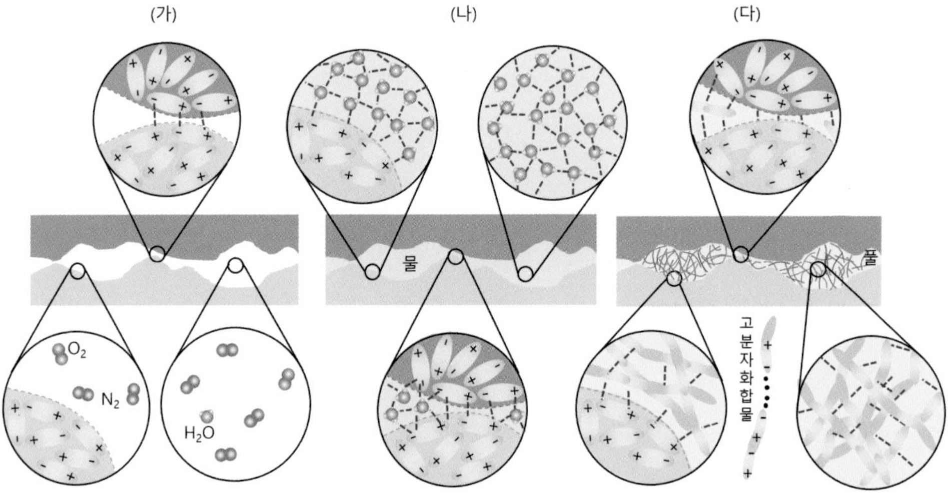

그림 1-17 (가) 두 물체를 이루는 분자 사이의 거리가 멀어 서로 인력을 작용하지 못한다. (나) 극성 분자인 물 분자와 물체를 이루는 분자의 인력과 물 분자 사이의 인력으로 두 물체가 붙어 있을 수 있다. (다) 길이가 긴 고분자 화합물과 물체를 이루는 분자 사이의 인력과 고분자 화합물 사이의 인력으로 두 물체가 더 잘 붙어 있을 수 있다.

있다고 해도 다른 종이에 있는 대부분의 분자는 거리가 멀리 떨어져 있어서 수소결합을 하지 못합니다. 단지 아주 가깝게 있는 적은 수의 분자끼리 하는 수소결합은 그 총합이 종이를 붙게 할 정도의 크기에는 이르지 못합니다. 종이와 종이 사이에 있는 공기 분자들은 거의 모두가 비극성 분자이고 서로 거리가 멀리 떨어져 있어서 어떤 힘도 매개할 수 없습니다.

종이와 종이 사이의 빈틈이 그림 1-17 (나)와 같이 물로 채워지면 상황이 달라집니다. 극성 분자인 물 분자가 종이를 이루는 분자와 수소결합을 하고, 액체 상태인 물에서 매우 가깝게 있는 물 분자들끼리도 수소결합을 할 수 있기 때문입니다. 그 결과 거시적으로는 물이 종이에 붙고 (접착력) 물이 서로 뭉치게 됩니다(응집력). 물 분자가 만든 끈 또는 망이 두 종이를 붙어 있게 하는 것입니다. 이때 물의 응집력이 종이에 대한 접착력에 비해 약해서 두 종이를 쉽게 떼어낼 수 있고 물이 두 종이에 모두 묻어 있게 되는 것입니다.

그림 1-17 (다)는 풀이 두 종이 사이에 채워진 경우입니다. 밀가루 풀에 들어 있는 풀어진 글루테닌, 아밀로스, 아밀로펙틴과 같은 고분자 화합물은 가느다란 선으로 나타냈습니다. 이 분자들이 풀어지면서 드러나게 된 수산기와 아민기들이 다른 분자와 수소결합을 합니다. 이 고분자 화합물은 물 분자의 크기에 비해 수천~수만 배로 긴 끈 모양입니다. 아밀로펙틴은 여러 끈을 묶어서 만든 망이라고 해야겠네요. 이 끈 또는 망은 원자들이 공유결합을 하여 만든 것이니 그림 1-17 (나)에서 물 분자들이 수소결합으로 만들어낸 끈 또는 망보다 훨씬 튼튼합니다. 그리고 자신들끼리 복잡하게 엉킬 수 있어서 응집력이 훨씬 강하지요. 끈 모양의 고분자 화합물이 종이의 빈틈에 갈고리처럼 걸리기까지 해서 결합력도 물보다 훨씬 강합니다. 이것이 풀의 기본 원리입니다.

모든 접착제에는 부분적으로 극성을 띠는 긴 끈 모양의 고분자 화합물이 들어 있습니다. 요즈음 사용하는 문구용 물풀에는 합성된 고분자 중합체인 폴리비닐 알코올(polyvinyl alcohol, PVA, PVOH, PVAl)이 들어 있습니다. 미생물이 번식할 수 있는 녹말 대신 인공적으로 합성된 고분자 화합물을 사용하는 것입니다. 딱풀에는 폴리비닐 아세테이트(polyvinyl acetate, PVA, PVAc)가 들어 있고요. 물풀이나 딱풀을 엄지와 검지에 묻힌 후 두 손가락을 붙였다 떼는 작업을 하면 실처럼 가는 줄이 만들어지지요? 고분자 화합물 여러 개가 서로 붙어 이런 실이 됩니다. 고분자 화합물이 긴 끈 모양이기는 해도 각각의 길이는 수 마이크로미터 정도밖에 되지 않습니다. 이것들이 서로 연결되면서 긴 실이 만들어지지요. 각각은 마치 길이가 1 m 남짓한 짚을 이용해서 긴 새끼줄을 꼬는 것과 같습니다. 누에가 만드는 비단실과 거미가 만드는 거미줄도 모두 긴 끈 모양의 단백질이 서로 붙은 것이지요. 단백질 한 개의 길이는 수 마이크로미터지만 누에고치 한 개에서 1,200~1,500 m 길이의 연결된 비단실을 뽑을 수 있습니다.

가구를 만들 때 목재를 붙이는 데 사용했던 아교(阿膠)는 동물의 가죽이나 뼈를 원료로 하여 만듭니다. 여기에 들어 있는 콜라겐(collagen) 단백질이 긴 끈 모양의 고분자 화합물이어서 접착제로 사용할 수 있는 것입니다. 콜라겐 단백질이 모인 젤라틴은 물에 녹지 않지만 물을 섞어 끓이면 콜로이드가 됩니다. 밀가루에 있던 녹말이 물에 녹지 않지만 물과 함께 끓이면 밀가루 풀이 되는 것과 똑같습니다. 물이 증발하여 마르면 고분자 화합물이 두 물체를 단단히 붙잡고 있는 것도 똑같지요.

순간접착제는 굳는 과정에서 중합반응이 일어나 고분자 화합물이 만들어집니다. 사용하기 전 통에 들어 있는 순간접착제는 고분자 화합물을 구성하는 각각의 분자 상태가 모인 것입니다. 그래서 통을 흔들면 점성이 거의 없는 액체처럼 출렁입니다. 접착해야 할 부분에 바를 때에도 물보다도 더 쉽게 틈에 스며들지요. 공기에 노출되면 각각의 분자들이 중합하여 긴 끈 모양의 고분자 화합물을 만들며 굳습니다.

풀은 처음에는 유동적인 상태여야 합니다. 그래야 그 안에 들어 있는 고분자 화합물이 물체를 이루는 분자에 가깝게 다가가고 결합을 잘 할 수 있도록 방향도 바꿀 수 있으니까요. 한쪽 물체에 풀을 바른 후 시간이 한참 지나 풀이 마른 뒤에는 잘 붙지 않지요? 유동성이 없어지면 또다시 그림 1-17 (가)와 같은 상황이 되기에 붙을 수 없는 것입니다. 글루건은 고체 상태에 있는 글루스틱을 녹여 유동성이 있게 하여 물체를 붙입니다. 글루스틱에도 당연히 긴 끈 모양의 고분자 화합물이 들어 있지요. 글루스틱을 녹여서 붙이고 나면 그 끝에도 실처럼 가는 줄이 만들어지지 않던가요?

그림 1-17의 설명에서 물과 풀 분자의 극성을 띤 부분과 물체를 이루는 분자의 극성을 띤 부분이 서로 인력을 작용하는 것이 접착력의 근원이었습니다. 물과 풀뿐 아니라 붙이려는 물체를 이루는 분자도 극성을 띠고 있어야 하지요. 종이에는 왜 물과 풀이 잘 붙을까요? 종이의 주된 성분은 셀룰로스입니다. 셀룰로스도 녹말처럼 포도당이 글리코사이드 결합으로 연결된 중합체입니다. 그런데 셀룰로스를 만드는 포도당은 β-포도당입니다. β-포도당은 그림 1-18 (가)에서 보는 것처럼 1번 탄소에 붙은 OH기와 수소 원자의 위치만 바뀐 α-포도당의 이성질체(異性質體, isomer)입니다. 똑같이 탄소 6개, 수소 12개, 산소 6개로 이루어진 화합물이지만 물리적/화학적 성질이 다르지요.

그림 1-18 (나)는 β-포도당들이 $\beta-1-4$ 글리코사이드 결합으로 중합체

를 이루는 것을 보여줍니다. 인접한 β-포도당 분자들은 180° 뒤집혀서 글리코사이드 결합을 하므로 포도당 분자들이 일직선에 놓일 수 있습니다. α-포도당 분자들이 글리코사이드 결합을 할 때는 결합할 때마다 일정 각도만큼 분자들이 회전해야만 해서 나선 모양으로 꼬였지요. 순전히 1번 탄소 원자에 붙는 OH기의 위치가 바뀌어서 이러한 차이가 나는 것입니다. 일직선 구조에서는 수소결합을 일으키는 OH기들이 드러나 있어서 인접한 일직선 모양의 셀룰로스 분자들이 수소결합을 통해 결합하여 그림 1-18 (다)와 같이 튼튼한 막 구조를 이룰 수 있습니다. 이것이 식물 세포의 세포벽의 뼈대가 되고 그 덕분에 식물은 높이 자랄 수 있습니다.

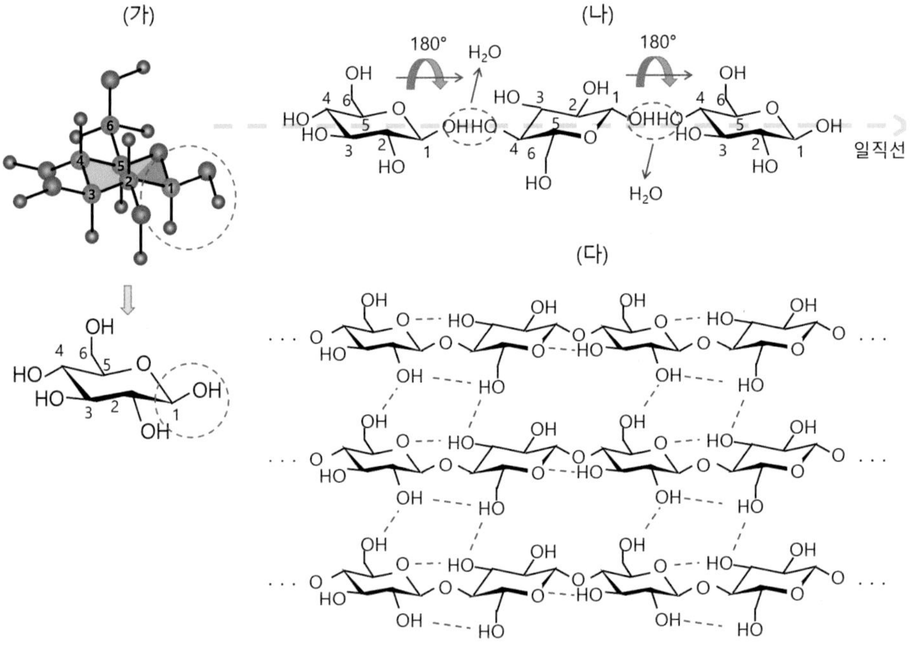

그림 1-18 (가) β-포도당의 분자모형과 분자구조식 (그림 1-14 (가)와 비교해 보기 바랍니다.) (나) β-포도당의 $\beta-1-4$ 글리코사이드 결합 (다) 셀룰로스 분자에서의 수소결합과 막 구조

셀룰로스에는 포도당들이 아주 조밀하게 뭉쳐 있습니다. 그래서 녹말처럼 셀룰로스도 물에 녹지는 않습니다. 하지만 셀룰로스에는 OH기가 드러나 있어서 녹말과는 달리 호화가 되지 않아도 (녹말 분자가 풀리지 않아도) 친수성입니다. 그래서 물과 풀이 잘 달라붙습니다. 셀룰로스로 결합하고 있는 β-포도당의 OH기들이 물 분자 또는 풀에 들어 있는 고분자 화합물과 수소결합을 통해 서로 인력을 작용할 수 있는 것입니다.

물과 함께 끓여 풀렸던 녹말은 물이 빠져나가면 다시 딱딱하게 굳습니다. 익히기 전 날것일 때에 비해서는 압축이 풀린 상태지만요. 바닥에 떨어져서 굳은 마른 밥알을 맨발로 밟았을 때 발바닥이 제법 아프지요? 풀렸던 녹말에서 물이 빠져나가도 유동적일 때 녹말 분자들이 서로 엉기며 만든 구조는 약간의 변형은 있겠지만 그대로 유지됩니다. 굳어서 유동성이 없어진 후에는 그 모양을 유지하려는 탄성도 있습니다. '월남쌈'에 사용하는 라이스페이퍼(rice paper)는 아주 얇은데도 잘 부서지지 않고 모양을 유지합니다. 일반적인 종이는 β-포도당으로 만들어진 것인데, 라이스페이퍼는 α-포도당으로 만들어진 종이인 셈입니다.

예로부터 우리 조상들은 이러한 녹말의 탄성을 옷을 구김이 없이 빳빳하게 만드는 데 활용하였습니다. 이것을 '옷에 풀을 먹인다'라고 재미있게 표현했습니다. 음식이 귀했던 시절에도 옷에 먹을 것을 주기까지 하면서 멋을 부렸네요. 하기야 사람이 살아가는 데 가장 중요한 세 가지가 의(衣, 옷), 식(食, 음식), 주(住, 집)니까요. 풀 먹이는 방법은 세탁해서 완전히 말린 옷에 풀을 약간 섞은 물을 뿌려 옷감에 배게 한 후 다리미로 다리는 것입니다. 그러면 풀물에 풀어져 있던 긴 끈 모양의 녹말이 서로 엉긴 채로 말라 다린 대로 옷 모양을 유지하게 되지요. 여러 번 빨면 후줄근해지는 삼베옷이나 모시옷을 이렇게 처리해서 멋을 부렸던 것입니다. 풀을 먹인 옷은 때가 덜 타니 실용적인 면도 없지는 않았네요.

여담입니다만, 기세등등하게 큰소리치던 사람이 어떤 이유로 기가 꺾이면 '풀이 죽었다'라고 하지요? 이 말은 비를 맞거나 땀에 절면 풀을 먹인 옷이 후줄근해지는 데서 유래한 말입니다. 요즘은 다림질하면서 옷에 분사하여 간단히 풀 먹임을 할 수 있는 풀 스프레이가 판매되고 있지요. 이 제품들 역시 녹말로 만든 풀이 주원료입니다. 사실 폴리에스테르와 같은 고분자 화합물로 만든 천은 탄성이 좋아 다림질만으로도 충분하기는 하지만요.

국수 삶다가 밀가루 풀로 이야기가 샜네요. 다시 부엌으로 돌아갑시다. 밀가루로 만들 수 있는 우리나라의 요리에서 부침개를 빼놓을 수 없지요? 걸쭉하게 밀가루를 풀어 여기에 온갖 재료를 넣고 기름을 두른 팬에 얇게 펴서 노릇노릇 구우면 되는 간단한 음식이지만 맛은 물론이고 바삭한 식감은 뭐라 표현할 수 없게 좋지요. 차례나 제사 때 전 부치는 기름 냄새를 맡고 조상들이 집을 찾아온다고 할 정도로 높은 온도의 기름에 여러 재료가 지져지는 냄새는 코까지 즐겁게 합니다. 특히 파가 뜨거운 기름과 만났을 때의 냄새는 최고지요. 눈물까지 나게 하는 날것일 때의 냄새에 비하면 그 변화는 거의 마술이라 할 수 있을 겁니다.

부침개를 부칠 때 물리학의 원리를 적용할 수 있는 중요한 과정이 하나 있습니다. 크기가 작은 생선전, 고구마전, 애호박전은 뒤집개나 젓가락을 이용하여 간단히 뒤집을 수 있습니다. 하지만 파전과 같이 넓은 것은 그보다 크기가 작은 뒤집개로 뒤집기 어렵습니다. 밀가루 반죽이 위쪽까지 어느 정도 익어서 한 덩어리로 움직일 수 있으면 뒤집개로도 별문제 없이 뒤집을 수 있지만, 그때까지 기다리다가 아래쪽을 태울 위험이 있지요. 태울까 봐 너무 일찍 뒤집으면 덜 굳은 반죽이 흘러 엉망이 되기도 합니다. 면적이 넓은 뒤집개를 사용하면 조금 더 쉽게 뒤집을 수 있고, 접시를 위에 얹어 뒤집는 방법도 있지만, 물리학의 원리를 적용해서 뒤집어 보기로 합시다. 간단히 공중에 띄워 올려 한 번에 확 뒤집는 것입니다. 사람들 대부분은 이렇게 하는 것을 보면 매우 신기해하며 그 사람이 여러 번 실패하면서 연습한 결과라고 생각합니다. 그리고는 실패했을 때 파전이 땅에 떨어지는 등 엉망이 될까 봐 스스로는 시도해 보려고 하지 않습니다. 그렇지만 여기에 숨어 있는 물리학적 원리를 이해하고 (이해하지 못하더라도 믿고) 약간의

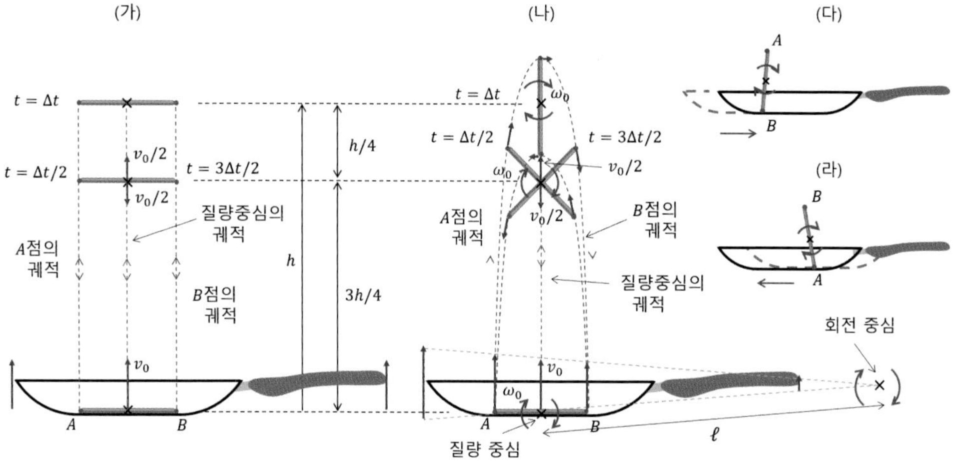

그림 1-19 공중에 던져 파전 뒤집기 (가) 프라이팬을 그대로 들어 올려 파전을 위로 던지면 뒤집히지 않고 그대로 다시 떨어진다. (나) 프라이팬을 손목 관절이나 팔꿈치 관절에 대해 회전하도록 들어 올리면 파전이 공중에서 회전한다. 최고점에 올라갔을 때 파전이 90° 회전한다면 정확하게 뒤집혀서 프라이팬에 떨어진다. (다) 파전의 B 부분이 팬에 떨어질 때 90°보다 더 회전한 상태라면 파전을 뒤집을 수 있다. 이 경우에는 프라이팬을 몸 쪽으로 약간 당겨야 한다. (라) 파전의 A 부분이 팬에 떨어질 때 270°보다 덜 회전한 상태라면 파전을 뒤집을 수 있다. 이 경우에는 프라이팬을 앞으로 약간 밀어야 한다.

용기만 있으면 누구나 처음부터 성공할 수 있습니다. 제대로 던지기만 하면 공중에서 파전이 스스로 반 바퀴를 돌아 팬으로 떨어집니다.

어떻게 던지면 파전이 공중에서 도는 동안 뒤집히나요?

그림 1-19 (가)에서처럼 프라이팬 면이 수평을 유지하도록 들어 올려 파전을 위로 던지면, 공중에 올라간 파전도 수평을 계속 유지하기 때문에 파전이 뒤집히지 않습니다. 그런데 그림 (나)처럼 프라이팬을 어떤 회전 중심에 대해 회전하도록 들어 올려 파전을 위로 던지면 파전이 공중에 떠 있는 동안 계속 회전하기 때문에 파전이 뒤집힙니다. 손목이나 팔꿈치의 관절이 회전 중심이 되도록 프라이팬을 움직이면 됩니다. 항상 이렇게 뒤집힌다는 믿음을 가지기 위해 다음과 같은 활동을 해 봅시다.

확인해 볼까요?

프라이팬에 파전과 비슷한 크기와 질량을 가진 물체, 예를 들어, 얇은 안내 책자를 얹어 놓고 위로 던져 올려 뒤집히게 해 보세요. 어떤 경우에 뒤집히는지 알아낼 수 있나요?

생각보다 쉽지요? 그런데 이것을 설명하는 물리학은 약간 수준이 높습니다. 그림 1-19는 공중에 던져진 파전의 운동에 대한 물리학의 여러 원리를 보여줍니다. 그림 1-19 (가)와 같이 파전이 팬에 놓여 있던 모양 그대로 위로 올라갔다가 내려오는 경우 파전의 모든 부분은 똑같은 운동을 합니다. 파전이 최고점에 도달하는 데 걸리는 시간을 Δt라고 하고 그때의 높이를

h라 합시다. 그러면 $\Delta t/2$의 시간이 지났을 때 파전은 최고 높이의 3/4만큼 올라간 곳에 있습니다. 이 순간 파전의 속력은 처음에 던져진 속력의 1/2입니다. 그리고 최고점을 지난 후 $\Delta t/2$의 시간이 지나면 최고 높이의 3/4인 지점을 다시 지나고 또 다시 $\Delta t/2$만큼 시간이 지나면 바닥에 떨어집니다. 똑같은 시간 동안 움직이는 거리가 다른 것이지요. 그렇지만 최고점에 올라가는 데 걸리는 시간과 다시 땅에 떨어지는 시간은 같습니다. Δt를 삼등분하면 올라가는 동안 $\Delta t/3$마다 움직이는 거리는 5:3:1이 됩니다. Δt를 사등분하면 각각의 시간 동안 움직인 거리는 7:5:3:1이 되고요. 재미있는 규칙이지요? 물체가 위아래로 이렇게 움직인다는 것은 갈릴레이가 맨 처음 발견하였습니다.

그림 1-19 (나)와 같이 파전이 회전하는 경우 상황이 복잡해집니다. 파전의 모든 부분은 서로 다른 운동을 합니다. 그림에 예로 든 것처럼 A점과 B점은 (가)에서는 질량중심과 똑같이 위로 올라갔다가 내려오는 일직선 운동을 하지만 (나)에서는 일직선 운동이 아닙니다. 그렇다고 포물선 운동도 아닙니다. 올라가는 높이도 각각 다르지요. 그런데 파전의 질량중심(質量中心, center of mass)은 특별한 운동을 합니다. 크기를 가진 물체의 질량중심은 물체의 모든 질량이 그 점에 모인 점입자와 똑같은 운동을 합니다. 그래서 공기의 저항을 무시한다면 공중에 머무는 동안 파전에 작용하는 힘은 중력뿐이므로 질량중심의 운동은 (가)와 (나) 모두 똑같습니다. 만일 질량중심이 (가)의 상황일 때와 똑같은 속력으로 위로 움직이기 시작했다면 연직선을 따라 위로 올라갔다가 내려오고, 올라가는 최고 높이, 그리고 운동에 걸린 시간이 모두 (가)와 같지요. 또, 질량중심이 최고점까지 올라가는 데 걸리는 시간을 이등분하면 각 시간 구간마다 질량중심이 움직

인 거리가 3:1이고, 삼등분하면 각 시간 구간마다 움직인 거리가 5:3:1이 된다는 것도 같습니다.

파전은 어떤 회전 운동을 할까요? 공기의 저항을 무시할 수 있고 공중에서 운동하는 동안 파전의 모양이 변하지 않는다면 파전은 처음에 가졌던 각속도로 계속 회전하게 됩니다. 파전의 속력은 위로 올라가면서 계속 줄어드는데, 각속도는 그대로 유지된다는 것이 신기하지요? 파전에 작용하는 중력이 질량중심에 대한 파전의 각운동량을 바꾸는 토크를 작용하지 못하고, 파전의 모양이 바뀌지 않으면 질량중심에 대한 파전의 관성모멘트가 일정한 값을 가지기 때문입니다.

파전이 공중에서 회전하여 뒤집히려면 어떤 조건을 만족해야 하는지 간단히 계산해 봅시다. 파전이 프라이팬을 떠나는 순간 질량중심이 속력 v_0로 연직 위로 운동을 시작했다면 최고점에 도달하는 데 걸리는 시간 Δt는 속력을 중력가속도 g로 나눈 값, 즉

$$\Delta t = v_0/g \tag{1.7}$$

입니다. 그림 1-19 (나)에서 보는 것처럼 질량중심이 최고점에 올라갔을 때 파전이 90°를 회전한다면 파전이 다시 프라이팬에 떨어질 때 정확하게 뒤집힌 상태가 될 것입니다. 그런데 반드시 이렇게 될 필요는 없지요. 그림 1-19 (다)와 같이 B부분이 프라이팬에 닿을 때 90°보다 더 돌아간 상태이기만 하면 됩니다. 프라이팬에서 놓이면서 더 돌아갈 테니까요. 이점을 고려하여 B점이 프라이팬에 닿는 위치를 잘 조절해야겠네요. 던져올릴 때보다 몸 쪽으로 프라이팬을 당겨야 합니다. 또 너무 빠르게 돌려서 180°를 넘어서도 괜찮습니다. 프라이팬에 걸려 더 돌아가지 못하고 팬에 놓이게 될 테니까

요. A부분이 프라이팬에 닿을 때 270°만 넘지 않으면 됩니다. 180°를 넘으면 던져올릴 때보다도 내 몸에서 더 멀리 프라이팬이 있도록 약간 밀어야겠네요. 그러므로 파전을 던질 때와 받을 때 프라이팬이 같은 높이에 있다고 가정하고 파전이 위로 던져질 때의 각속도를 ω_0라 하면, ω_0가

$$\pi/2 < \omega_0(2\Delta t) < 3\pi/2 \tag{1.8}$$

여야 한다는 것을 알 수 있습니다. 계산을 간단히 하기 위해 파전이 던져진 후 공중에 머무는 시간을 질량중심이 최고점에 올라가는 시간 Δt의 두 배로 근사했습니다.[57] 파전을 던질 때와 받을 때 프라이팬의 높이를 다르게 조절할 수 있으므로 실제로는 (1.8) 식보다도 더 넓은 범위에서 파전을 뒤집을 수 있습니다.

그림 1-19 (나)에서 보는 것처럼, 파전을 던지는 순간 파전의 질량중심은 회전 중심에 대해 반지름이 ℓ인 원 운동을 하는 것이므로 파전의 각속도 ω_0와 질량중심의 속력 v_0는 서로

$$v_0 = \omega_0 \ell \tag{1.9}$$

과 같은 관계식으로 연결되어 있습니다. 이 식은 파전에 회전을 주기 위해 우리가 특별한 행동을 하지 않아도 된다는 것을 알려줍니다. 그저 손목이나 팔꿈치를 회전 중심으로 해서 프라이팬이 회전하도록만 하면 되지요. 팔뚝 전체를 위로 들어 올리면 파전이 (가)처럼 움직이게 되니까, 그렇게만 하지

---

57) 엄밀하게는 $(v_0+\sqrt{v_0^2-2gR})/g$여야 합니다. 여기에서 R은 파전의 모양을 원에 근사했을 때 반지름입니다.

않으면 됩니다. 그러면 파전은 v_0와 ω_0를 가지고 공중에 던져집니다.

(1.7) 식과 (1.9) 식을 (1.8) 식에 대입하면 위로 던져 올린 파전의 속력 v_0가

$$(\pi/2)\ell < 2v_0^2/g < (3\pi/2)\ell \tag{1.10}$$

를 만족하는 값이면 파전이 뒤집힌다는 것을 알 수 있습니다. 그럴듯하지만 이 식은 우리에게 도움이 되지 못합니다. 부엌에서 파전의 속력 v_0를 측정할 수도 없고, 정확하게 v_0로 던질 방법도 알 수 없으니까요. 그런데 이 식에서 v_0^2/g는 파전의 질량중심이 올라간 최고 높이 h의 두 배입니다. 그러므로 파전이 올라가는 높이가

$$(\pi/8)\ell < h < (3\pi/8)\ell \tag{1.11}$$

가 되도록 던지면 됩니다. 이제 ℓ값만 알면 되겠네요? 손목을 이용하여 회전을 주는 경우 ℓ은 손잡이로부터 프라이팬의 중심까지의 거리인 40 cm 정도입니다. 그러니까 올라가는 높이가 (3.14÷8)×(40 cm), 즉, 16 cm에서 이 값의 세배인 50 cm 사이가 되도록 던지면 됩니다. 그 중간값인 30 cm 정도의 높이로 던지면 아주 정확하게 뒤집혀서 떨어지겠지요. 팔꿈치를 회전 중심으로 하는 경우 ℓ은 손목에서 팔뚝 사이의 길이를 더한 약 60 cm 정도일 테니 올라간 높이가 손목일 때의 1.5배인 25 cm~75 cm가 되도록 던지면 됩니다.

그러니까 파전을 공중에 던져 뒤집는 것은 특별한 일이 아닙니다. 주의해야 할 것이 딱 하나 있네요. 던지기 전에 파전이 프라이팬에 달라붙어 있지 않은지 확인해야 합니다. 이것은 프라이팬을 앞뒤나 좌우로 움직여 보면

알 수 있습니다. 붙어 있었다고 해도 이리저리 움직이면 떨어지기도 하지요.

이 기술은 모든 볶음 요리에서 응용할 수 있습니다. 재료들이 서로 달라붙지 않는다면, 뒤집개로 이리저리 뒤집는 것보다는 약간 깊은 프라이팬에 재료들을 넣고 손목을 이용하여 회전을 주어 위로 던지는 것이 훨씬 효율적입니다. 재료들이 위로 올라갔다가 내려오는 동안 뒤집혀서 바닥에 닿아 모든 면이 골고루 익으니까요. 아주 센 불에 요리해도 각 부분이 뜨거운 프라이팬에 닿는 시간이 아주 짧으니 타지 않지요. 볶음 요리가 많은 중국 음식점 주방에서 그림 1-20 (가)와 같이 조리하는 것을 볼 수 있을 겁니다.

모양의 변형과 공기저항을 무시하면 파전이 공중에서 일정한 각속도로 회전한다는 물리학의 원리는 여러 상황에 적용할 수 있습니다. 그림 1-18 (나)와 (다)는 스프링보드 다이빙 선수와 피겨 스케이팅 선수가 공중에서 회전하는 것을 연속으로 보여줍니다. 두 경우 모두 선수의 질량중심은 모든

(가) (나) (다)

그림 1-20 (가) 프라이팬을 까불어 볶기 (나) 스프링보드 다이빙 선수가 공중에 머무는 동안, 그리고 (다) 피겨 스케이팅 선수가 점프하여 3회전을 하는 동안 선수 몸의 질량중심은 포물선 운동을 하고 질량중심에 대한 각운동량은 일정한 값을 가진다.

질량이 그 점에 모여 있는 점입자가 중력의 작용으로 움직이는 것과 같아서 선수들의 질량중심은 포물선을 그리며 운동합니다. 또, 두 경우 모두 선수들이 공중에 떠 있을 때 질량중심에 대한 선수들의 각운동량은 일정하게 유지됩니다. 다만, 선수의 자세를 바꾸어 몸의 모양을 바꾸면 이에 따라 각속도는 바뀝니다. 선수들이 신체의 모든 부분을 질량중심에 가깝게 모을수록 관성모멘트가 작아져서 각속도가 빨라지지요. 하이 다이빙이나 피겨 스케이팅에서는 공중에 떠 있는 동안 많이 회전하면 높은 점수를 받습니다. 그래서 선수들이 그림 1-18 (나)와 (다)처럼 몸을 최대한 회전축에 가깝도록 오므리는 것입니다.

'질량중심', '각운동량', '관성모멘트'와 같은 물리학 용어가 나와서 정신이 없지요? 운동에 대한 $\vec{F}=m\vec{a}$법칙에서 조금만 더 수준을 높여 볼까요?[58] 엄밀하게 말해 $\vec{F}=m\vec{a}$ 법칙은 물체의 위치를 명확하게 정의할 수 있을 때만 적용할 수 있습니다. $\vec{F}=m\vec{a}$에서 가속도 $\vec{a}$는 속도 $\vec{v}$를 시간에 대해 미분한 것이고, 속도는 물체의 위치벡터 $\vec{x}$를 시간에 대해 미분한 것이기 때문입니다. 여기서 물체의 위치벡터는 기준점으로부터 물체가 있는 곳까지를 연결하는 화살표로 나타낼 수 있습니다. 모든 물체는 크기가 있어서 '물체가 있는 곳'이 하나의 점이 아닙니다. 그래서 물리학에서는 물체의 크기를 무시할 수 있을 때 점 입자(point particle)로 단순화해서 위치벡터를 정의합니다. 어른 주먹 크기의 야구공은 야구장 크기에 비하면 무척 작으니까 점 입자로 근사할 수 있습니다. 지구는 둘레가 4만 km이니

58) 대학교 1학년 일반물리학 수준입니다. 예를 들어, R. A. Serway, C. Vuille 원저, 일반물리학(Dollege Physics) 11th ed. Cengage(번역본: 북스힐)의 147쪽에서 197쪽의 내용입니다. 무려 50쪽이나 되네요.

아주 큰 물체입니다. 하지만 지구와 태양 사이의 거리인 1억 5천만 km에 비하면 지구의 지름은 만분의 일에 불과하지요. 그래서 점 입자로 취급하여 $\vec{F} = m\vec{a}$를 적용하여 공전 궤도를 구할 수 있습니다.

그림 1-21 (가)처럼 물체의 모든 부분이 똑같이 움직이는 것을 **병진운동(竝進運動, 나란하게 나아간다는 뜻, translational motion)**이라고 합니다. 그림 1-18 (가)에서 본 파전의 운동이 병진운동입니다. 물체가 병진운동을 하는 경우 물체의 위치벡터를 물체의 어떤 곳에 대해 정의하더라도 문제가 되지 않습니다. 모든 부분이 똑같은 운동을 하니까 각 부분의 위치벡터의 차이가 항상 일정합니다. 그래서 물체의 어느 곳에 대한 위치벡터라도 시간

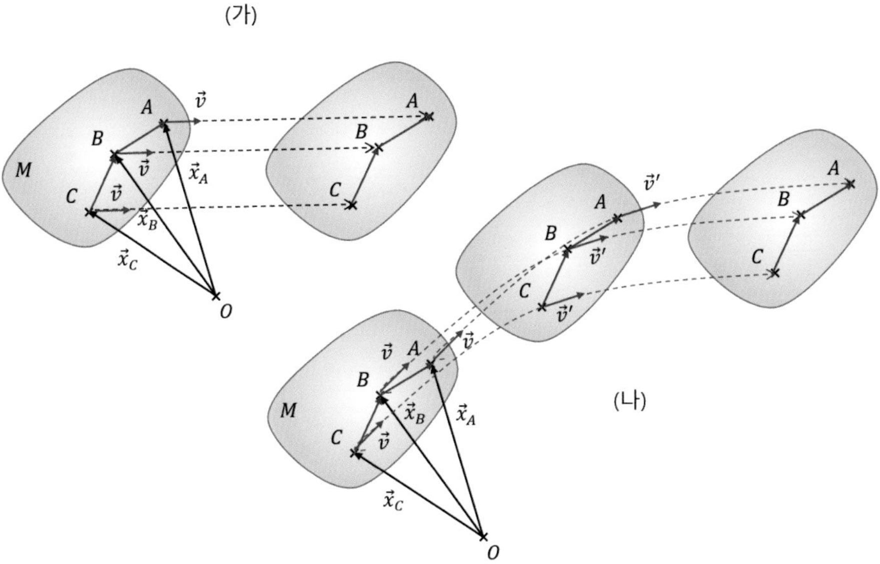

그림 1-21 (가) 물체가 병진운동을 할 때 모든 부분은 똑같은 운동을 한다. (나) 물체가 병진운동을 하더라도 어느 한 부분의 궤적은 곡선일 수도 있고 시간이 변하면 속도가 달라질 수도 있다. 단, 모든 부분의 궤적은 똑같은 곡선이며 서로 평행이동한 것이다. 병진운동에서는 빨간색으로 나타낸 $\overrightarrow{BA}$ 벡터와 $\overrightarrow{CB}$ 벡터가 변하지 않는다.

에 대해 미분한 속도벡터는 모두 똑같습니다. 당연히 가속도도 모두 같지요. 그래서 물체의 임의의 곳에 대해 위치벡터를 정의하여 $\vec{F}=m\vec{a}$ 법칙을 적용할 수 있습니다. 이것이 우리나라의 수학능력시험에 크기를 가진 나무 토막의 움직이는 것을 다루는 문제가 출제될 수 있는 이유입니다.

하지만 크기를 가진 물체가 병진운동만 하지는 않습니다. 그림 1-18 (나)에 나타낸 것처럼 파전이 움직일 때, 그림 1-19 (나)와 (다)처럼 선수들이 공중에서 회전할 때 각 부분의 운동은 모두 다릅니다. 이러한 운동을 다루려면 크기를 가진 물체는 위치벡터를 명확하게 정의할 수 없다는 문제부터 해결해야 합니다. 그 해결책은 간단합니다. 그림 1-22에 보인 것처럼 위치를 정의할 수 있을 정도로 작은 조각으로 물체를 나누는 거지요. 그러면 각각의 조각에 $\vec{F}=m\vec{a}$를 적용할 수 있습니다. 조각의 수가 N개이고, 각각의 조각에 번호를 매겼을 때 i번째 조각의 질량이 m_i이고 위치벡터가 $\vec{x}_i$라면

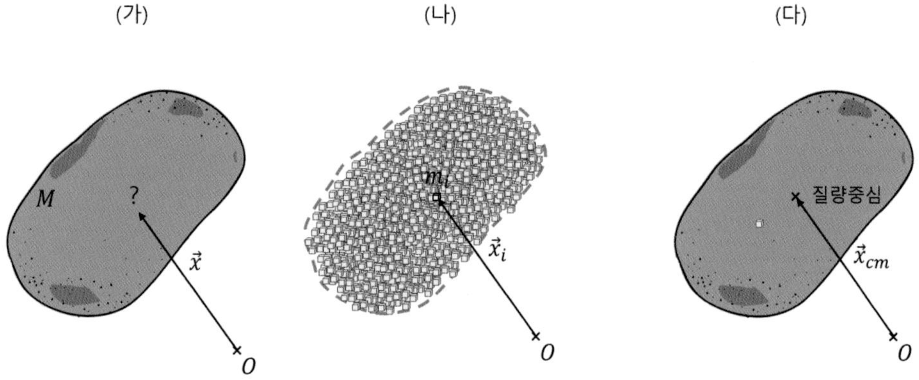

그림 1-22 (가) 크기를 가진 감자의 위치를 나타내는 벡터를 정의할 때 기준점 O로부터 감자의 어느 부분까지를 연결하는 화살표로 잡아야 할지 알 수 없다. (나) 감자를 작은 조각으로 나누면 각 조각의 위치를 나타내는 위치벡터를 정의할 수 있다. (다) 감자 질량중심의 운동은 감자의 모든 질량이 그 점에 모여 있는 점 입자와 같이 운동한다.

$$\vec{F}_1 = m_1\vec{a}_1\,,$$

$$\vec{F}_2 = m_2\vec{a}_2\,, \qquad (1.12)$$

$$\vdots$$

$$\vec{F}_N = m_N\vec{a}_N$$

과 같은 N개의 운동방정식을 풀면 되지요. 그런데 이것은 결코 쉬운 일이 아닙니다. 더구나 i번째 조각에는 외부에서 다른 물체가 힘을 작용할 뿐 아니라 물체를 이루고 있는 다른 조각 모두가 힘을 작용합니다. 조각들 사이에 작용하는 이 힘으로 인해 물체가 한 덩어리로 붙어 있으니까요. i번째 조각에 작용하는 힘 $\vec{F}_i$를 외부에서 작용하는 힘 $\vec{F}_i^{(외부)}$와 j번째 조각이 작용하는 힘 $\vec{F}_{j\to i}$를 구분하여 (1.12) 식을 다시 써 보면 다음과 같이 됩니다.

$$\vec{F}_1^{(외부)} + \vec{F}_{2\to1} + \vec{F}_{3\to1} + \cdots + \vec{F}_{N\to1} = m_1\vec{a}_1,$$

$$\vec{F}_2^{(외부)} + \vec{F}_{1\to2} + \vec{F}_{3\to2} + \cdots + \vec{F}_{N\to2} = m_2\vec{a}_2, \qquad (1.13)$$

$$\vdots$$

$$\vec{F}_N^{(외부)} + \vec{F}_{1\to N} + \vec{F}_{2\to N} + \cdots + \vec{F}_{N-1\to N} = m_N\vec{a}_N\,.$$

조각들 사이에 작용하는 힘은 각각의 조각이 어디에 있는가에 따라 달라질 테니 이 방정식을 푸는 일이 얼마나 복잡할지 알 수 있지요? 그런데 (1.13) 식을 모두 더하면 재미있는 일이 벌어집니다. 힘에 대한 작용-반작용 법칙(예를 들어 $\vec{F}_{1\to2} = -\vec{F}_{2\to1}$)에 의해 조각들 사이에 작용하는 힘의 합이

0이 되거든요. 그래서

$$\vec{F}_1^{(\text{외부})} + \vec{F}_2^{(\text{외부})} + \cdots + \vec{F}_N^{(\text{외부})} = m_1\vec{a}_1 + m_2\vec{a}_2 + \cdots + m_N\vec{a}_N \quad (1.14)$$

과 같이 간단한 식이 됩니다. 등호의 왼쪽에 있는 것은 외부에 있는 다른 물체가 물체에 작용하는 힘의 합입니다. 예를 들어, 그림 1-20의 감자에 지구가 작용하는 중력, 만일 이 감자가 바닥에 놓여 있다면 바닥이 작용하는 수직항력과 같은 외부의 힘이지요. 질량중심의 위치벡터 $\vec{x}_{cm}$을

$$m_1\vec{x}_1 + m_2\vec{x}_2 + \cdots + m_N\vec{x}_N \equiv (m_1 + m_2 + \cdots + m_N)\vec{x}_{cm} \quad (1.15)$$

과 같이 정의하면, (1.14) 식에서 등호의 오른쪽은 전체 질량(모든 조각의 질량을 더한 것) $M(= m_1 + m_2 + \cdots + m_N)$에 질량중심의 가속도 $\vec{a}_{cm}$를 곱한 것이 됩니다. 즉

$$\vec{F}^{(\text{외부})} = M\vec{a}_{cm} \quad (1.16)$$

이므로 크기를 가진 물체의 질량중심은 물체의 모든 질량이 그 점에 모인 점입자와 똑같은 운동을 합니다. 이때 물체 내부에서 작용하는 힘은 질량중심의 운동에 영향을 주지 못합니다. 그러니까 그림 1-20 (나)와 (다)에서 선수들이 어떤 동작을 하거나 질량중심은 오직 중력만의 영향으로 포물선 운동을 하는 것입니다.

물체의 질량중심은 (1.15) 식에 정의한 것처럼 위치를 정할 수 있을 정도로 작은 조각으로 물체를 나누어 각각의 조각에 그 조각의 위치벡터를 곱한 것을 모두 더하고 이것을 전체 질량으로 나눈 것입니다. 수학적으로는 이것을

$$\vec{x}_{cm} = \frac{1}{M}\int dM\,\vec{x} \tag{1.17}$$

과 같이 나타냅니다. 이 식은 M를 잘게 나누고 (dM), 작은 조각의 질량 dM에 그 조각의 위치벡터 $\vec{x}$를 곱해 모두 더한($\int$) 값을 전체 질량 M으로 나누라는 의미입니다. (1.15) 식에서 조각의 크기를 아주 작게 만들면 ($m_i \to 0$) (1.17) 식이 됩니다.

이제 각운동량에 대해 알아볼까요? 우리는 일상생활에서 눈을 통해 수없이 많은 물체의 움직임을 감지합니다. 이때 오직 물체만 바라본다면 물체의 움직임으로 인해 생긴 위치 변화보다는 각의 변화를 더 잘 알아챌 수 있습니다. 예를 들어 그림 1-23 (가)에 나타낸 것처럼 A, B, C 세 사람이 자동차로 떠나는 사람을 배웅한다고 합시다. 자동차 뒤에 서 있는 A는 주위의 나무나 도로와 자동차를 비교하지 않는다면 자동차의 움직임을 거의 감지하지 못

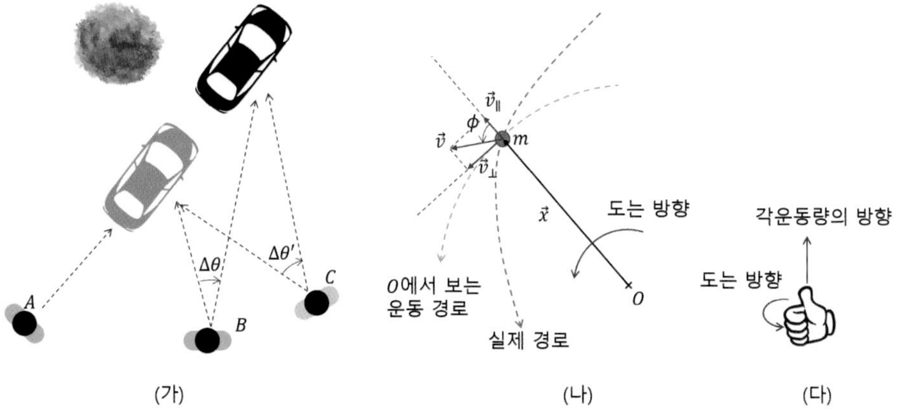

그림 1-23 (가) A는 주위의 나무나 도로와 자동차의 위치를 비교해야만 자동차의 움직임을 감지하지만, B는 자동차가 보이는 각의 변화로부터 자동차의 움직임을 감지할 수 있다. (나) 거리가 멀어지는 것을 감지하지 못한다면 O에서는 물체가 반지름이 $|\vec{x}|$이고 각속도가 $|\vec{v}_\perp|/|\vec{x}|$인 원 운동을 하는 것으로 보인다. (다) 각운동량의 방향을 정하는 '오른손 규칙'

할 것입니다.[59] 멀어질수록 자동차가 작게 보이기는 하겠지만 그러려면 제법 시간이 많이 지나야지요. 하지만 B와 C는 자동차가 보이는 각의 변화로부터 직접 자동차의 움직임을 감지할 수 있습니다.

많은 경우 물체의 움직임에서 시간에 대한 각의 변화가 중요한 정보를 가집니다. 인류가 시간에 대해 인지할 수 있었던 것은 해, 달, 별의 움직임에 대한 각의 변화를 관찰한 덕분이지요. '움직인 거리'를 '움직임에 걸린 시간'으로 나눈 것을 속력으로 정의하는 것처럼 '움직인 각'을 '움직임에 걸린 시간'으로 나눈 것을 각속도라고 합니다. 어느 순간의 각속도 ω는 다음과 같이 걸린 시간을 0으로 보내는 극한을 취한 값으로 정의합니다.

$$\omega = \lim_{\Delta t \to 0} \frac{\Delta\theta}{\Delta t} \tag{1.18}$$

그림 1-23 (가)에서 보는 것처럼 자동차의 움직임에 대해 B와 C가 감지하는 각의 변화는 다릅니다. 그러므로 각속도는 어떤 점에 대해 각을 측정한 것인지를 반드시 명시해야 합니다.

그림 1-23 (나)는 위치를 정의할 수 있는 질량 m인 물체가 어느 순간 위치 $\vec{x}$에서 속도 $\vec{v}$로 움직이고 있는 것을 나타냅니다. 회색 점선으로 나타낸 곡선이 실제 경로이지만 O점에서는 파란색 점선으로 나타낸 반지름이 $|\vec{x}|$인 원 운동으로 보입니다. Δt 동안 각의 변화가 $\Delta\theta$라면 움직인 거리는 원호의 길이인 $|\vec{x}|\Delta\theta$입니다. 따라서 이 순간의 각속도 ω와 속도벡터의($\vec{x}$

59) 같은 이유로 로드킬(road kill)이 의외로 자주 일어납니다. 도로에 서 있는 동물들은 자동차가 얼마나 빨리 달려오는지를 알지 못합니다. 자동차 운전자는 동물들이 빨리 달리거나 날 수 있으니 당연히 잘 피할 거라고 생각하지요.

와 수직인 방향의) 성분 $v_{\perp}$ 사이에는

$$v_{\perp} = \lim_{\Delta t \to 0} \frac{|\vec{x}|\Delta\theta}{\Delta t} = |\vec{x}|\omega \tag{1.19}$$

와 같은 관계가 성립합니다. 자, 이제 물체의 움직임을 '각'의 변화로 알아볼 수 있다는 것에 동의할 수 있겠지요? 각운동량은 이러한 각의 변화와 관계가 있는 물리량(物理量, 물리학에서 의미가 있는 어떤 양, physical quantity)으로서 운동량처럼 크기와 방향을 가지는 벡터량입니다. 각속도처럼 각운동량도 반드시 '어떤 점에 대한 각운동량'인지를 명시해야 합니다.

점 입자의 기준점 O 에 대한 각운동량의 크기는 O 점으로부터 물체의 위치까지의 거리와 운동량의 크기, 그리고 O 점을 기준으로 하는 위치벡터와 운동량 벡터가 이루는 각의 사인값을 곱한 것입니다. 말로 하니 어렵지요? 수식으로는 간단합니다. 그림 1-23 (나)와 같은 상황에서 'O점에 대한 각운동량'의 크기는

$$L = |\vec{x}||\vec{p}|\sin\phi \tag{1.20}$$

입니다. $\vec{p} = m\vec{v}$이고 $v\sin\phi = v_{\perp} = |\vec{x}|\omega$이므로 (1.20) 식은

$$L = m|\vec{x}|^2\omega \tag{1.21}$$

와 같이 나타낼 수 있습니다. 운동량의 크기가 속력에 비례하는 것처럼 (1.20) 식으로 정의되는 각운동량 크기는 각속도에 비례하네요? 그래서 각운동량이라고 부르는 것입니다.

운동량을 정의하는 식에서 속도 앞에 비례계수처럼 곱해진 질량은 운동

의 변화에 대한 관성을 나타내는 척도입니다. 질량이 클수록 운동의 변화가 일어나기 어렵지요. 이와 마찬가지로 (1.21) 식에서 $m|\vec{x}|^2$은 각에 대한 운동에서의 관성을 나타내는 척도입니다. 이것을 **관성모멘트**라고 합니다. 같은 질량이라도 O점으로부터 멀리 떨어져 있으면 각에 대한 운동의 변화가 일어나기 어렵습니다.

각운동량의 방향은 위치벡터 $\vec{x}$와 속도벡터 $\vec{v}$가 놓인 면에 수직입니다. 그런데 면에 수직인 방향은 하나가 아니지요? 면에 수직으로 들어가는 방향이거나 나오는 방향일 수 있으니까요. 이때 그림 1-23 (다)처럼 오른손 규칙으로 하나의 방향을 선택합니다. 일단 '엄지 척!' 하듯이 오른손을 쥡니다. 그러면 엄지손가락을 제외한 나머지 손가락은 동그랗게 말려 돌아가는 모양이 될 것입니다. 오른손을 쥘 때 이 손가락들이 돌아가는 방향과 물체가 O점에 대해 돌아가는 방향이 일치하도록 했을 때 엄지손가락이 가리키는 방향이 각운동량의 방향입니다. 이 오른손 규칙을 적용했을 때 그림 1-23 (나)에서 물체의 각운동량은 책의 지면(紙面)에 수직으로 나오는 방향입니다. 복잡하지요? 그렇지만 이 방향은 명확한 물리적인 의미를 담고 있습니다. O 점에서 보았을 때 물체가 돌아가는 것처럼 보인다면 그에 대한 회전축의 방향이 각운동량의 방향입니다. 오른손을 '엄지 척!'하듯이 쥐고 네 손가락이 손톱 쪽으로 돌아가도록 오른손을 돌려보세요. 오른손이 엄지손가락을 회전축으로 해서 회전하지 않나요?

물체의 **운동량** $\vec{p} \equiv m\vec{v}$, **운동에너지** $K \equiv \frac{1}{2}mv^2$, **각운동량**과 같은 물리량을 도입하는 이유는 물체의 운동에 대한 $\vec{F} = m\vec{a}$ 법칙을 이 물리량에 대한 형태로 바꿀 수 있고, 이 값이 변하지 않는 특별한 경우 이 물리량들이

운동을 분석하는 데 아주 유용하기 때문입니다. 그림 1-4에서 본 것처럼 두 물체가 충돌할 때 두 물체의 운동량의 합이 변하지 않는다는 것이 좋은 예입니다. 또 다른 예는, 태양을 초점으로 하여 타원궤도를 돌고 있는 행성들의 태양에 대한 각운동량이 항상 일정한 값을 가진다는 것입니다. $m|\vec{x}|^2\omega$가 일정한 값을 가진다면 행성이 태양에 가까울 때는 각속도가 크고 멀 때는 각속도가 작겠지요? 이것이 바로 행성의 운동에서 나타나는 케플러의 제 2법칙, 면적속도 일정의 법칙이지요.

자, 이제 하나 남았습니다. 왜 공중에 던져진 파전의 각속도가 일정한지를 설명해야지요? $\vec{F}=m\vec{a}$ 법칙은 각운동량에 대해

$$\vec{\tau}=d\vec{L}/dt \tag{1.22}$$

와 같은 법칙으로 변형됩니다. 여기에서 $\vec{\tau}$는 토크(torque)라고 불리는 물리량입니다. 물체의 속도에 변화를 일으키는 것이 힘이라면 토크는 힘이 작용함으로써 각운동량을 변하게 하는 외부 작용입니다. 각운동량처럼 토크 역시 어떤 점에 대한 토크인지를 명시해야 합니다.

어떤 점 O에 대한 토크의 크기는 O 점으로부터 힘이 작용하는 점까지의 거리와 힘의 크기를 곱하고 여기에 O점과 힘이 작용하는 점을 연결하는 선분과 힘이 작용하는 방향이 이루는 각의 사인값을 곱한 것입니다. 각운동량을 정의할 때와 비슷하지요? 운동량의 크기와 방향 대신 힘의 크기와 방향이 쓰인 것만 다릅니다. 그림 1-24 (가)와 같은 상황에서 토크의 크기는

$$\tau=|\vec{x}||\vec{F}|\sin\psi \tag{1.23}$$

입니다. $\vec{\tau}$의 방향 역시 O 점으로부터 힘이 작용하는 점까지의 벡터와 힘

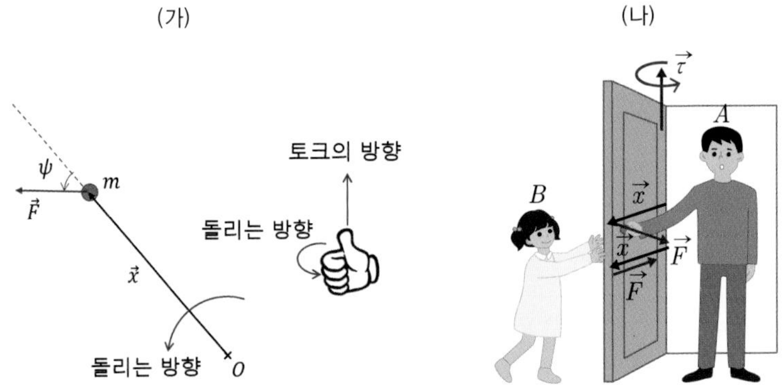

그림 1-24 토크의 방향 (가) 돌리는 방향과 토크의 방향 (나) A는 문에 토크를 작용하여 열 수 있지만 B는 아무리 밀어도 문을 움직일 수 없다.

벡터에 오른손 규칙을 적용하면 됩니다. 각운동량에서의 위치벡터와 속도 벡터에 오른손 규칙을 적용하여 각운동량의 방향을 정한 것처럼요. 이 방향 역시 작용한 힘에 의해 물체가 O점에 대해 돌아간다면 그 회전축의 방향입니다. 그림 1-24 (나)는 남자아이 A가 문을 닫을 때 작용하는 힘과 그로 인한 토크를 보여줍니다. 토크의 방향이 회전축의 방향이라는 것이 보이나요? 만일 그림 (나)에서 여자아이 B와 같이 문과 나란한 방향으로 밀면 어떻게 될까요? 아무리 힘을 써도 문이 닫히지 않을 것입니다. $\vec{x}$와 $\vec{F}$의 방향이 나란하면 (1.23) 식에서 ψ가 0이 되어 토크가 0이 되기 때문입니다.

물체가 크기를 가진다면, 위치를 정할 수 있도록 잘게 물체를 나누고 각 조각의 각운동량을 구해 모두 더한 것이 물체의 각운동량이 됩니다. 즉, 그림 1-22 (나)처럼 각 조각에 1, 2, , ⋯, N의 번호를 매긴다면 물체의 각운동량은 각 조각의 각운동량 $\vec{L}_i (i = 1, 2, \cdots, N)$을 모두 더한

$$\vec{L} = \vec{L}_1 + \vec{L}_2 + \cdots + \vec{L}_N \tag{1.24}$$

입니다. 만일 물체를 이루고 있는 조각들이 제멋대로 움직인다면 모든 조각의 각운동량의 크기와 방향을 고려하여 더하는 것은 결코 쉬운 일이 아닐 것입니다. 그런데 운동하는 동안 물체의 모양이 변하지 않는다면 이 합이 간단해집니다. 이렇게 운동하는 동안 모양이 변하지 않는 물체를 **강체**(剛體, 딱딱한 물체라는 뜻, **rigid body**)라고 합니다. **강체가 운동할 때 모든 조각의 운동은 질량중심과 똑같은 속도로 운동하는 병진운동과 질량중심을 지나는 축에 대해 똑같은 각속도로 돌아가는 회전운동**(回轉運動, **rotation**)**의 조합으로 나타낼 수 있습니다.** 그러니까 질량중심의 속도 $\vec{v}$와 질량중심을 지나는 회전축에 대한 각속도만 알면 강체의 모든 조각이 어떻게 움직이는지를 알게 되는 것입니다. 그림 1-25는 자전거 바퀴가 굴러갈 때 A, B, C 세 부분이 움직이는 경로를 보여줍니다. 세 지점이 전혀 다른 운동을 하지요? 하지만 세 지점은 바퀴의 질량중심과 똑같이 이동한 위치에서 바퀴가 회전한 만큼 질량중심에 대해 돌아간 것입니다.

대칭적인 모양인 강체가 질량중심을 지나는 축에 대해 각속도 ω로 회전할 때 각운동량의 크기는

$$L = I\omega \tag{1.25}$$

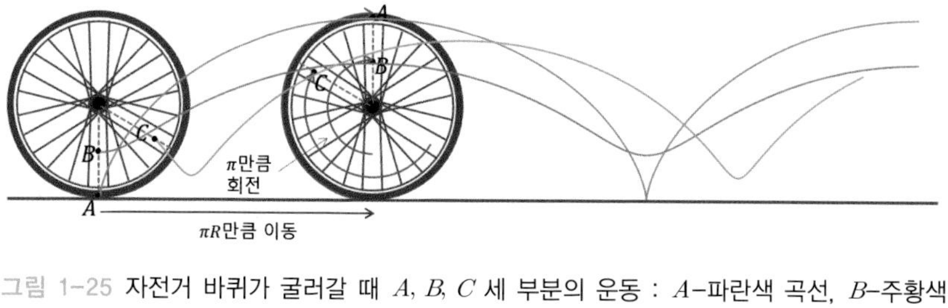

그림 1-25 자전거 바퀴가 굴러갈 때 A, B, C 세 부분의 운동 : A-파란색 곡선, B-주황색 곡선, C-회색 곡선

이고 방향은 회전축 방향입니다. (1.25) 식에서 I는 이 회전축에 대한 관성 모멘트이며 강체 각 부분의 질량에 회전축으로부터의 거리를 제곱해서 곱한 값을 모두 더한 값입니다. 수식으로 나타내면 다음과 같습니다.

$$I = \int dm\, r_{\perp}^{2}. \tag{1.26}$$

(1.26) 식에서 $r_{\perp}$의 아래첨자 $\perp$는 dm과 회전축의 '수직거리'라는 것을 강조하기 위해 붙인 것입니다. dm이 있는 점과 회전축이라는 선 사이의 거리는 당연히 수직거리지요.

이러한 각운동량을 변화시키는 물체에 작용하는 토크도 각각의 조각에 작용하는 토크의 합입니다. 즉

$$\vec{\tau} = \vec{\tau}_1 + \vec{\tau}_2 + \cdots + \vec{\tau}_N \tag{1.27}$$

입니다. 여기에서 $\vec{\tau}_i$는 i번째 조각에 작용하는 토크이며 모두 각운동량을 정의한 기준점 O점과 같은 점에 대한 토크여야 합니다. 그리고 $\vec{\tau}_i$는 (1.13) 식에서 물체 외부에서 i번째 입자에 작용하는 힘 $\vec{F}_i^{\,외부}$에 의한 토크 $\vec{\tau}_i^{\,외부}$와 물체 안에서 다른 조각이 작용하는 힘, 예를 들어, 1번 조각이 i번 조각에 작용하는 $\vec{F}_{1\to i}$에 의한 토크의 합입니다. 그런데 모든 토크를 더할 때 물체를 이루는 조각들 사이에 작용하는 힘에 의한 토크는 서로 상쇄되고[60] 외부에서 작용하는 힘에 의한 토크만 남습니다. 그래서 병진운동에 대한 (1.16) 식처럼 회전운동에 대해서도

60) 이 힘들이 조각들을 연결한 선분과 나란한 방향으로 작용할 때만 그렇습니다. 그렇지만 대부분의 힘은 이런 성질을 가지고 있습니다.

$$\vec{\tau}^{(외부)} = d\vec{L}/dt \qquad (1.27)$$

와 같이 오직 외부에서 작용하는 힘에 의한 토크만이 강체의 각운동량을 변화시킬 수 있습니다.

자, 이제 여러 용어에 대해 알아보았으니 정리해 볼까요? 지표면 근처에서 공중에 던져진 물체에는 공기저항을 무시하면 작용하는 힘은 중력뿐입니다. 그리고 물체의 크기 정도의 높이차에서 중력의 크기 변화는 무시할 수 있습니다. 그러므로 물체의 각 부분에 작용하는 중력에 의한 질량중심에 대한 토크는 0입니다.[61] 그래서 공중에 던져진 모든 물체는 각운동량이 변하지 않는 운동을 합니다. 모양이 변하지 않는다면 관성모멘트 I도 변하지 않으므로 (1.25) 식에 의해 ω가 일정한 값을 가지는 것입니다. 그림 1-20 (나)와 (다)에서 본 다이빙 선수와 피겨 스케이팅 선수의 운동에서는 선수가 회전축에 대한 관성모멘트를 줄이면 각속도가 증가하는 것을 이용합니다. 각속도가 커지면 공중에 떠 있는 동안 많은 회전을 할 수 있지요. 관성모멘트를 줄이려면 신체의 여러 부분이 회전축에 가깝게 되는 자세를 취하면 됩니다.

단순하게만 보였던 '파전 뒤집기'에 대한 물리학이 간단하지 않지요? 물리학의 세계를 조금 더 소개하고 싶기도 하고, 물리학에서 어떤 현상을 가장 기본적인 법칙을 적용하여 설명한다는 것이 어떤 것인지 보여주기 위해 $\vec{F} = m\vec{a}$에서 조금 더 깊게 들어가 보았습니다. 즉, '파전이 공중에서

---

61) 그래서 물체의 질량중심을 받치면 어느 쪽으로도 넘어지지 않고 안정된 상태를 유지하는 것입니다. 시소의 양쪽에 사람이 앉을 때 시소의 받침대가 있는 곳이 질량중심이 되도록 앉으면 시소가 어느 쪽으로도 기울지 않은 평형 상태가 됩니다. 이 평형이 깨지도록 몸을 움직여 시소를 위아래로 움직일 수 있습니다.

회전하는 동안 각속도가 일정하다'는 것이 새로운 법칙이 아니라 기본 법칙인 $\vec{F} = m\vec{a}$에 의해 파생되는 규칙이라는 것이지요. 바로 이런 이야기를 나누다 이 책이 시작되었습니다. 다시 요리로 돌아갑시다.

밀가루 반죽으로부터 만들어진 음식 중 가장 경이로운 것은 아무래도 빵과 케이크일 것입니다. 모든 문화권에는 빵을 굽고 찌는 독창적인 요리법이 전해 내려옵니다. 끓는 물에 데친 후 구워서 만드는 빵도 있습니다. 하지만 우리 가족은 빵을 찌거나 구운 경험이 많지 않아서 물리학적인 질문을 생각해내지 못했습니다. 그래서 빵에 대해서는 다음 기회로 미루고, 빵보다는 간단한 도넛(doughnut, 또는 donut)에 대해 이야기하려고 합니다.

도넛을 좋아하는 것으로 알려져 있는 소설가 무라카미 하루키는『한없이 슬프고 외로운 영혼에게』라는 책에서 '도넛의 구멍 때문에 도넛의 맛이 조금이라도 달라지는 것은 아니다.'라고 했습니다.[62] 이것은 '이 세상의 모든 복잡한 문제들은 도넛의 구멍과 같다. 도넛의 구멍을 공백으로 받아들이느냐 아니면 존재로 받아들이느냐는 어디까지나 형이상적인 문제에 불과하다.'와 같은 멋진 글 뒤에 내려진 하루키의 결론입니다. 자신 앞에 놓인 복잡한 문제로 고민하는 사람에게 위안을 주고자 한 말이겠지요. 그렇지만 이것은 과학적으로는 옳지 않은 결론입니다. 요즘 도넛은 초콜릿이나 설탕 시럽, 또는 여러 잼을 발라 놓아서 구멍이 있건 없건 맛의 차이를 못 느끼겠지만, 도넛의 구멍은 원래 맛을 좋게 하려고 뚫은 것입니다.

62) 무라카미 하루키, 한 없이 외로운 영혼에게, 하문사, 1999.

왜 도넛에는 구멍이 뚫려 있나요?

도넛(doughnut)은 반죽이라는 뜻의 도(dough)와 견과류라는 뜻의 넛(nut)이 합성된 단어입니다.[63] 밀가루 반죽을 뜨거운 기름에 담가 튀기면[64] 겉 부분이 땅콩이나 아몬드처럼 딱딱해지니까 그런 이름이 붙은 것으로 보입니다.

반죽을 도넛 모양으로 잘라 180℃ 정도의 뜨거운 기름에 담그면 여러 가지 일이 일어납니다. 기본적으로 뜨거운 기름으로부터 반죽으로 열이 전달되어 온도가 올라가면 그 안에 들어 있던 단백질은 변성이 일어나고 녹말이 호화되어 먹을 수 있는 음식이 됩니다. 그리고 반죽 덩어리의 겉 부분 근처에 있던 물은 증발하여 밖으로 빠져나오고 그 자리를 기름이 채웁니다.[65] 튀길 때 튀김 주위에서 거품이 일듯이 부글부글 올라오는 작은 방울은 대부분 수증기입니다. 반죽에 있던 공기가 빠져나오는 것이기도 하지요. 앞에서 여러 번 이야기했으니까 이 방울이 하얗게 보이는 이유를 이제는 설명할 수 있을까요? 이 방울은 물과 기름의 경계면을 만들고 그 크기가 가시광선의 파장보다 커서 경계면에서 모든 파장의 빛이 반사되기 때문인 것을요.

그런데 이러한 탈수과정이 오래 계속되지는 않습니다. 뜨거운 기름에

---

63) '던킨도너츠' 상표의 donut는 doughnut을 발음대로 적은 미국식 철자입니다.

64) 이렇게 기름에 담가서 튀기는 것을 영어로는 deep frying이라고 합니다. 파전을 만들 때처럼 팬에 약간의 기름을 두르고 부치는 것은 pan frying, 기름을 약간 두르고 볶는 것은 stir frying이라고 합니다.

65) 180℃ 이상의 온도에서 일어나는 라이덴프로스트 효과(1권 3장 참조)로 인해 물이 곧바로 증발하지는 않습니다. 그래서 닭튀김이나 감자튀김과 같은 모든 튀김 요리에 그나마 기름이 적습니다. 이 온도가 되기 전에 넣으면 많은 기름이 흡수됩니다.

담그고 나서 얼마 지나지 않아 도넛의 표면에는 밀가루에 들어 있던 녹말과 글루텐에 의해 크러스트(crust, 딱딱한 껍질)가 만들어져서 더 이상의 물과 기체가 빠져나가지 못하게 합니다. 그리고 기름이 도넛에 흡수되는 것도 막아줍니다. 닭튀김을 할 때 겉에 밀가루 반죽으로 옷을 입히는 것도 겉에 크러스트를 만들어 수분의 증발을 막기 위한 것입니다. 뜨거운 기름과 만난 도넛의 겉 부분에서는 마이야르 반응(Maillard reaction)까지 일어나 보기 좋은 갈색이 되고 특유의 향을 가지게 되지요.

뜨거운 기름에 튀기면 조리 시간이 짧아진다는 것도 도넛의 수분을 유지하는 데 도움을 줍니다. 오븐에서 오래 굽는 빵에서는 반죽에 있던 수분이 많이 날아갑니다. 도넛 반죽을 똑같은 재료와 방식으로 만들어 오븐에 구우면 수분이 날아가서 쿠키나 비스킷처럼 되고 맙니다. 뜨거운 기름에 튀길 때는 조리 시간이 매우 중요합니다. 너무 일찍 기름에서 꺼내면 속이 익지를 않고 너무 오래 두면 겉 부분이 새까맣게 타버리지요. 반죽의 두께도 중요합니다. 반죽이 너무 얇으면 모든 부분이 딱딱하고 기름이 많아 느끼한 음식이 될 것입니다. 너무 두꺼우면 오래 익혀야 해서 속이 덜 익거나 겉 부분이 탈 위험이 크지요. 열이 뜨거운 기름으로부터 도넛의 내부로 전도될 때 열이 두 배의 거리까지 전달되는 데 걸리는 시간은 무려 네 배가 되니까요.

그렇기 때문에 도넛의 구멍이 아주 중요합니다. 그림 1-26 (가)처럼 구멍이 없는 도넛을 생각해 봅시다. 간단히 하기 위해 납작한 원기둥 모양으로 근사하겠습니다. 반죽을 밀대로 밀어 적당한 두께로 만든 뒤에 컵이나 밥공기로 눌러서 잘라내면 이러한 모양이 되겠지요. 반죽의 탄성으로 인하여 모서리가 부드럽게 되고, 이스트를 쓴 반죽의 경우 부풀면서 모양이 바뀌기도 할 것입니다만. 이것을 뜨거운 기름에 넣으면 표면을 통해 열이 안쪽으로

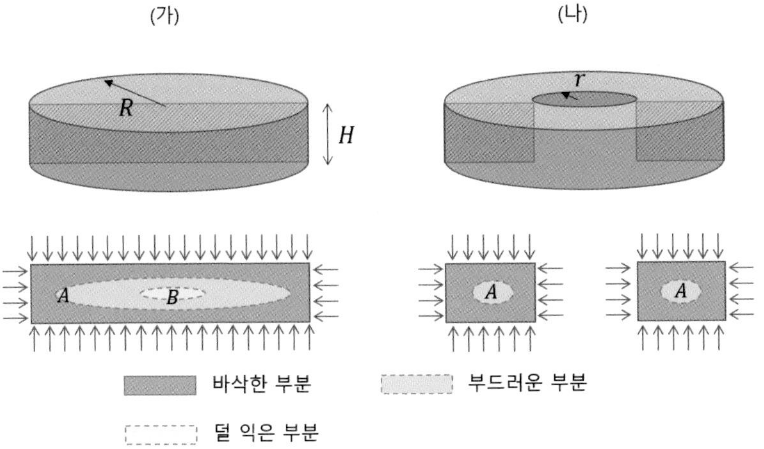

그림 1-26 (가) 구멍이 없는 도넛 (나) 구멍이 있는 도넛

전달되며 익기 시작합니다. 이때 잘라낸 조각의 가장자리에 있는 *A*부분은 중심 근처의 *B*부분에 비해 같은 부피에 들어오는 열의 양이 더 많습니다. *A*부분은 뜨거운 기름과 접촉하고 있는 표면적이 더 넓기 때문입니다. 그래서 *B*부분은 자칫하면 익지 않은 상태로 남아 있을 수도 있고, 이 부분을 익히기 위해 기름에 오래 담그면 *A*부분이 너무 딱딱해지거나 타게 됩니다.

그림 1-26 (나)처럼 가운데 부분에 구멍을 뚫으면 도넛의 모든 부분에 같은 양의 열이 전달되어 골고루 익게 됩니다. 모든 부분이 (가)의 도넛에서 *A*부분이 되는 것이지요. 그리고 이제 *A*부분이 뜨거운 기름과 접촉하는 면도 하나 더 생겼지요? 그 결과 더 많은 열이 *A*부분에 전달되니까 더 빨리 익습니다. 사실 이러한 열역학적 이유만이 아니라 구멍을 뚫으면 도넛의 큰 매력인 바삭한 크러스트 부분이 늘어나 맛있어진다는 것이 더 중요한 이유일지 모릅니다.[66] 그런데 늘어난다는 말은 조금 조심해서 사용해야겠습니다. 한편으로는 (가)의 도넛에서 잘 익지 않는 *B*부분을 없앤 것뿐이니

A부분은 더 늘어난 것이 아니라고도 할 수 있지요. 또 한편으로는 (나)의 A부분에서 새로 기름과 접촉하게 된 면에도 크러스트가 생겼으니 늘어났다고도 주장할 수 있고요. 결국 기름과 접촉하는 표면적이 늘어났는지에 대해 알아보는 수밖에 없겠습니다. 간단한 계산 좀 해 볼까요? '도넛의 수학'이네요.

(가)의 도넛은 밑면이 반지름이 R인 원이고 높이가 H인 원기둥이고, (나)는 여기에서 밑면이 반지름이 r인 원이고 높이가 H인 원기둥을 파낸 것입니다. 그러므로 (가)와 (나)에서 두 도넛의 표면적은 각각

$$S_A = 2(\pi R^2) + (2\pi R)H,$$

$$S_B = 2(\pi R^2) - 2(\pi r^2) + (2\pi R)H + (2\pi r)H \qquad (1.29)$$

입니다. 반지름 r인 원 두 개의 면적 $2(\pi r^2)$만큼 줄어든 대신 파낸 원기둥의 옆면적인 $(2\pi r)H$만큼 늘어난 것이니 $r < H$일 때만 표면적이 늘어난다는 것을 알 수 있습니다. 그러니까 구멍을 뚫었다고 항상 표면적이 늘어나는 것은 아니네요?

부피도 계산해 볼까요? (가)와 (나)에서 도넛의 부피는

$$V_A = (\pi R^2)H,$$

$$V_B = (\pi R^2 - \pi r^2)H \qquad (1.30)$$

---

66) 감자튀김이 삶은 감자나 구운 감자와 다른 맛을 주는 것도 뜨거운 기름과 만난 감자의 녹말이 만들어낸 바삭한 크러스트 아닐까요? 파전도 기름에 튀겨져서 바삭한 가장자리 부분이 더 맛있고요.

입니다. 도넛으로 들어오는 열량은 표면적에 비례하고 그 열에 의해 나타나는 도넛의 온도 변화는 도넛의 질량에 반비례합니다. 만일 도넛의 밀도가 일정하다면 도넛의 질량은 부피에 비례하지요. 그러므로 온도가 어느 이상 올라가서 도넛이 익는 데 걸리는 시간은 표면적/부피에 반비례할 것입니다. 이 비를 계해보면

$$\frac{S_A}{V_A} = 2\left(\frac{1}{H} + \frac{1}{R}\right),$$

$$\frac{S_B}{V_B} = 2\left(\frac{1}{H} + \frac{1}{R-r}\right) \tag{1.31}$$

이므로 항상 $(S_A/V_A) < (S_B/V_B)$인 것을 알 수 있습니다. 그러니 구멍을 뚫은 도넛이 더 빨리 익습니다.

꽈배기는 반죽을 긴 원기둥 모양으로 만들어서 튀깁니다. 모든 부분의 단면이 그림 (나)의 도넛처럼 되니까 단위부피당 들어오는 열이 모두 같아서 골고루 튀겨지는 것입니다. 추로스(churros)는 더 과학적입니다. 여러 줄로 골이 파인 떡가래 모양이지요? 그 단면이 별 모양입니다. 이것도 부피에 대한 표면적의 비를 넓혀서 잘 튀겨지게 하려는 것이지요. 찹쌀도넛은 구멍을 뚫지 않아도 됩니다. 그 안에는 이미 조리된 팥앙금이 들어 있으니 이것을 싸고 있는 겉면만 바삭하게 튀기면 되니까요.

이 장에서는 밀가루에 대한 여러 가지를 알아보았습니다. 마무리하기 전에 꼭 이야기해야 할 것이 있습니다. 요리와는 직접적인 관계가 없지만 너무도 잘 알려진 현상이라서요. 우리나라에서 학교를 다닌 사람이라면 과학을 좋아했건 싫어했건, 또는 과학 성적이 좋았건 나빴건 관계없이 '녹

말'하면 '요오드 반응'을 머리에 떠올릴 것입니다. 녹말이 들어 있는 밥이나 빵에 황갈색의 요오드 용액을 떨어뜨리면 어두운 보라색으로 바뀌지요. 보라색이라고는 하지만 파란색이라고 할 수도 있고[67], 채도가 낮아 거의 검은 색에 가깝습니다. 이 반응을 이용해서 음식물에 녹말이 들어 있는지 알아볼 수도 있습니다. 생물 시간에는 식물의 잎에서 녹말이 만들어진다는 것을 확인하는 실험도 했지요. 또는 녹말을 어떤 용액에 요오드가 들어 있는지를 판단하는 도구로 사용할 수도 있겠네요. 그런데 이런 질문을 해 본 적 있나요?

왜 녹말에 노란 요오드 용액을 넣으면 어두운 보라색으로 변하나요?

너무도 잘 알려진 요오드[68] 반응이지만, 이 질문에 대한 설명이 이 책에서 가장 어려운 내용이 될 겁니다. 양자역학을 적용해야 하니까요. 더구나 이 질문에 대한 답은 아직도 과학자들이 논쟁 중입니다. 다만 그림 1-13에서 본 아밀로스의 나선 구조와 관계가 있다는 것에는 모두 동의합니다. 아주

---

67) 그래서 청자색(青紫色, 파란색으로도 보라색으로도 볼 수 있다는 뜻)으로 부르기도 합니다. 청남색(青藍色, 청색과 남색 사이의 색이라는 뜻)이라고도 합니다.

68) 요즘은 '요오드' 대신 원소의 영어 이름인 iodine을 발음대로 적은 '아이오딘'이 과학계의 공식적인 우리말 원소 이름입니다. 하지만 일반 사회에서 통용되는 요오드라는 이름을 사용하겠습니다. 예전에는 일본인들이 '요오드'를 표기하기 위해 음을 따서 만든 한자 용어 沃度를 우리식으로 읽는 바람에 '옥도'라고 불렀었습니다. 일본에서는 요오드에 가깝게 '요도'라고 읽었을 텐데 말이지요. 모든 나라의 언어를 소리 나는 대로 쓸 수 있는 멋진 한글을 가지고도 이런 의미 없는 용어를 사용했다는 것이 부끄럽기만 합니다. 하기야 아직도 프랑스를 불란서(佛蘭西, 중국 발음으로는 프란스)라고 부르는 사람들이 있지요.

어렸을 때 배운 요오드 반응이고 간단한 것인데도 아직도 과학적으로 잘 설명하지 못한다는 것이 놀랍지요? 사실 우리가 아직 모르는 것은 많습니다.

요오드는 과학 시간에서만이 아니라 부엌에서도 아주 친숙한 원소입니다. 아주 작은 양이기는 하지만 우리 몸에 반드시 공급되어야 하는 중요한 원소이기 때문입니다. 요오드는 갑상샘 호르몬인 티록신(thyroxine)과 트리요오드티로닌(triiodothyronine)을 구성하는 원소입니다. 이 호르몬들은 인체의 발생과 생장, 물질대사, 체온과 심박수 조절, 중추신경계의 발달 등 우리 몸의 거의 모든 생리적 과정에 관여합니다. 그러니 요오드가 몸에 공급되지 않으면 어떤 일이 일어날지 예상해 볼 수 있겠지요? 요오드 결핍으로 인해 전 세계에서 해마다 2천 명 정도가 목숨을 잃는다고 합니다.

요오드는 미역이나 다시마 같은 해조류에 많이 들어 있습니다. 1811년 프랑스의 화학자 베르나르 꾸르뜨와(Bernard Courtois)가 맨 처음으로 요오드를 발견한 것도 해조류를 이용한 실험에서였습니다. 그는 해조류의 재에 황산을 부었을 때 보라색 기체가 발생하고, 이 기체가 찬 표면에 달라붙으면 결정이 만들어지는 것을 알아냈지요. 아이를 낳은 엄마가 미역국을 먹는 우리의 전통은 우리의 소중한 음식 문화유산일 뿐 아니라 오랜 경험에서 얻은 과학 유산이라 할 수 있습니다.[69] 그러니까 우리나라에서 태어난 사람이라면 더욱더 요오드라는 원소와 친숙한 셈이네요. 태어나자마자 엄마 젖을 통해 우리 몸에 보충된 원소니까요. 바다로부터 너무 멀어서 해조류를 섭취할 수 없는 사람들은 요오드가 첨부된 소금(iodized salt)을 사용하여

---

69) 당(唐)의 '초학기(初學記)'에 '고려 사람은 고래가 새끼를 낳으면 미역을 뜯어 먹는 것을 보고 산모에게 미역국을 먹인다'고 적혀 있다고 합니다. 여기에서 고려는 고구려입니다. 그러니 미역국을 먹는 것이 아주 오래된 전통이네요.

요오드를 보충합니다.

예전에는 거의 모든 가정에 요오드 팅크[70](tincture of iodine)를 상비약품으로 두었습니다. 이것은 요오드, 요오드화 포타슘을 에틸알코올에 녹인 황갈색 액체로 상처를 소독하는 데 사용했지요. 요오드가 세포를 구성하는 단백질의 아미노산, 핵산의 뉴클레오타이드, 지방산을 공격하여 세균을 죽일 수 있기 때문입니다. 피부 세포도 똑같은 공격을 당하기 때문에 피부에 발진이 생기기도 했습니다. 요즈음은 요오드 팅크보다 독성이 덜한 포비돈 요오드가 개발되어 그 자리를 차지하고 있습니다. 요오드가 우리 일상생활에 제법 깊숙이 들어와 있지요?

최근 러시아와 우크라이나 사이의 전쟁에서 핵무기 사용 가능성이 대두되면서 뉴스에 '어떤 나라가 요오드화 포타슘을 대량으로 구입하고 있다'는 이야기가 나옵니다. 핵무기와 요오드는 어떤 관계가 있는 것일까요? 핵폭탄의 우라늄이 붕괴할 때 부산물로 요오드의 방사성 동위원소가 만들어집니다. 이것은 안정한 요오드 동위원소와 화학적 성질이 똑같아서 식물에 흡수되었다가 음식물을 통해 우리 몸에 들어와서 농축됩니다. 요오드는 특히 갑상샘에 많이 모이므로 방사성 요오드가 붕괴할 때 나오는 방사선이 갑상샘암을 유발할 위험이 있습니다. 이를 막기 위해 미리 요오드를 먹어 우리 몸이 더 이상의 요오드를 흡수하지 않게 하려는 것이지요.

자, 이제 요오드 반응에 대해 알아봅시다. 그림 1-27은 요오드 반응이 얼마나 신기한 일인지 보여줍니다. 요오드 분자 I_2는 상온에서 결정구조를

70) '요오드 팅춰'라고 해야 정확한 음차일 텐데 'ture'를 떼어 낸 일본식 용어를 사용하고 있는 것입니다. 그래도 일본식 한자 沃度丁幾를 그대로 '옥도정기'라고 부르던 것보다는 나아지지 않았나요?

가지는 보라색[71]의 고체입니다. 분자 사이의 판데르발스 힘이 제법 강해서 상온에서 분자의 열 운동이 이를 이기지 못해 고체 상태로 있는 것입니다. 녹는점과 끓는점이 모두 100℃ 이상이지만 상온에서도 승화(昇華, 고체가 기체로 또는 기체가 고체로 변화하는 현상)가 일어나 보라색 증기가 발생합니다. 요오드 분자는 비극성 분자인데다가 요오드의 전기음성도가 산소보다도 낮아서 고체 상태에서는 물론 기체 상태에서도 물에 잘 녹지도 않고 물과 화학반응을 일으키지도 않습니다.[72] 그림 1-27 (가)와 같이 보라색 결정인 요오드 덩어리를 물에 넣으면 그대로 아래로 가라앉을 뿐[73] 거의 녹지 않지요. 그런데 대부분의 요오드 화합물은 물에 잘 녹습니다. 예를 들어, 포타슘과 요오드가 이온결합을 한 요오드화 포타슘은 소금처럼 물에 잘 녹습니다. 요오드화 포타슘에서 이온이 된 요오드는 보라색이 아니라 무색이며 그 결정은 가시광선의 파장보다 큰 조각이므로 흰색으로 보입니다. 이것도 소금과 성질이 같네요. 그림 1-27 (나)에 나타낸 것처럼 요오드화 포타슘의 수용액은 K^+이온과 I^-이온의 수화물이 가시광선의 파장보다 훨씬 작아서 투명하게 보입니다.

---

71) 요오드의 영어 이름 아이어딘(iodine)은 보라색이라는 뜻을 가진 그리스어가 그 어원입니다.

72) 같은 할로겐족 원소인 불소(弗素, 영어 이름 플루오린의 첫 음을 음차한 것, fluorine)와 염소(鹽素, 소금에 있는 원소, chlorine)는 물과 반응하여 강한 살균력을 발휘합니다. 이들과 비교할 수는 없지만 요오드가 피부에 직접 닿지 않도록 조심해야 합니다. 피부에 있는 수분과 작용하여 피부를 손상할 수 있으니까요. 요오드 증기를 들이마시는 것은 더욱 위험하지요.

73) 요오드 원자는 원자량이 126.9로 원자량이 55.8인 철 원자보다 두 배 이상 무겁지만, 요오드 결정은 쇳덩어리보다 밀도가 낮습니다. 요오드 결정과 쇳덩어리의 밀도는 각각 4.93 g/cm^3과 7.87 g/cm^3로 오히려 2:3 정도입니다. 요오드 결정은 요오드 분자가 판데르발스 힘으로 뭉친 것이고, 쇳덩어리는 철 원자가 금속결합으로 뭉친 것이기 때문에 쇳덩어리에서 원자 사이의 거리가 훨씬 가깝지요.

그런데 요오드화 포타슘 KI의 수용액에는 요오드가 녹습니다. I_2와 I^- 이온이 결합하여 I_3^- 이온을 만들 수 있기 때문입니다. I_3^- 이온은 가시광선 중 파장이 짧은 보라색과 파란색을 흡수하여 그림 1-27 (다)처럼 그 수용액이 황갈색으로 보입니다. 신기하지요? I_2 분자가 I_3^- 이온이 되니 색이 바뀌네요. 이것이 우리가 녹말을 검출하는 실험에 사용하는 요오드 용액입니다. 루골의 요오드(Lugol's iodine)라고도 하는데 1812년에 프랑스의 내과 의사 장 루골(Jean Lugol)이 처음으로 만들었기 때문입니다.

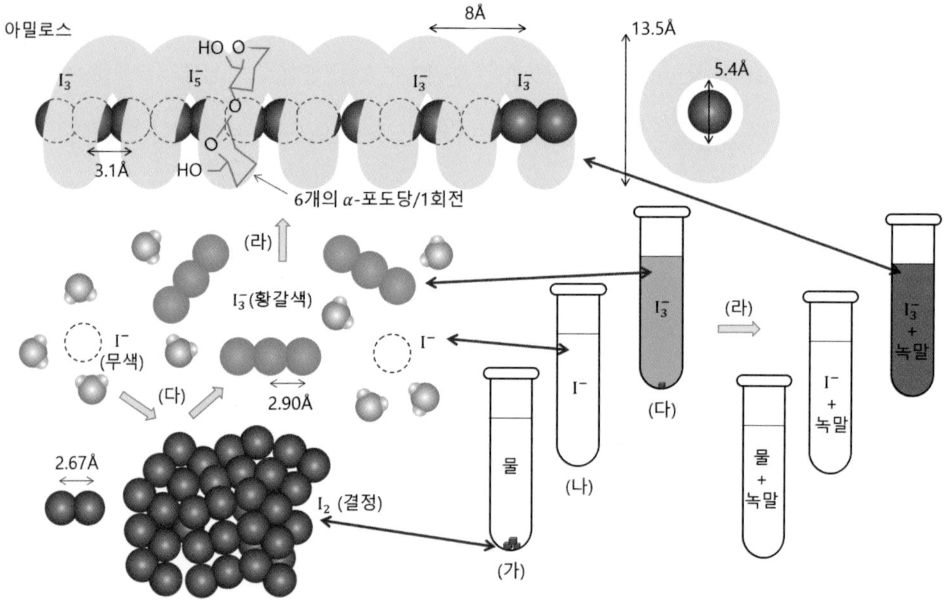

그림 1-27 (가) I_2(보라색 결정): 물에 거의 녹지 않는다. (나) KI(요오드화 칼륨, 백색 가루): 물에 잘 녹는다. KI 수용액은 투명하다. (다) 요오드 용액(루골의 용액): 요오드 결정을 KI용액에 녹이면 I_2가 I^- 이온과 결합하여 I_3^- 이온이 만들어지고 용액은 황갈색이 된다. (라) 요오드 반응: 녹말이 섞인 용액(식품)에 요오드 용액을 부으면(묻히면) 어두운 보라색으로 변한다. KI용액은 녹말 용액과 섞어도 색이 변하지 않는다. I_2가 (아주 조금) 녹은 물과 녹말 용액을 섞어도 색이 변하지 않는다.

그림 1-27 (라)는 예를 들어, 밀가루 풀을 물에 푼 물과 같이 녹말이 들어 있는 용액에 요오드 용액을 넣으면 어두운 보라색 또는 어두운 청색으로 변한다는 것을 나타냅니다. 꼭, 용액이 아니더라도 밥이나 빵처럼 녹말이 들어 있는 어떤 식품에 요오드 용액이 묻으면 그 부분이 색이 변합니다. 그런데 KI용액 또는 I_2가 (아주 조금이지만) 녹은 물은 녹말 용액과 섞었을 때는 색이 변하지 않습니다. 어떤 일이 일어나는 것일까요?

앞에서 $\alpha-$포도당이 $\alpha-1-4$ 글리코사이드 결합을 할 때 포도당 분자들이 각도가 틀어지기 때문에 아밀로스가 나선모양으로 꼬인다고 했지요? (그림 1-13 참조) 이 아밀로스 나선은 그림 1-15에 나타낸 것처럼 6개의 α-포도당이 $\alpha-1-4-$글리코사이드 결합을 할 때마다 한 바퀴를 돌아 약 8 Å를 나아가는 구조입니다. 바깥쪽 반지름이 13.5 Å이고 포도당 분자 고리의 두께가 약 4 Å이므로, 나선의 안쪽에는 지름이 5.1 Å인 공간이 있습니다. 여기에 요오드 용액의 I_3^- 이온이 들어가게 되면 일렬로 늘어서게 됩니다. 이때 포도당의 산소 원자에 있던 비결합 전자가 요오드로 전달되며 다양한 I_n^- 이온(주로 I_3^- 이온과 I_5^- 이온)이 만들어지기도 합니다. 아직도 명확하게 그 구조를 밝히지는 못하고 있지만, 요오드 원자 사이의 거리가 3.1 Å로 I_2일 때의 2.67 Å과 I_3^- 이온일 때의 2.9 Å보다 약간 더 멀어진다는 것, I_3^- 이온과 I_5^- 이온이 완전히 결합하는 것도 아니고, 엄밀한 규칙성을 보이며 나열하는 것도 아니라는 것 등이 밝혀졌습니다.[74] 이러한 구조적인

---

74) X. Yu, C. Houtman, R. H. Atalla, *The complex of amylose and iodine.* Carbohydr Res 1996; 292(1): 29-141 (1996); S. Madhu, HA Evans, VV Doan-Nguyen, *et al. Infinite polyiodide chains in the pyrroloperylene-iodine complex: Insights into the starch-iodine and peryleneiodine complexes.* Angew Chem. Int Ed Engl 55(28): 8032-5 (2016). [http://dx.doi.org/10.1002/anie.201601585]

변화로 이제는 가시광선에서 긴 파장의 빛을 흡수하게 되어 보라색으로 보이게 되는 것입니다. 그리고 대부분의 가시광선을 흡수하니까 어둡게 되지요.

이 현상은 아직 해결해야 할 문제가 많이 남아 있습니다. 하지만 길이가 짧은 I_3^- 이온이 짧은 파장의 빛을 흡수하니 황갈색으로 보이다가, 길게 나열하면 긴 파장의 빛을 흡수하게 되어 보라색으로 보인다는 물리학의 기본 원리가 그 본질일 것입니다.

그런데 지금까지의 논의에서 우리의 기본적인 과학 상식과 잘 맞지 않는 것이 있습니다. 할로겐 원소인 요오드 원자는 5s와 5p궤도에 7개의 전자가 채워져 있습니다. 그래서 두 원자가 전자 1쌍을 공유하며 I_2 분자를 만들면 각 원자의 5s와 5p 궤도에 전자가 8개씩 채워지게 됩니다. I^-도 마찬가지지요. 포타슘 원자가 내놓은 전자를 받아 부족했던 하나의 전자를 채우고 음이온이 된 것이니까요. I_2와 I^- 이온의 세 요오드 원자가 이미 옥테트 규칙을 만족했는데 어떻게 해서 I_3^- 이온이 만들어질까요? I_2와 I^- 이온, 그리고 I_3^- 이온의 루이스 구조를 그리면 그림 1-28 (가)와 같습니다. I_3^- 이온에서 가운데에 있는 요오드 원자는 10개의 전자를 가지고 있게 되네요?

가장 안정된 상태의 I_3^- 이온에서 세 요오드 원자는 일직선 위에 놓여 있습니다. 그림 (가)에 나타낸 것처럼 I_2에서는 두 요오드 원자 사이의 거리가 2.67 Å인데 I_3^- 이온에서는 인접한 두 원자 사이 거리의 평균이 이보다는 약간 긴 2.90 Å입니다. 그렇지만 이 2.90 Å은 I_2에서의 공유결합 길이 2.67 Å과 요오드 분자의 판데르발스 거리인 4.3 Å의 평균값보다는 작습니다. 그러니까 I_3^- 이온은 I_2와 I^- 이온이 판데르발스 힘으로 간신히 붙어 있는 것이 아니라 요오드 원자 세 개가 실제로 결합하고 있는 것입니다.

I_3^- 이온이 다른 분자와 다른 점은 세 요오드 원자의 최외각에 8개의 전자를 채우고도 두 개의 전자가 남는다는 것입니다. 가장 간단한 해결책은 그림 1-28 (나)와 같이 가운데 있는 요오드 원자가 5개의 혼성궤도를 만들고 여기에 두 쌍의 전자가 채워지도록 하는 것입니다. 요오드 원자의 5s, 5p, 5d 궤도를 조합하면 그림 (나)에서 보는 것과 같은 5개의 sp3d 혼성궤도를 만들 수 있습니다. 그림에서 회색으로 나타낸 세 개의 혼성궤도는 $x-y$평면에 놓이고 서로 120°를 이룹니다. 그리고 황갈색으로 나타

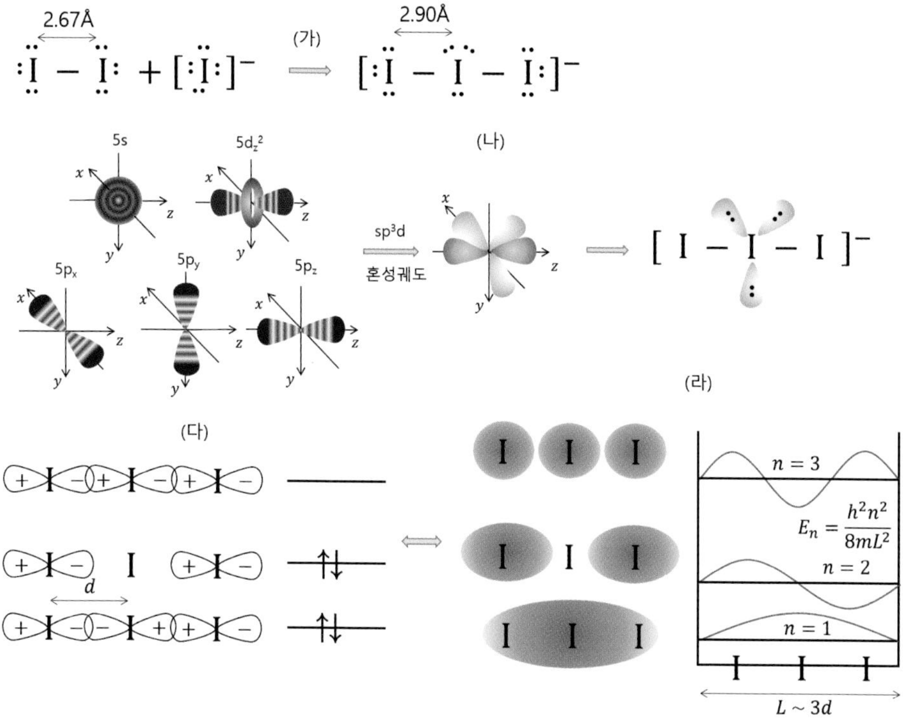

그림 1-28 (가) I_2와 I^- 이온, 그리고 I_3^- 이온의 루이스 구조 (나) sp3d 혼성궤도로 설명하는 I_3^- 이온의 구조 (다) I_3^- 이온에 대한 분자 궤도 이론 (라) 1차원 우물 모양 퍼텐셜 모형으로 단순화한 I_3^- 이온의 궤도 함수와 전자 분포

낸 두 개는 z축 방향과 나란하지요. 회색으로 나타낸 세 궤도에 비결합 전자쌍(lone pair)이 채워지고, 두 개의 황갈색 궤도를 채운 전자 1개들이 다른 요오드 원자에 있는 전자와 쌍을 이루며 공유결합을 하면 일직선 모양의 I_3^- 이온이 만들어질 수 있습니다. 하지만 이 혼성궤도 모형에는 문제점이 있습니다.[75] 에너지가 훨씬 높은 d 궤도가 어떻게 해서 s, p 궤도와 혼합이 일어날 수 있는지를 설명하기 어렵기 때문입니다.

원자가 결합하여 분자가 되면 전자들은 자신이 속해 있던 원자에 있을 때와는 다른 환경에 놓이게 됩니다. 예를 들어, 수소 원자가 공유결합을 하여 수소 분자 H_2가 될 때 전자들이 두 수소 원자의 1s 궤도를 채우고 있지 않을 것입니다. 그랬다면 공유결합이 일어날 수 없었겠지요. 전자에는 이제 일정 거리만큼 떨어져 있는 두 수소 원자의 원자핵에 의한 전기력이 작용할 것이고 이 상황에 맞는 분자궤도(molecular orbital)가 만들어지면 여기에 두 개의 전자가 채워지며 공유결합이 일어나는 것입니다.

분자가 만들어졌다고 해서 분자궤도가 원자궤도와 완전히 달라지는 것은 아닙니다. 원자가 결합해서 분자를 이룰 때 원자들은 약간 겹치는 정도로 떨어져 있습니다. 그래서 한 원자의 모든 궤도가 다른 원자의 영향을 받지는 않습니다. 특히, 전자쌍이 모두 채워진 안쪽의 원자궤도는 다른 원자의 영향을 거의 받지 않습니다. 이 전자들은 원자가 결합하는 데 어떤 기여도 하지 못하지요. 공유결합은 각 원자의 최외각에서 쌍을 이루지 못한 적은 수의

---

75) E. Magnusson, *Hypercoordinate molecules of second-row elements: d functions or d orbitals?*. J. Am. Chem. Soc. 112. 7940–7951, 1990; D. L. Cooper, T. P. Cunningham, J. Gerratt, P. B. Karadakov, M. Raimondi, *Chemical Bonding to Hypercoordinate Second-Row Atoms: d Orbital Participation versus Democracy*, J. Am. Chem. Soc. 116, 1994.

전자들에 의해 일어납니다. 바로 이 전자들이 채울 분자궤도를 찾으면 됩니다. 완전한 분자궤도를 알려면 분자에 대해 양자역학을 적용해야 하지만, 근사적으로는 각 원자의 원자궤도를 조합하여 구할 수 있습니다.

그림 1-28 (다)는 I_3^- 이온에 대한 분자궤도(molecular orbital) 모형을 간단히 설명하기 위한 것입니다. I_3^- 이온에는 짝을 이루지 못한 전자가 4개 있습니다. 요오드 원자 3개가 각각 1개씩 가지고 있었고 음이온이 되면서 전자를 1개 더 얻게 되었으니까요. 그림 (다)는 I_3^- 이온의 분자궤도가 원자궤도의 조합과 어떤 관계가 있는지를 알려줍니다. 맨 아래에 있는 에너지가 가장 낮은 분자궤도는 세 원자의 5p 궤도가 서로 보강간섭이 일어나도록 조합한 것으로 근사할 수 있습니다. 이때 전자는 당연히 가운데 있는 요오드 원자 주위에 가장 많이 분포할 것입니다. 그 다음으로 에너지가 낮은 분자궤도는 양쪽의 요오드 원자의 5p 궤도의 조합으로 근사할 수 있습니다. 이 궤도를 채우는 전자들은 양끝에 있는 원자 주위에 많이 분포할 겁니다. 세 번째 상태는 세 요오드 원자의 p궤도 함수들이 소멸 간섭이 일어나도록 조합한 것입니다. 에너지가 낮은 두 분자궤도에 각각 한 쌍의 전자가 채워진 것이 I_3^- 이온의 가장 안정된 상태입니다. 그러면 두 번째와 세 번째 분자궤도의 에너지 차이로부터 I_3^- 이온이 만들어진 요오드 용액이
노란색 또는 갈색으로 보이는 이유를 설명할 수 있습니다. 가시광선 중 짧은 파장을 가진 빛이 두 번째 궤도를 채우고 있던 전자를 세 번째 분자궤도로 들뜨게 하며 흡수되기 때문에 그 보색이 보이는 것입니다.

더 간단하게 그림 1-28 (라)와 같이 I_3^- 이온의 짝을 이루지 못한 4개의 전자가 1차원 우물 모양의 퍼텐셜에 갇힌 것으로 모형을 세워 분석해 볼 수도 있습니다. 이때 우물의 폭은 I_3^- 이온에서 전자가 있을 수 있는 범위,

즉 요오드 원자 사이 거리의 3배 정도가 되겠네요. 그러면 $n = 1, 2$인 상태에 각각 전자 2개가 쌍을 이루며 채운 것이 가장 안정한 상태가 되고 $n = 2$에 있던 전자가 $n = 3$로 들뜰 때 흡수하는 빛의 보색이 보이게 되지요. 이 간단한 모형으로 계산해보면 요오드 용액이 노란색으로 보이는 것을 정량적으로 설명할 수 있습니다. 근사적이기는 하지만요.

그림 (라)에서 $n = 1, 2, 3$ 상태의 전자 분포는 파란색으로 표시한 파동함수의 제곱에 비례합니다. 그러니까 $n = 1$상태에서는 가운데 있는 요오드 원자 주변에 전자가 가장 많이 분포하고, $n = 2$인 상태에서는 양쪽 요오드 원자 주위에 많이 분포하지요. 이것은 그림 (다)와 같이 원자궤도를 조합해서 만든 분자궤도에 채워진 전자의 분포와 아주 비슷합니다. 이 모형을 아밀로스에 일렬로 정렬한 아밀로스-요오드 복합체에 적용하면 길이가 길어져 긴 파장의 빛을 흡수한다는 것을 설명할 수 있지 않을까요? 우리가 중학교에서 배운 요오드 반응도 본질과 원리를 알려면 이렇게 어려운 거였네요. 하지만 어떤 과학자는 이것을 이해하려고 노력하고 있다는 것은 알아주기 바랍니다.

CHAPTER

02

설거지

음식을 요리하는 것만큼 중요한 부엌일이 있습니다. 바로 설거지입니다. 음식을 만드는 것만큼 보람 있는 일도 아니고, 밥을 먹고 난 후라 몸이 무거워 무척 하기 싫은 일이지요. 요즘 결혼식에서 신랑이 '설거지와 음식물 쓰레기 버리는 것은 꼭 제가 하겠습니다!'라고 외치는 광경을 자주 보았습니다만, 설거지의 본래의 뜻을 알고 그러는지는 모르겠습니다. 먼저 남은 음식을 분류하여 남길 것은 남기고 버릴 것은 버립니다. 남긴 국이나 찌개는 다시 한번 끓여 두어야겠지요. 그리고 사용한 모든 식기를 깨끗이 닦고, 사용한 행주나 수세미를 헹궈서 마르도록 너는 일까지가 설거지입니다. 설거지는 그릇을 씻는 것뿐 아니라 식사를 한 후, 다음 식사를 위해 모든 것을 정리하는 것입니다. 몇 개의 그릇을 닦고 설거지했다고 생색내는 남편들이 좋은 소리를 듣지 못하는 이유가 여기에 있습니다. 설거지에 '모든 것을 정리한다'라는 뜻이 담겼다는 증거가 우리말에 아직 남아 있는 '비설거지'라는 말입니다. 국어사전에 비설거지는 비가 오기 전에 물건들이 비를 맞지 않도록 치우거나 덮는 일이라고 나와 있거든요.

설거지는 순우리말입니다. 고유한 말이 만들어졌을 만큼 설거지는 중요한 일인 것입니다. 15세기 조선 세조 때 간행된 월인석보(月印釋譜)에도 식기류를 씻고 정리하는 것을 뜻하는 '설엊다'라는 말이 나오고, 그 당시에 수습하고 정리하는 것을 뜻하는 '설다'라는 고유어가 있었다고 하네요.[1)] 설다라는 말은 '수습(收拾)' 또는 '정리(整理)'와 같은 한자어에 '하다'를 붙인 것으로 대치되어 사어(死語, 더 이상 사용되지 않는 죽은 말이라는 뜻)가 되었나 봅니다. 그런데 어쩐 일인지 19세기 말에 그 명사형인 설거지가 쓰이기 시작했다고 하네요. 이제는 명사인 설거지에 '하다'를 붙여 '설거지하다'라는 동사를 만들지요. 설거지라는 우리말이 반가워서 엉뚱한 이야기를 좀 해 보았습니다.

단순히 세제를 풀어 그릇을 씻는 데에도 과학적 방법을 적용할 수 있습니다. 얼마만큼 세제를 써야 할지, 또 얼마만큼 물로 헹궈야 할지를 경험을 통해 결정하는 것은 과학자들이 가설 설정 → 실험으로 확인 → 가설 수정 → 실험으로 확인과 같은 과정을 거쳐 규칙이나 법칙을 발견하는 것과 똑같은 과학 활동입니다. 물로만 헹궈도 되는 그릇과 기름기가 있어 세제가 필요한 그릇을 분류하는 것도 대표적인 과학 활동이지요. 설거지할 때도 여러 물리적 현상이 일어납니다. 그리고 당연히 이에 대한 물리 원리를 찾아낼 수 있지요.

설거지를 하다가 그릇을 깨뜨리는 것부터 이야기해 볼까요? 누구나 한 번쯤은 실수로 그릇을 바닥에 떨어뜨려 깨뜨리거나 그릇끼리 부딪혀 이가 빠지게 해 본 적이 있을 것입니다. 고무장갑을 껴서 손가락의 움직임이 둔해진 데다가 물과 세제가 묻어 미끄럽기까지 하니 말이지요. 머피의 법칙이라고나 할까요? 깨지는 것은 하필이면 예뻐서 아끼는 그릇입니다.

---

1) 홍윤표, 설거지의 어원, 『새국어소식』, 2002년 12월호. 수습이라는 한자어에서 수(收)에 해당하는 우리말이 '걷다'니까 설다와 걷다가 결합한 '설걷다'가 어원일 듯한데 그렇지는 않다는군요.

그릇을 깨뜨리지 않으려면 어떻게 해야 하나요?

답은 간단합니다. 우선 그릇을 놓치지 않게 잘 잡으면 됩니다. 농담이 아닙니다. 설거지할 때는 밥을 먹을 때와 다르게 그릇을 잡아야 합니다. 고무장갑 이야기 먼저 해 보기로 하지요. 고무장갑을 끼면 손의 촉감이 많이 달라집니다. 또, 장갑 안에서 손가락의 움직임과 고무장갑을 통해 밖으로 나타나는 움직임이 다릅니다. 특히 손에 맞지 않는 크기의 장갑을 헐겁게 낀 경우는 더욱더 그렇지요. 평소에 맨손으로 하던 무의식적인 동작을 하면 그릇을 놓칩니다.

손가락을 구부리는 것은 물리적으로는 손가락을 어느 지점에 대해 회전하게 만드는 것입니다. 장갑을 끼면 손가락의 길이가 평소보다 길어지고 두꺼워집니다. 이렇게 해서 관성모멘트가 커지면 회전운동이 둔해집니다. 그리고 근육의 수축에 의한 토크 외에도 고무장갑의 탄성에 의한 토크도 작용합니다. 봉숭아물을 들이기 위해 손가락 끝을 묶어 놓으면 손동작이 어색해지지 않던가요? 우리의 손동작은 뇌의 많은 부분이 복잡하게 관여하는 매우 정교한 것입니다. 오랜 시간에 걸쳐 우리 손의 모양과 크기, 그리고 근육의 힘에 맞춰진 것이어서 여기에서 약간만 벗어나도 뇌가 이를 재조정하는 데 시간이 걸립니다. 고무장갑을 끼고 설거지할 때 좋은 습관은 고무장갑의 밖으로 나타나는 움직임을 눈으로 보며 손을 놀리는 것입니다. 그것이 가능하냐고요? 우리 뇌가 이것을 가능하게 합니다.

옆으로 누워서 TV를 본 적이 있나요? 눈이 90° 돌아간 상태니까 상하와 좌우가 바뀌어야 할 텐데 그렇지 않습니다. 분명히 평소와는 달리 두 눈을 연결한 방향과 수직인 수평선이 신기하게도 머릿속에서는 수평선으로 보입

그림 2-1 어떤 글씨가 쉽게 읽히나요?

니다. 화면에 있는 모든 점을 우리 뇌는 90° 돌려 인식하는 것입니다. 철봉에 거꾸로 매달리면 처음에는 상하가 뒤집힌 것으로 보이다가 조금 지나면 제대로 보입니다. 물론 이것은 옆으로 누워서 TV를 보는 것보다는 조금 어렵지만 얼마 지나지 않아 뇌가 적응합니다. 어느 유명인사는 뇌세포를 자극하기 위해 TV를 거꾸로 본다고 합니다. 신기하게도 우리 뇌는 그림 2-1에 보인 것처럼 글씨가 어떤 각도로 돌려져 있더라도 쉽게 읽습니다. 그리고 항상 한글의 '아래에' 영어가 있다고 인지합니다. 위 또는 왼쪽에 있는데도 말이지요. 그런데 거울에 의해 좌우, 또는 상하가 뒤집힌 글씨는 읽으려면 시간이 좀 걸리지요.

자전거 타기나 자동차 운전은 어떤가요? 페달을 밟아 앞으로 나아가거나 핸들을 돌려 방향을 바꾸는 것은 우리가 걸을 때 앞으로 나아가거나 방향을 바꾸는 동작과 전혀 다릅니다. 그래서 처음에는 무척 어렵지요. 하지만 익숙해지면 자전거와 자동차가 마치 내 몸의 일부가 된 것처럼 자연스럽게 움직이게 할 수 있게 됩니다. 굴착기[2] 기사는 여러 개의 레버를 조절하여 삽을 자신의 손처럼 부릴 수 있습니다. 심지어 살짝만 건드려도 터질 달걀을

---

2) 국립국어원의 공식적인 명칭이기는 하나 건설업계과 토목업계에서는 굴삭기(屈削機)라고 부릅니다. 일반적으로 포크레인으로 더 많이 불리는데 이 말은 프랑스의 회사 이름 Poclain(포클랭)의 이름을 영어식으로 읽은 것입니다. 그나마 포클레인이라고 읽었어야 했네요.

무척 무거운 바가지로 쥐는 묘기를 부리기도 합니다. 기사의 뇌에서는 레버의 움직임과 바가지의 움직임이 정확하게 일대일 대응이 된 것입니다. 마치 누워서 TV를 보더라도 머리에서 즉각적으로 90°만큼 돌려 인식하는 것처럼 말이지요.

최근에는 뇌의 이러한 능력을 이용하여 자신의 의지로 어느 정도까지 움직일 수 있는 의수(義手)가 개발되고 있습니다. 뇌가 근육을 수축하려고 보내는 신경 전류를 감지하여 모터가 작용하면 특정 부분이 움직이는 의수입니다. 이것을 **근전의수(筋電義手, myoelectric hand prosthesis)**라고 합니다. 이 의수를 착용한 사람이 훈련을 거듭하면, 뇌는 어떤 신호를 보낼 때 어느 부분이 움직이는지를 차차 인식합니다. 마치 굴착기 기사가 어떤 레버를 움직여야 삽이 어떻게 움직이는지를 하나씩 알아가다가 익숙해지면 자유자재로 삽을 움직이게 되는 것처럼 의수를 사용할 수 있게 되겠지요.

설거지 이야기를 하다가 뚱딴지처럼 굴착기 이야기를 왜 하느냐고요? 고무장갑을 끼고 그릇을 쥘 때는 굴착기 기사가 바가지의 움직임을 보면서 레버를 움직이듯 장갑을 통해 나타나는 움직임을 보면서 손을 놀리라는 뜻이었습니다. 생각해 보니 조금 과장하기는 했습니다만. 여하간 장갑 안에서 손의 움직임과 겉으로 나타나는 움직임은 약간의 차이가 있다는 것을 꼭 알아야 한다는 것입니다. 물리학 이야기하겠다더니 왜 뇌에 대해 이야기하냐고요? 뇌를 연구하는 물리학자도 많이 있습니다.

이제 손으로 그릇을 쥐거나 잡는 것에 대해 이야기해 봅시다. 그러려면 세 종류의 **힘**에 대해 알아야 합니다. 지구에 있는 모든 물체에는 지구가 **중력**을 작용합니다. 그래서 물체는 항상 연직 아래로3) 떨어지려고 하지요. 물체를 어느 위치에 가만히 두거나 중력이 작용하는 방향과 다른 방향으로 움직이게 하려면 다른 힘을 작용해야 합니다. 물리학에서는 이러한 힘에 대해 상황에 맞게 특별한 이름을 붙여 구분합니다.

그림 2-2의 (가)처럼 쟁반 위에 놓인 밥공기는 아래로 떨어지지 않습니다. 물론 쟁반을 손으로 붙잡고 있을 때 그렇지요. 쟁반이 중력과 반대 방향으로 똑같은 크기의 힘을 작용하고 있어서 가만히 있는 것입니다. 쟁반과 밥공기의 경우처럼 물체들이 서로 닿아 있고 닿아 있는 면에 대해 수직으로 서로 밀어내는 방향으로 작용하는 힘을 **수직항력(垂直抗力, normal force)**이라고 합니다. 간혹 그림 (가)의 상황에서 힘의 크기가 같다는 이유로 밥공기에 작용하는 중력과 수직항력을 **작용-반작용**이라고 하는데 이것은 잘못된 것

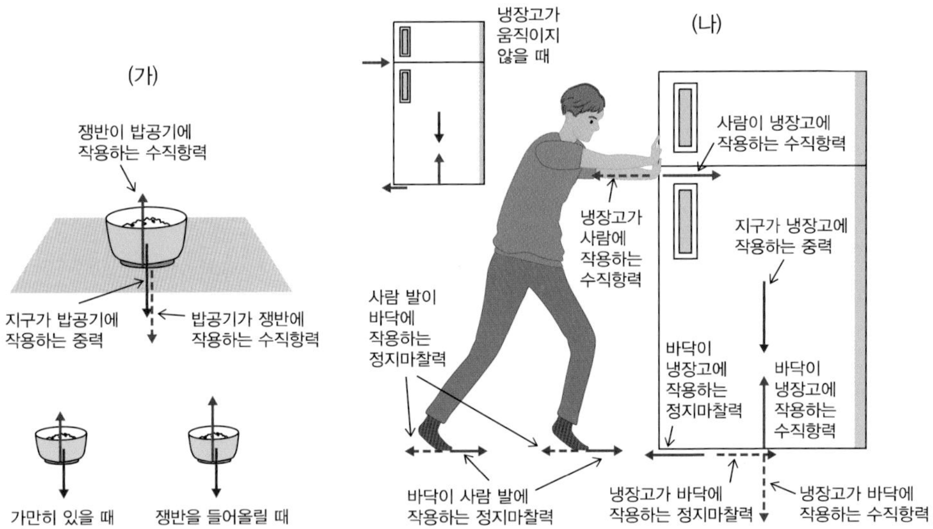

그림 2-2 (가) 쟁반에 놓인 밥공기에 작용하는 여러 힘 (나) 냉장고를 밀어도 움직이지 않을 때 냉장고에 작용하는 여러 힘

---

3) '지구의 중심 쪽으로'이라고 해야 더 정확하겠네요.

입니다. **힘은 반드시 두 물체 사이에 작용하는 것이고, 물체 A가 물체 B에 어떤 힘을 작용하면 물체 B도 물체 A에 똑같은 크기의 힘을 반대 방향으로 작용한다**는 것이 **작용-반작용의 법칙**이기 때문입니다. 그림 2-2에서 서로 작용-반작용의 관계인 두 힘은 같은 색으로 나타내고 실선과 점선으로 구분하였습니다. 중력은 지구가 밥공기에 작용한 것이고 수직항력은 쟁반이 밥공기에 작용한 것이기 때문에 작용-반작용의 관계가 아닙니다. 쟁반이 밥공기에 작용한 수직항력의 반작용은 밥공기가 쟁반에 작용하는 수직항력입니다. 그러니 쟁반에는 이 힘과 쟁반에 작용하는 중력을 상쇄할 다른 힘이 위 방향으로 작용해야겠지요.

그림 2-2 (가)에서 중력과 수직항력은 밥공기가 움직이지 않을 때만 크기가 같습니다. 밥공기가 담긴 쟁반을 위로 들어 올리는 순간에는 쟁반이 밥공기에 작용하는 수직항력이 지구가 밥공기에 작용하는 중력보다 크기가 크지요. 그래야 밥공기가 위로 움직이지 않겠어요? 만일 쟁반을 놓쳐서 쟁반과 밥공기가 함께 아래로 떨어진다면, 쟁반과 밥공기가 붙어 있을 수는 있어도 둘 사이에는 수직항력이 작용하지 않습니다. 그러니까 수직항력의 크기는 똑같은 물체가 맞닿아 있어도 상황에 따라 다릅니다. 수직항력의 크기는 물체의 가속도를 알아야만 구할 수 있습니다. 수직항력에 대해 확실한 것은 방향이 닿아 있는 면에 대해 수직이라는 것뿐입니다.

그림 2-2 (나)에서 냉장고가 아래로 떨어지지 않는 것도 지구가 냉장고에 작용하는 아래 방향의 중력과 부엌 바닥이 냉장고에 작용하는 위 방향의 수직항력의 크기가 같기 때문입니다. 그런데 어떤 사람이 냉장고를 밀고 있습니다. 사람의 손이 냉장고에 오른쪽으로 수직항력을 작용하고 있는 것입니다. 그런데도 움직이지 않는다고 합시다. 위아래로 작용하는 중력과

수직항력은 오른쪽으로 작용하는 힘을 상쇄시킬 수 없습니다. 똑같은 크기를 가진 다른 힘이 왼쪽으로 작용해야 합니다. 이런 상황에 도입하는 힘이 **정지마찰력**(停止摩擦力, static friction)입니다. 사람이 미는 수직항력과 똑같은 크기의 정지마찰력이 반대 방향으로 작용해서 냉장고가 좌우로도 움직이지 않는다고 설명하는 것이지요.

정지마찰력도 수직항력과 같이 **서로 닿아 있는 두 물체 사이에 작용하는 힘**입니다. 그런데 수직항력과는 달리 정지마찰력의 방향은 **닿아 있는 면과 나란한 방향**입니다. 그리고 서로 미끄러지지 않도록 하는 방향으로 힘이 작용합니다. 정지마찰력 역시 힘의 크기는 정해져 있지 않습니다. 서로 닿아 있는 두 물체가 서로 미끄러지지 않을 만큼의 크기로만 작용합니다. 그림 (나)에서 사람이 세게 밀면 정지마찰력도 딱 그만큼 커집니다. 하지만 정지마찰력에는 한계가 있습니다. 냉장고를 점점 세게 밀면 언젠가는 냉장고가 바닥에서 미끄러지지요. 정지마찰력의 최댓값을 **최대정지마찰력**이라고 합니다. 두 물체 사이에 작용하는 최대정지마찰력의 크기는 두 물체 사이에 작용하는 수직항력에 비례합니다. 바닥에 놓여 있는 밥공기는 밀면 쉽게 미끄러지지만, 냉장고는 움직이기 어려운 이유가 바로 두 물체에 작용하는 수직항력 크기의 차이인 것입니다. 그림 2-3에서 인형을 가지고 다투는 아이들도 이 원리를 알고 있습

그림 6-3 인형을 뺏으려는 아이와 뺏기지 않으려는 아이 모두 꽉 움켜쥐어 최대정지마찰력을 크게 한다. 최대정지마찰력보다 큰 힘으로 당기면 손에서 미끄러져 뺏기게 된다.

니다. 어떤 것을 빼앗기지 않으려고 꽉 움켜쥐지요. 꽉 움켜쥐면 물체와 손 사이에 작용하는 수직항력이 커집니다. 그러면 서로 잡아당기는 방향으로 최대정지마찰력이 커져서 손에서 미끄러지지 않지요. 수직항력 자체는 잡아당기는 힘을 상쇄할 수 없습니다.

그림 2-4는 우리가 컵이나 잔을 잡을 때 어떤 힘이 어떻게 작용하는지를 보여 줍니다. (가)와 같이 물이 담긴 컵을 한 손으로 잡는 경우, 중력을 상쇄하여 컵이 아래로 떨어지지 않게 하는 주된 힘은 정지마찰력입니다. 컵의 아래가 약간 가늘게 되어 있다면 옆면이 연직과 나란하지 않기 때문에 그림에 나타낸 것처럼 수직항력의 합이 위 방향으로 작용할 수 있겠습니다. 아주 조금이지만요. 그림 (나)는 차를 마실 때처럼 찻잔을 왼손으로 받치고 오른손으로 가볍게 잡은 경우입니다. 이때는 중력을 상쇄하는 주된 힘이

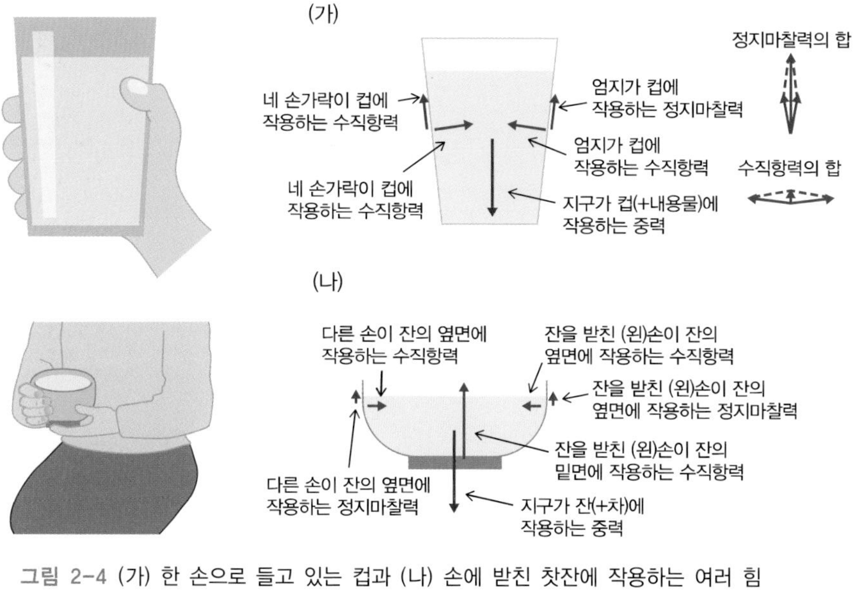

그림 2-4 (가) 한 손으로 들고 있는 컵과 (나) 손에 받친 찻잔에 작용하는 여러 힘

그림 2-5 상자를 드는 여러 방법

잔을 받친 왼손과 잔 사이에 작용하는 수직항력입니다. 왼손의 엄지와 오른손은 잔이 좌우로 움직이지 않게 하는 보조 역할만 할 뿐입니다. 사실 옆면을 누르는 힘(수직항력)에 의한 정지마찰력이 없어도 잔은 아래로 떨어지지 않지요.

최대정지마찰력과 수직항력의 비례 관계식에서 비례계수를 정지마찰계수라고 합니다. 특수한 경우가 아니라면 정지마찰계수는 1보다 작습니다. 따라서 일반적으로 정지마찰력은 수직항력보다 크기가 작지요. 질량이 크지 않은 컵이나 잔을 잡을 때는 그림 2-4의 (가)와 같이 누르는 수직항력에 의한 정지마찰력을 이용하거나, (나)와 같이 받치고 있는 손의 수직항력을 이용할 때 별 차이를 느끼지 못합니다. 하지만 화분이나 항아리와 같은 무거운 물체를 들어 올릴 때는 차이가 큽니다. 밑면을 받치고 들어 올리면 훨씬 쉽습니다.

확인해 볼까요?

그림 2-5와 같이 옆면에 구멍이 뚫려 있는 종이 상자에 5~10 kg 정도의 식료품을 담고

(1) (가)와 같이 옆면만 눌러서 들어 올려 보세요. 이 경우 어떤 힘이 상자를 들어 올리나요?

(2) (나)와 같이 손가락을 구부려서 아랫면만 받치면서 들어 올려 보세요. 상자를 옆으로 누르지 않는다면 어떤 힘이 상자를 들어 올리나요?

(3) 이제는 옆면도 누르면서 들어 올려 보세요. 이때는 어떤 힘이 상자를 들어 올리나요?

(4) (다)와 같이 구멍에 손가락을 넣어서 들어 올려 보세요. 이 경우 어떤 힘이 상자를 들어 올리나요? 왜 이렇게 드는 것이 (나)와 같이 잡는 것보다 덜 힘이 들까요? 손가락을 구부려서 잡는 것은 마찬가지인데요.

정지마찰계수는 두 물체가 접촉하고 있는 면의 성질에 따라 달라집니다. 또 물체의 접촉면에 물이나 기름이 묻어도 값이 달라집니다. 대부분은 값이 내려갑니다. 그래서 설거지할 때 그릇이 손에서 잘 미끄러지는 것입니다. 세제까지 묻으면 더 그렇지요. 정지마찰계수가 줄어들면 보통 때보다 수직항력이 더 커야 같은 크기의 최대정지마찰력이 작용하게 할 수 있습니다. 미끄러울 때는 평소보다 더 세게 눌러서 잡아야 합니다. 그보다 더 중요한 것은 정지마찰력으로만 그릇을 잡으려 하지 말고 그릇의 아래를 받쳐서 수직항력의 도움을 받으라는 것입니다. 아래를 받쳤을 때 그릇에 작용하는 수직항력은 물이나 세제가 묻어서 미끄러워도 그 크기가 변하지 않습니다.

물리학 이야기만 잔뜩 늘어놓고는 결국 '자~알 해야' 그릇을 놓치지 않는다는 거네요. 하지만 설거지하면서 그릇을 잡을 때마다 물건을 아래로 떨어

지지 않도록 잡는 데 숨어 있는 물리학의 원리와 중력, 수직항력, 정지마찰력에 대해 생각해 보고 잘 활용한다면 그릇을 절대로 깨뜨리지 않을 것이라고 장담합니다. 그런데 말입니다.

바닥으로 떨어진 그릇이 왜 깨지나요?

이거야 원! 바닥에 부딪힐 때 아주 강한 힘이 작용해서 그릇을 이루고 있는 분자 사이의 결합을 끊기 때문이지요? 맞습니다. 그런데 왜 바닥에 부딪히면 강한 힘이 작용하나요? 높은 데서 뛰어내렸을 때 얼마나 아픈지 경험해 보지 않았냐고요? 해 보았지요. 그런 경험으로부터 '높은 데서 아래로 떨어진 물체가 바닥에 부딪힐 때는 강한 힘이 작용한다'는 법칙을 세워도 좋겠습니다. 하지만 이것이 물리 법칙이 되려면 얼마나 강한 힘이 작용하는지, 높이에 따라 힘의 크기가 어떻게 변하는지 등에 대해 정량적으로 말할 수 있어야 합니다. 그리고 법칙이 되려면 무엇보다도 예외가 없어야 합니다. 그런데 똑같은 높이에서 떨어진 똑같은 접시가 깨지기도 하고 깨지지 않기도 하니까 이것은 법칙이 되지 못하겠네요.

바닥으로 떨어진 그릇이 말짱하거나 깨지는 것은 $\vec{F} = m\vec{a}$로 설명할 수 있습니다. 그림 2-6의 (가)처럼 그릇이 어느 높이에서 아래로 떨어지는 동안 그릇에 작용하는 힘은 중력과 공기저항력입니다. 하지만 그릇 정도의 질량을 가진 물체가 사람 키 정도의 높이에서 떨어질 때는 공기저항력은 무시할 수 있습니다. 운동법칙 $\vec{F} = m\vec{a}$를 적용하면, 중력가속도가 g일 때 그릇을 놓친 후, 시간 t만큼 지난 순간 그릇의 속력 v와 움직인 거리 x는

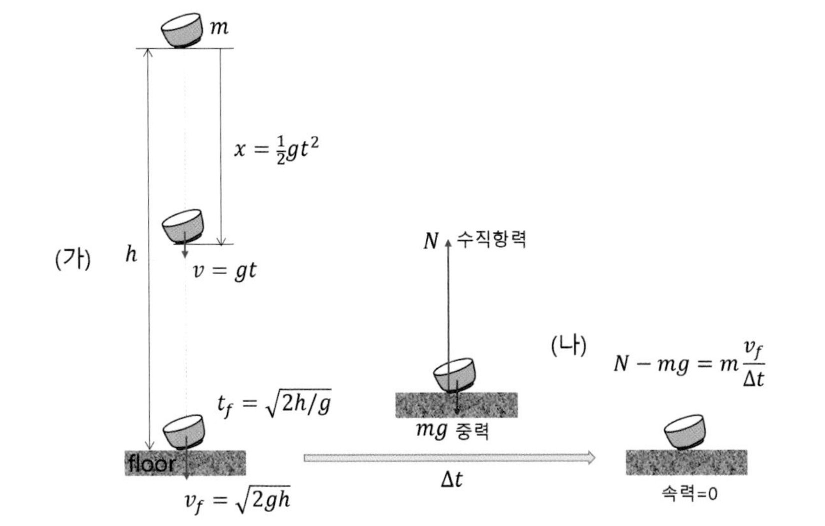

그림 2-6 (가) 땅으로 떨어지는 그릇의 운동 (나) 바닥에 부딪혀 멈추는 그릇에 작용하는 힘

$$v = gt \tag{2.1}$$

$$x = \frac{1}{2}gt^2 \tag{2.2}$$

와 같이 구해집니다. 그릇이 바닥으로부터 h의 높이에서 떨어지기 시작했다면 바닥(floor)에 닿을 때까지 걸린 시간 t_f는

$$t_f = \sqrt{2h/g} \tag{2.3}$$

이고 닿는 순간의 속력 v_f는

$$v_f = \sqrt{2gh} \tag{2.4}$$

입니다. 그러므로 높이가 $h = 1.2$ m이고 중력가속도가 $g = 10$ m/s^{2}라면 약

0.5 s 후 땅에 떨어지고 부딪히는 속력은 약 5 m/s입니다. 시속으로 바꾸면 약 18 km/h이니까 생활용 자전거로 여유롭게 주행하는 정도의 속력입니다. 이 정도의 속력으로 자전거를 타다가 어딘가에 부딪히면 1.2 m 정도의 높이에서 바닥으로 떨어진 것만큼 아프겠군요.[4)]

그릇이 바닥에 닿은 순간부터 그릇은 바닥과 수직항력을 작용하기 시작합니다. 이 힘에 의해 그릇은 바닥에 멈추게 됩니다. 그릇이 바닥에 닿아 멈출 때까지 걸린 시간을 Δt라 합시다. 이 시간 동안 수직항력의 크기가 일정하다고 단순화하면 Δt동안 그릇의 속력이 v_f에서 0으로 변화한 것이므로 그릇의 평균가속도는 연직 위 방향으로 $(v_f - 0)/\Delta t$입니다. 수직항력의 크기를 N, 그릇의 질량을 m이라 놓고 $\vec{F} = m\vec{a}$를 적용하면

$$N = mg + m\frac{v_f}{\Delta t} \tag{2.5}$$

와 같은 관계식을 얻을 수 있습니다. 그러니까 그릇과 바닥 사이에 작용하는 수직항력은 바닥에 그릇을 놓았을 때 작용하는 그릇의 무게보다 $m(v_f/\Delta t)$만큼 더 커지는 것입니다. 일반적으로 그릇이 바닥에 부딪히는 데 걸리는 시간 Δt는 (2.3) 식과 같이 구할 수 있는 높이 h에서 그릇이 바닥에 떨어지는 데 걸리는 시간 t_f보다 훨씬 작습니다. 예를 들어, $\Delta t = 0.0005$ s$(= t_f/1000)$라면, 그릇에 작용하는 수직항력은 그릇 무게의 1,000배가 되는 것입니다. 똑같은 그릇을 1,000개를 쌓으면 아래에 있는

4) 중력가속도가 10 m/s^{2}일 때 5 m, 20 m, 45 m에서 떨어진 물체가 바닥에 도달했을 때의 속력은 각각 10 m/s, 20 m/s, 30 m/s입니다. 이것을 시속으로 바꾸면 36 km/h, 72 km/h, 108 km/h입니다. 그러니까 자동차가 사고가 났을 때 이런 속력으로 부딪힌다면 그만큼의 높이에서 떨어져 땅에 부딪히는 것과 같은 충격을 받을 것입니다.

그릇들이 깨지지 않겠어요?

(2.5) 식은 우리에게 그릇이 떨어져 바닥에 부딪힐 때 작용하는 힘이 v_f가 클수록 그리고 Δt가 짧을수록 커진다는 것을 알려줍니다. 그래서 높은 곳에서 떨어질수록 (2.4) 식에 따라 v_f가 커지니 그릇이 깨질 위험이 높은 것입니다. Δt는 바닥의 재질에 따라 달라집니다. Δt는 시멘트 바닥보다는 나무판이 깔린 바닥에서 길어지고, 천으로 된 두꺼운 깔개가 깔려 있으면 더 길어지지요. 그래서 그릇이 깨지지 않을 수도 있습니다. (2.1) 식에서 (2.5) 식까지의 논의가 그릇이 땅에 떨어져 바닥에 부딪히는 과정에 대한 물리학입니다. 이것은 심지어 고양이가 높은 데에서 뛰어내려도 다치지 않을 수 있는 이유도 설명할 수 있지요. 바닥에 닫을 때 본능적으로 다리를 용수철처럼 구부려 Δt를 키우기 때문입니다.

자, 이제 우리는 바닥에 떨어진 그릇에 왜 그리고 얼마나 강한 힘이 작용하는지 알게 되었습니다. 이제 왜 강한 힘이 작용하면 그릇이 깨지는지 미시적으로 알아봅시다. 그릇뿐 아니라 모든 물질은 원자로 이루어져 있습니다. 물질 안에서 각각의 원자는 주위의 원자와 상호작용을 하며 안정된 상태에 있습니다. 원자가 현재의 위치, 즉 안정된 상태에서 약간

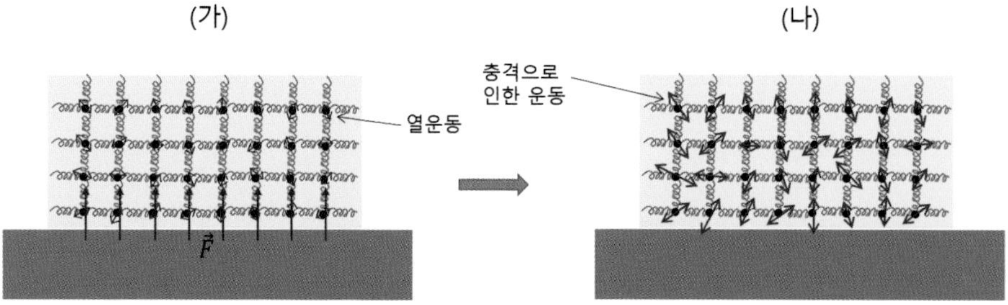

그림 2-7 그릇이 바닥에 부딪힐 때 일어나는 미시적 상황

벗어나면 이웃한 원자들이 이 원자를 제자리로 돌아가게 하는 힘을 작용합니다. 이것을 그림 2-7에 입자들이 용수철로 연결되어 있는 것으로 나타냈습니다. 원자들은 각 위치에 가만히 있지는 않고, 열운동에 의해 원자들은 작은 진폭으로 진동합니다. 그런데 그릇이 바닥에 부딪히면 바닥을 이루는 원자들이 그릇을 이루는 원자에 강한 힘을 작용하여 원자들은 큰 운동에너지를 가지고 운동하게 됩니다. 원자들이 큰 운동에너지를 가지게 되면 진동의 진폭이 커지겠지요. 그런데 진폭이 어느 이상이 되면 원자가 제자리로 되돌아가지 못하게 됩니다. 그러면 그릇의 모양이 변하거나, 물질에 균열이 생겨 금이 가기도 하고 깨지기도 하는 것입니다. 이웃한 원자들의 상호작용이 약하고 원자 배치의 안정된 정도가 낮을수록 이렇게 될 확률이 높아지겠지요. 바이올린 소리로 유리잔을 깨는 묘기도, 결국은 음파를 이용하여 유리 분자들의 결합을 깰 정도의 큰 진폭으로 유리잔을 떨리게 하는 것입니다.

바닥과 부딪힌 부분 근처의 원자들만 움직이는 것이 아니라 충격은 파동의 형태로 물질 전체로 퍼져 나갑니다. 그릇이 바닥에 부딪힐 때 나는 '쨍그랑' 하는 소리가 바로 충격이 퍼져 나가며 만들어내는 파동입니다. 공기에서 소리의 속력은 340 m/s 정도인데, 그릇과 같이 밀도가 높은 물질 안에서는 소리가 훨씬 빠른 속도로 퍼져 나갑니다. 표 2-1에 보인 것처럼 물에서는 1.5 km/s, 나무에서는 3~4 km/s, 쇠와 유리에서는 5~6 km/s나 되지요. 1초에 10리 이상을 가네요. (발병도 나지 않고)

소리의 속력 v_s는 소리의 파장 λ과 진동수 f를 곱한 값입니다. 즉,

$$v_s = f\lambda \tag{2.6}$$

표 2-1 여러 물질에서 소리의 속도

물질	소리의 속력(m/s)	물질	소리의 속력(m/s)
산소(20℃)	326	나무	3,300~5,000
질소(20℃)	349	유리	4,900~5,800
헬륨(20℃)	1,007	사기	3.000~6000
이산화탄소(20℃)	267	구리	3,600
물(20℃)	1,481	주철	4,994
물(100℃)	1,543	탄소강(1%)	5,940

입니다. 그릇이 진동할 때 파장은 대략 그릇의 크기 정도입니다. 그러니까 그릇의 크기가 작을수록 진동수가 커서 높은 소리가 나는 것입니다. 그리고 소리의 속력이 큰 물질로 만든 그릇일수록 높은 소리가 나고요.

그런데 금속 재질의 그릇은 떨어뜨렸을 때 찌그러지기만 하고 잘 깨지지 않습니다. 물론 쇠로 된 그릇이나 도구도 깨질 때가 있습니다. 탄소강으로 만들어진 칼은 뼈와 부딪히면 이빨이 빠지기도 하고 주철로 된 솥이나 주전자는 바닥에 떨어뜨리면 깨지기도 하지요. 또, 나무로 만든 그릇은 깨지기는 하지만 사기그릇이나 유리컵처럼 박살이 나지는 않습니다. 그래서 이런 질문을 던질 수 있겠습니다.

왜 어떤 그릇은 깨지고 어떤 그릇은 깨지지 않나요?

금속부터 이야기해 볼까요? 금속 원자는 최외각 오비탈을 채우고 있는 전자의 수가 너무 적어서 단순히 전자를 공유하는 것만으로는 다른 금속 원자와 결합하여 안정한 분자를 이루지 못합니다. 금속 원자는 그림 2-8의

(가)에 보인 것처럼 각자 전자를 내놓고 자신은 양이온이 되어 내놓은 전자들이 분포한 공간에 규칙적으로 배열하는 방식으로 서로 뭉쳐서 물질이 됩니다. 이것을 **금속결합(金屬結合, metallic bonding)**이라 하고, 금속 원자에서 떨어져 나온 전자는 거의 자유롭게 움직일 수 있어서 '**자유전자**'라고 부릅니다. 이것이 바다에서 물이 움직일 수 있는 것 같아서, 금속에서 전자가 분포한 공간을 '전자의 바다'라고 하지요. 그림 2-8의 (가)에는 단순히 2차원에서 사각 격자에 양이온이 놓이는 것으로 나타냈지만, 실제 3차원에서는 양이온들이 체심 입방(BCC - 철, 크롬 등) 또는 면심 입방(FCC - 알루미늄, 니켈, 구리, 금 등) 격자구조(그림 1-10 참조)를 가집니다.[5] 양이

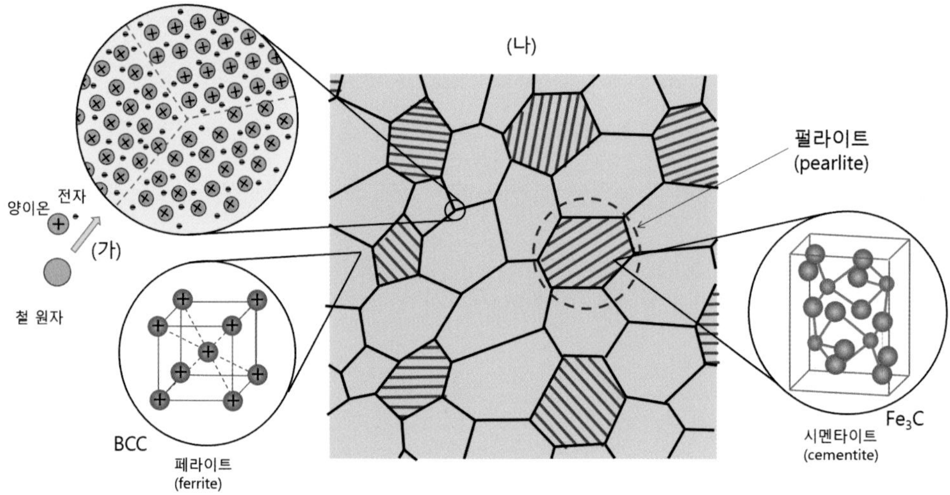

그림 2-8 (가) 철 원자의 금속결합 (나) 탄소강의 알갱이 구조(grain structure). 페라이트와 시멘타이트의 격자구조에서 원자나 이온이 전자구름에 거의 붙어 있지만 위치를 명확하게 나타내기 위해 크기를 작게 그렸음.

---

5) 아연, 타이타늄 등은 그림 5-10에 나타내지 않은 조밀육방(hexagonal closed packed, HCP)격자구조를 가집니다.

온들끼리는 서로 밀어내는 전기력이 작용하지만, 음전기를 띤 주변 전자들의 매개로 안정된 격자구조를 유지하는 것입니다. 이러한 규칙적인 배열 덕분에 금속은 상온에서 고체 상태이며 상당히 단단합니다. 그리고 녹는 온도도 높습니다.

금속결합은 밀가루 반죽에 비유할 수 있습니다. 마른 상태에서는 따로따로 떨어지는 밀가루가 물에 의해 서로 붙어서 한 덩어리가 되는 것처럼, 서로 밀어내기까지 하는 양이온들이 전자에 의해 한 덩어리로 붙어 있는 것입니다. 그리고 반죽 안에서 밀가루들이 어느 정도 움직일 수 있어서 반죽이 말랑말랑하고 잘 늘어나는 것처럼, 금속 안에서도 양이온들은 격자구조를 유지하면 어느 정도 자유롭게 움직일 수 있습니다. 그래서 밀가루 반죽처럼 납작하게 또는 길게 늘일 수 있습니다. 이것이 금속으로 만든 그릇이 작은 충격에도 잘 찌그러지지만, 쉽게 깨지지는 않는 이유입니다.

그런데 순수한 금속 결정은 층 밀림에 대해서는 약합니다. 때문에 쇠못이나 구리철사를 단단한 돌에 긁으면 금속 특유의 색으로 표식을 남길 수 있습니다. 아주 무른 금속인 납이나 금과 은은 가죽과 나무에 긁어도 흔적이 남지요.[6] 칼을 숫돌에 갈아 날을 세우는 것도, 놋그릇을 기와 가루로 닦아 광을 낼 수 있는 것도 금속의 층 밀림을 이용하는 것입니다.

금속이 무르기만 하지 않는 것은 덩어리 전체가 하나의 결정이 아니라 그림 2-8 (나)와 같이 여러 결정이 서로 층이 어긋나게 결합한 알갱이 구조

6) 그리스 시대에는 납을 필기용으로 사용했다고 합니다. 이것이 연필(鉛筆, 납으로 만든 필기구라는 뜻)의 기원일 것입니다. 요즘은 층 밀림이 훨씬 잘 일어나는 흑연(黑鉛, 검은색의 납이라는 뜻, graphite)으로 만듭니다. 흑연으로 만든 것이라는 뜻으로 연필이라고 했는지, 납이 기원이기 때문에 연필이라고 했는지는 알 수 없습니다.

를 가지기 때문입니다. 금속을 높은 온도로 녹였다가 식히는 과정에서 서로 다른 부분에서 뭉치기 시작한 결정이 임의의 방향으로 자라다 서로 만납니다. 경계면에서는 서로 층이 어긋나게 되지요. 불순물 없이 철 원자만으로 이루어진 쇠의 경우, 각각의 결정은 BCC 구조입니다. 이것을 **페라이트(ferrite)**라고 부릅니다. 각 결정의 층이 서로 엇갈리기 때문에 층 밀림을 막아주어 알갱이 구조의 쇠는 하나의 결정이었을 때보다 훨씬 단단해집니다. 알갱이가 작을수록 더 단단하지요. 이렇게 만들기 위해 쇠를 뜨겁게 달구었다가 찬물에 담가 빠르게 식힙니다. 이것을 담금질이라고 하지요. 갑자기 식으면 결정이 크게 자라지 못해 알갱이가 작으니까 단단해지는 것입니다.

쇠를 단단하게 하는 또 다른 방법은 쇠에 탄소를 넣는 것입니다. 온도가 높은 철은 탄소와 친화력이 있습니다. 철 원자는 탄소와 결합하여 Fe_3C 화합물이 됩니다. NaCl이 하나의 분자가 아니라 Na^+ 이온과 Cl^- 이온이 규칙적으로 격자에 배열하여 결정을 이루는 것처럼(1권의 그림 3-13 참조), Fe_3C 화합물은 그림 2-8의 (나)와 같이 원자들이 배열하여 **시멘타이트(cementite)**라는 결정을 만듭니다. 시멘타이트 결정은 페라이트 결정에 비해 단단합니다. 녹았던 쇠가 식는 과정에서 시멘타이트와 페라이트가 그림 (나)에 나타낸 것처럼 층을 이루며 **펄라이트(pearlite)** 알갱이가 되는데, 펄라이트 알갱이도 페라이트 알갱이보다도 더 단단합니다. 자갈이 섞인 콘크리트가 시멘트만 굳힌 것보다 단단한 것과 같은 이치입니다.

그래서 탄소가 섞인 탄소강은 순수한 쇠보다 단단해지지요. 철에 들어간 탄소의 농도가 높아질수록 펄라이트 알갱이가 많아지니 점점 더 강도가 높아집니다. 하지만 단점도 있습니다. 잘 깨진다는 것입니다. 알갱이의 경계

부분은 결정들이 서로 어긋나게 붙어 있기 때문에 상대적으로 결합력이 약합니다. 그래서 외부에서 충격이 가해지면 이 알갱이들의 접합부가 떨어져서 깨지는 것입니다.[7] 알갱이가 단단할수록 외부의 충격을 흡수해주지 못하니까 더 잘 깨지는 것이고요. 칼을 만드는 탄소강에는 질량비로 약 0.5%의 탄소가 섞여 있습니다. 쇠를 녹여 틀에 부어서 만든 주전자나 솥의 쇠에는 3~4%의 탄소가 섞여 있습니다.[8] 탄소의 함량이 높을수록 단단하지만 잘 깨진다는 것을 기억하기 바랍니다.

사기(沙器, 모래로 만든 그릇이라는 뜻)그릇도 잘 깨지지요? 이 그릇은 물에 반죽한 흙을 빚어 모양을 만들고 높은 온도에서 구운 것입니다. 높은 온도에서 흙 알갱이의 표면이 녹아 그림 2-9에 보인 것처럼 서로 달라붙게 되는데, 이것을 **소결**(燒結, 불에 구워 결합했다는 뜻, **sintering**)이라고 합니다. 그림에 나타낸 것처럼 여기에서도 알갱이 구조가 만들어지지요. 금속이

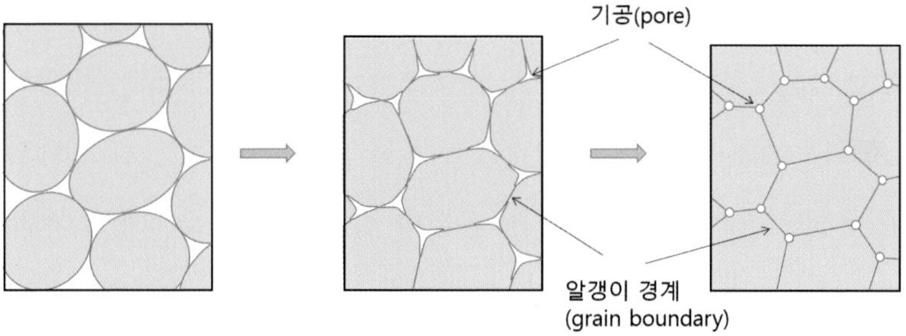

그림 2-9 흙 알갱이의 소결이 진행되면 점점 알갱이끼리 접촉하는 경계의 면적이 늘어나고 기공의 크기가 줄어든다.

---

7) 칼날의 이가 빠진 곳, 주철 제품이 깨진 곳에서 알갱이 구조를 볼 수 있습니다. 깨진 면이 아주 거칩니다. 유리가 깨진 면은 아주 매끈하지요.

8) 쇠 주전자나 솥을 만들 때 탄소 함량을 높이는 것은 단단하게 하기 위한 것이 아니라 녹는 온도를 낮추기 위한 것입니다.

굳을 때 여러 곳에서 결정이 자라서 서로 만나는 것과는 달리 처음에 따로 떨어져 있던 알갱이를 억지로 붙인 것이니 어쩔 수 없이 구멍도 있고 경계에서의 결합도 상대적으로 약합니다. 그래서 금속보다 더 잘 깨지는 것입니다.

더구나 흙은 암석이 풍화하여 잘게 부서진 것입니다.[9] 마그마가 굳으면서 암석이 만들어질 때 그 안에는 다양한 종류의 여러 크기를 가진 결정이 만들어집니다. 이것을 **광물(鑛物, mineral)**이라고 하지요. 오랜 풍화 과정에서 서로 다른 광물 사이의 약한 결합은 깨집니다. 아직 부서지지 않은 흙 알갱이는 순수한 광물이거나 몇 종류의 광물이 아직도 강하게 결합하고 있는 상태입니다. 대부분의 광물에서 원자들은 BCC 결정을 이루는 철 원자에 비해 훨씬 더 강력하게 결합하고 있습니다. 그래서 아주 단단합니다.[10] 단단한 흙 알갱이는 충격을 잘 흡수할 수 없으니까 그림 2-9처럼 흙 알갱이끼리 소결로 붙여 놓은 것은 그림 2-8처럼 페라이트 알갱이가 붙어 있는 것보다 더 잘 깨지지요.

흙으로 만든 그릇의 특성은 알갱이의 화학적 성분, 크기 그리고 굽는 온도에 따라 달라집니다. 그리고 이것이 그릇의 가격을 결정합니다. 높은 온도에서 구울수록 알갱이의 경계가 잘 녹아 붙으니 튼튼한 그릇이 될 테니까요. 그렇지만 일반적인 진흙[11]에 들어 있는 어떤 광물은 높은 온도를 견디지 못하고 녹기 때문에 구울 때 빚어 놓은 그릇이 찌그러지거나 뭉개져 버립니다. 그래서 약 1,000℃ 정도에서 굽습니다. 이것을 **도기(陶器)** 또는

---

9) 요즘은 암석을 기계적으로 부숴 도자기 제작을 위한 흙을 만듭니다.

10) 그러니까 숫돌로 칼을 갈 수 있는 것입니다.

11) '진흙'은 알갱이의 크기가 작아서 물에 반죽했을 때 질기 때문에 붙여진 이름입니다. 앞 장에서 알갱이가 작을수록 더 잘 달라붙는다고 했지요? 질그릇은 진흙으로 만든 그릇이라는 뜻입니다.

질그릇이라고 합니다. 고령토와 같은 특별한 흙으로 그릇을 빚어야 1,200~1,400℃ 정도까지 온도를 높여 구울 수 있습니다. 이것을 자기(瓷器)라고 합니다. 그래서 자기보다 질그릇이 더 쉽게 깨지는 것입니다.

사기그릇을 만든 흙 알갱이의 크기가 작으면 표면적과 부피도 작아집니다. 그런데 표면적은 크기의 제곱으로 줄어들고, 부피는 크기의 세제곱으로 줄어들기 때문에 표면적과 부피의 비는 커집니다. 그러니까 서로 녹아서 붙은 경계면이 단위면적당 붙잡고 있어야 할 질량이 줄어들게 됩니다. 더구나 알갱이 사이의 기공도 알갱이의 크기에 따라 함께 작아질 테니 더 튼튼해지겠네요. 그래서 알갱이의 크기가 작으면 두께가 얇아도 잘 깨지지 않는 그릇을 만들 수 있는 것입니다. 바닥에 떨어진 얇은 접시는 말짱한데 오히려 두꺼운 머그컵이 깨지는 데는 이런 이유가 있습니다.

충분히 높은 온도로 소결해도 알갱이 사이의 구멍을 완벽하게 메꿀 수는 없습니다. 그릇에 구멍이 있을 때 가장 큰 문제는 물이 새는 것이지요. 이집트와 같이 더운 나라에서는 이 구멍으로 새어 나오는 물이 증발하게 해서 시원한 물을 마셨다고는 하지만, 물이 새는 그릇은 용도가 제한적일 수밖에 없습니다. 특히 국을 즐겨 마시는 우리로서는 말입니다. 도공들은 이 문제 역시 해결했습니다. 한 번 구운 그릇의 표면에 고운 모래가루를 섞은 잿물을 발라 높은 온도에서 구운 것이지요. 그러면 표면에 유리막이 씌워져 물이 새지 않게 됩니다.

유리(琉璃, glass)는 모래를 녹여서 만든 물질입니다. 마그마가 식으면서 암석이 만들어질 때 이산화규소(SiO_2)는 석영(石英, '돌꽃'이라는 뜻으로 결정이 자란 모습이 꽃처럼 생겨서 붙여진 이름, quarz) 광물을 만듭니다. 마그마가 지하 깊숙한 곳에서 천천히 식으면 석영은 그림

2-10의 (가)와 같이 규소(Si) 원자와 산소 원자가 규칙적으로 배열하여 결정을 만듭니다. 지표면에서 빨리 식은 암석에서는 석영이 큰 결정으로 자라지 못합니다. 우리가 일상에서 보는 딱딱한 모래 알갱이는 대부분 석영 결정입니다. 원자들이 강하게 결합하고 있는 결정이 풍화 과정에서 부서지지 않고 남은 것이지요.

그런데 이 모래를 녹였다가 빠르게 식히면[12] 결정을 이루지 못하고 그림 2-10 (나)와 같은 **비정질(非晶質, 결정이 아니라는 뜻, amorphous) 고체**가 됩니다. 결정이 아니라서 층 밀림이 일어나지 않으니 유리는 매우 딱딱하고 단단합니다. 그런데 비정질에서는 모든 원자가 가장 안정한 상태에 있는 것이 아닙니다. 가장 안정한 상태를 찾을 충분한 시간을 갖지 못하기 때문에 비정질이 되는 것이니까요. 그림에서 볼 수 있듯이 원자들이 없어서 비어 있는 공간도 많이 있지요. 이 부분에 있는 원자들은 그 주위에 결합하고 있는 원자의 수가 적습니다. 그러니 충격이 가해졌을 때 이 부분이 쉽게 깨집니다. 유리를 자를 때도 이 원리를 이용합니다. 자르고자 하는 선을 따라 유리칼로 흠을 내면 이 부분에 있던 원자의 수가 줄어들어 힘을 작용했을 때 선을 따라 부러지는 것입니다. 원자의 결합을 끊어 일부러 깨는 것이지요.

그런데 유리가 쉽게 깨진다는 말은 조금 조심해야겠습니다. 유리로 만든 그릇이 다른 그릇에 비해 잘 깨지는 것은 맞습니다만, 그것은 유리 자체가 다른 물질에 비해 충격에 약해서가 아니라 이 그릇들의

---

12) 일부러 빨리 식히는 것이 아니라 1,000℃ 이상의 온도인 유리 용액의 일부를 실온의 작업장으로 꺼내면 급격하게 식지요. 마그마는 워낙 규모가 크고 지하 깊은 곳에서 열이 방출되지 않으니 천천히 식는 것입니다.

두께가 대부분 얇다는 것이 더 중요한 원인일 수 있기 때문입니다. 만일 유리컵을 머그컵 정도의 두께로 만든다면 그 유리컵이 머그컵보다 더 잘 깨지지는 않을 것입니다.

유리그릇의 문제는 잘 깨지는 것이 아니라 깨졌을 때 산산조각이 난다는 것입니다. 그리고 조각이 튀어서 사방으로 흩어지지요. 결정 구조를 가지는 물질은 규칙적으로 배열된 원자 또는 분자들의 집단적인 진동(파동)으로 충격 에너지를 넓게 분산할 수 있습니다. 비정질 물질은 이러한 방식의 충격 흡수가 일어나기 어려워 충격이 모든 부분에 그대로 전달되면서 결합이 약했던 부분이 깨져 작은 조각으로 나뉘는 것이지요. 그리고 충격 에너지가 그대로 각 조각의 운동에너지가 되니 멀리까지 날아가 흩어지는 것입니다.

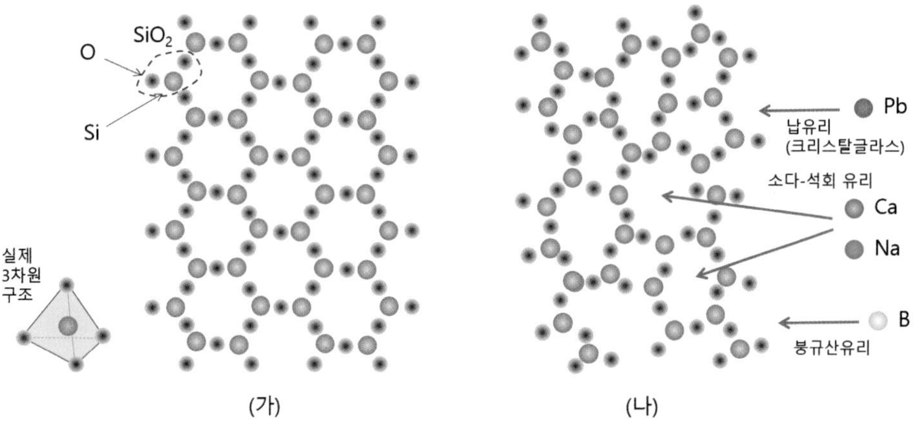

그림 2-10 (가) 결정 상태인 SiO_2의 Si 원자와 O 원자의 규칙적인 배열. 실제 3차원 구조에서는 정사면체의 중심에 실리콘(Si) 원자가 놓이고 네 꼭짓점에 산소 원자가 놓여 있다. 각각의 꼭짓점은 다른 정사면체의 꼭짓점이 된다. 그러므로 물질에 들어 있는 Si와 O의 비율은 1:2가 된다. (나) 비정질 상태(유리)의 SiO_2. 비어 있는 공간이 많다. 다른 원소를 섞으면 다양한 특성을 가진 유리를 만들 수 있다.

뜨거운 물을 부어도 유리그릇이 깨지기도 합니다. 뜨거운 물이 닿은 부분은 온도가 올라가 부피가 늘어나는 **열팽창**(熱膨脹, thermal expansion)이 일어나는데 찬 부분은 그대로 있기 때문입니다. 물질의 열팽창은 온도가 올라갈수록 물질을 이루는 원자나 분자가 큰 진폭으로 진동하는데, 그 결과 원자 또는 분자 사이 거리의 평균값이 더 커지기 때문에 일어나는 현상입니다. 열팽창이 일어나면 원자들이 멀리 떨어져 있어서 간신히 결합하고 있던 부분이 깨지는 것입니다. 이것은 바닥에 부딪혔을 때 원자 사이의 거리가 변하여 깨지는 것과 똑같습니다.[13] 그러니 식탁 위에 올려놓은 유리에도 뜨거운 그릇이 직접 닿지 않게 조심해야겠습니다.

모든 유리가 열팽창에 의해 깨지지는 않습니다. 이산화규소만을 녹여서 만든 유리는 그림 (나)에 보인 것처럼 원자들 없이 비어 있는 공간이 많이 있습니다. 그 덕분에 열을 받아 온도가 올라가더라도 부피가 많이 늘어나지 않습니다. 이러한 유리는 뜨거운 물에 갑자기 닿아도 깨지지 않습니다. 그런데 이산화규소만을 녹이려면 1,723℃로 온도를 높여야 하고 녹은 상태에서도 점성이 아주 커서 그릇으로 만들기 어렵습니다.

이산화규소에 탄산나트륨(Na_2CO_3)과 생석회(CaO)를 섞으면 녹는 온도가 1,000℃까지 내려갑니다. 그리고 무엇보다도 좋은 것은 점성이 작아져서 넓게 펴서 판유리를 만들기도 쉽고, 병이나 컵을 만들기 쉬워진다는 점입니다.[14] Si-O-Si 결합을 Si-O—Na^+와 Si-O—Ca^{2+} 결합으로 대체하여 SiO_2의

13) 그렇지만 뜨거운 물에 의해 깨질 때는 바닥에 떨어질 때처럼 사방으로 튀어 흩어지지는 않습니다.

14) 흙을 구워 만든 그릇의 표면을 코팅할 때 모래 가루를 잿물에 섞는 것도 잿물에 들어 있는 포타슘(K) 성분에 의해 녹는 온도가 내려가고 점도가 낮아져 표면에 골고루 발라진다는 것을 이용하는 것입니다.

정사면체 구조를 흩트려서 점도를 낮추는 것입니다. 우리가 부엌에서 볼 수 있는 포도주병, 맥주병, 잼 병, 유리 물컵 등 대부분의 유리 제품이 이 소다-석회-유리(soda-lime glass)입니다. 그런데 이 유리에서는 첨가물을 이루는 원자들이 그림 (나)에 보인 것처럼 이산화규소 비정질 구조의 비어 있던 공간을 채우기 때문에 열팽창이 잘 일어납니다. 그러니까 이 소다-석회 유리는 뜨거운 물을 부으면 깨집니다.

제조회사 이름인 파이렉스(Pyrex)로 알려진 유리 냄비는 뜨거운 물뿐 아니라 가스레인지 불꽃에 닿아도, 뜨거운 오븐에 넣어 빵을 구워도, 전자레인지에 넣고 음식을 데워도 깨지지 않습니다. 이러한 유리는 산화붕소(B_2O_3)를 첨가하여 만든 붕규산 유리(borosilicate glass)로 열팽창이 일어나는 정도가 소다-석회 유리의 30%에 그치기 때문에 열에 강합니다. 3족의 붕소(B) 원소는 4족의 Si 원소에 비해 산소를 중간에 둔 원자 사이의 결합 B-O-B 또는 B-O-Si와 같은 결합의 수가 적어지니 이산화규소만을 녹여 만든 유리처럼 비어 있는 공간이 많이 생기기 때문입니다. 그래서 붕규산 유리도 딱딱한 바닥에 떨어지면 쉽게 깨지고, 오히려 다른 유리그릇에 비해 충격에 대해서는 더 약하기까지 합니다.

깨지는 것과 관계는 없지만 크리스털 유리잔 이야기도 해야겠네요. 유난히 반짝이지요? 이것은 납을 넣은 유리인데 납에 의해 유리의 굴절률이 높아져서 그런 것입니다. 다이아몬드도 굴절율이 높아 반짝이지요. 이름과는 달리 크리스탈(결정) 유리 역시 비정질 유리입니다.

부엌에서 만날 수 있는 특별한 유리그릇이 있습니다. 파이렉스처럼 제조회사 이름인 코닝(Corning)으로 불리는 그릇인데 흙으로 구운 사기그릇이 아니라 유리입니다. 유리를 녹여 일반적인 방법으로 비정질 유리그릇을 만든 뒤 높은 온도의 가마에서 오래 구워 그 안에 결정이 생성되도록 한 유리입니다. 결정이 들어 있으니 어느 정도 충격을 흡수할 수 있어서 다른 유리그릇에 비해 잘 깨지지 않습니다. 그런데 이 제품을 다른 그릇과 부딪히면 다른 그릇을 깨뜨리고, 이 그릇이 깨지면 훨씬 더 작은 조각으로 박살이 난다는 단점이 있습니다. 세상에 완벽하게 좋기만 한 것은 없습니다. 장점이 있으면 그로 인한 단점도 있지요.

요즘은 일반 가정에서 나무로 만든 그릇을 사용하지는 않습니다. 제사를 지낼 때는 목기를 사용하기도 합니다만, 원래 전통은 아니었다고 합니다. 도자기나 놋쇠로 만든 제기가 비싸서 살 수 없는 평민들이 사용했던 것이 어찌 전통처럼 받아들여지게 되었습니다. 여하간 목기는 제법 충격에 강합니다. 부딪힌 부분이 눌리고 칠이 벗겨지기는 하지만 여간해서 깨지지는 않지요. 그래서 놋그릇과 도자기로 제사를 지낸 부유한 양반들도 산소에

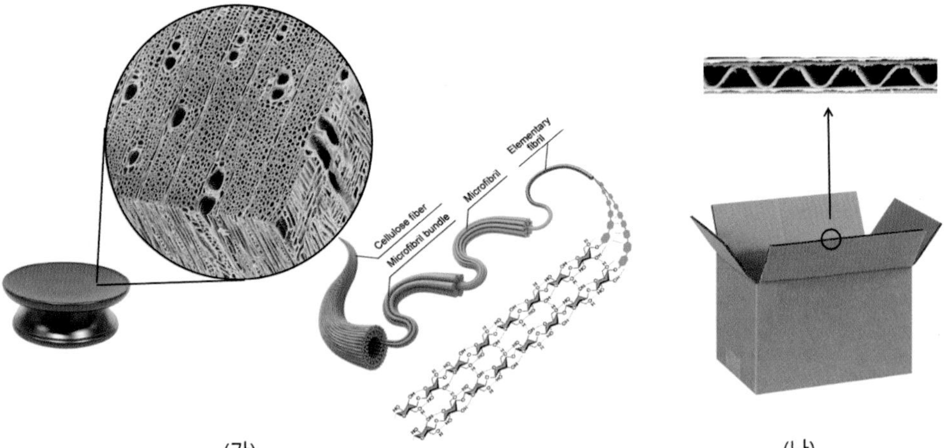

(가) (나)

그림 2-11 (가) 목재의 미세구조. 관 모양의 비어 있는 공간이 있는 트러스 구조로 가볍지만 튼튼하다. (나) 포장용 상자 골판지의 트러스 구조

가지고 가는 제기는 목기였답니다.

목재는 셀룰로스가 β-1-4 글루코스 결합을 한 긴 사슬 모양의 중합체로 이루어져 있습니다. 서로 다른 중합체 사슬끼리도 수소결합이나 황 원자를 매개로 하는 결합을 하여 튼튼한 섬유를 만들고 이들이 모여 나무 조직을 만듭니다. 그림 2-11에 보인 것처럼 목재에는 나무의 결을 따라 많은 관 모양의 비어 있는 공간이 있습니다. 이것은 이 부분이 생명 활동을 할 때는 물과 양분을 실어 나르던 통로였습니다. 그리고 생명 활동을 멈춘 후에는 나무를 아주 효율적인 구조물이 되게 합니다. 높이 자랄수록 잎이 햇빛을 받아들이는 데에는 유리하지만 그러면 나무가 무거워지지요. 이때 관 모양의 공간을 가진 트러스 구조는 전체 질량을 줄이면서도 나무가 높게 자랄 수 있게 해 줍니다. 그리고 이 공간이 충격을 흡수하여 나무로 만든 그릇이 깨지지 않게도 합니다. 하지만 나무는 결을 따라서는 쉽게 부서집니다. 합판은 이러한 약점을 보완하기 위해 얇은 판을 결이 직각으로 겹치게 붙인 것입니다.

깨지는 데 대해서는 가장 튼튼한 그릇이 플라스틱 그릇일 것입니다. 플라스틱(plastic)이라는 용어가 원하는 모양으로 쉽게 바꿀 수 있다는 뜻이니 더 말할 것도 없지요.[15] 플라스틱은 단위체(monomer)라고 부르는 어떤 분자가 화학적으로 결합하여 반복적으로 연결된 중합체(polymer)로 이루어져 있습니다. 이러한 긴 사슬 모양의 고분자화합물이 그림 2-12처럼 엉겨 있으니 쉽게 깨질 리가 없지요. 나무처럼 셀룰로스가 연결된 긴 사슬이 어느 한 방향으로만 배열하지 않으니 결이 만들어지지 않아 모든 방향으로

---

15) 영어로 성형외과를 plastic surgery라고 합니다. 한자 '성형'과 영어 'plastic'이 둘다 '모양을 바꾸는'이라는 뜻입니다.

튼튼합니다. 종이를 으깬 지점토로 그릇을 만들면 셀룰로스도 엉길 테니 플라스틱처럼 어느 방향으로도 깨지지 않겠네요. 그릇으로 사용하지는 못하겠지만요. 면으로 된 옷도 방향성이 있는 셀룰로스 섬유 여러 가닥을 꼬아 실을 만들고 이것을 서로 직각 방향으로 짜서 만든 것입니다. 그래서 모든 방향으로 튼튼합니다.

그림 2-12에 보인 것처럼 고분자화합물은 차곡차곡 쌓여 결정 구조가 되기도 하고 아무렇게나 엉긴 비정질 구조가 되기도 합니다. 플라스틱에는 이러한 결정 구조와 비정질 구조가 섞여 있습니다. 결정 구조를 가진 부분이 많을수록 단단한 플라스틱이 됩니다. 그리고 결정의 크기에 따라 플라스틱이 투명하거나 불투명하게 됩니다. 이제는 왜 그런지 설명할 수 있지요? 결정의 크기가 가시광선의 파장보다 작으면 투명하고, 결정의 크기가 마이크로미터 이상이 되면 흰색으로 보이거나 불투명해집니다. 달걀흰자가 익으면서 일어나는 현상과 똑같은 물리현상이지요.

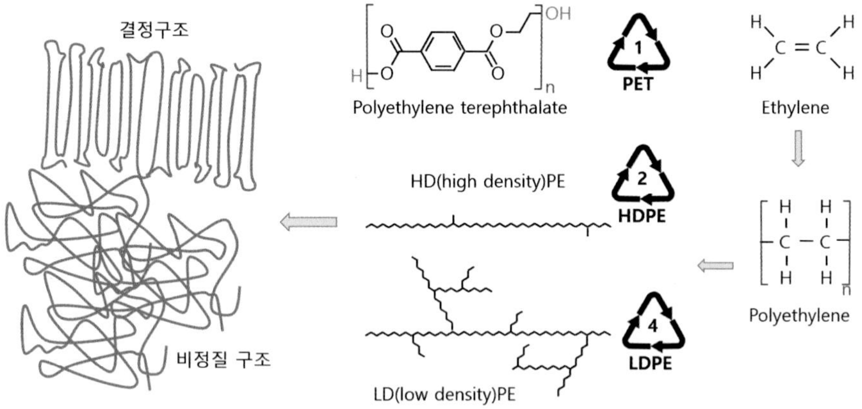

그림 2-12 플라스틱의 미세구조. PET와 PE의 단위체. (PET의 단위체에서 탄소 원자와 수소 원자는 표기하지 않음)

플라스틱은 우리 문명에서 기적의 물질입니다. 부엌에서도 그렇습니다. 아주 얇게 만들 수 있으니 가볍고, 간장과 식초 같은 맵고 짜고 신 모든 식품에 의해 침투되지도 않으니 부엌의 거의 모든 고민을 해결해 주는 것이 플라스틱 용기일 것입니다. 냉장고에 들어 있는 플라스틱 용기를 도자기나 유리 또는 쇠로 만든 용기로 바꾸면 얼마나 불편할지 상상이 되나요? 그런데 이 플라스틱의 남용으로 이제는 문명이 위협을 받게 되었습니다. 인공적으로 만든 것이라 자연 상태에서 분해가 되지 않기 때문입니다. 지구의 모든 천연물 쓰레기는 이것을 분해할 미생물이 있어서 자연적으로 해결이 되지만 플라스틱을 분해하는 미생물은 없습니다. 그렇다고 플라스틱을 사용하지 말라고 강제할 수도 없지요. 좋은 해결책은 남용을 막고 철저히 재활용하는 것입니다.

그림 2-12에 우리의 부엌에서 볼 수 있는 재활용할 몇 종류의 플라스틱을 소개하였습니다. 재활용 표지에 PET로 적혀 있어서 흔히들 페트병이라고 부르는 음료수병은 그림에 나타낸 탄소, 수소, 산소 원자가 결합한 에틸렌 테레프탈레이트 분자를 단위체로 하는 중합체로 만들어진 플라스틱입니다. PET는 Poly-Ethylene Terephthalate의 첫 글자를 딴 것입니다. PETE라고도 하지요. 한 분자의 수산기와 다른 분자의 수소기가 만나 물이 되어 빠져나가며 중합이 됩니다. 폴리에틸렌(PE, Poly-Ethylene) 계열의 플라스틱은 에틸렌 분자(C_2H_4)의 이중결합이 단일결합으로 변하며 연결됩니다. 이때는 빠져나오는 원자가 없습니다. 폴리에틸렌은 한 줄로만 연결되는 것이 아니라 수소 원자 대신 폴리에틸렌 사슬이 붙어서 가지를 칠 수도 있습니다. 가지의 수가 적고 짧은 중합체끼리는 가까이 뭉칠 수 있으니까 이러한 폴리에틸렌으로 만들어진 플라스틱은 밀도가 높습니다. 분자들이

가까이 있으면 비어 있는 공간의 부피가 줄어들 테니 단단한 플라스틱이 되겠지요. 반대로 가지의 수가 많으면 차곡차곡 쌓일 수 없으니 밀도가 낮고 그러면 부드러운 플라스틱이 될 것입니다. 우유팩과 종이컵 안쪽에 코팅된 것이 저밀도PE(Low Density PE)입니다.

확인해 볼까요?

재활용 표기에 HD(high density, 고밀도)PE와 LD(low density, 저밀도)PE라고 적힌 두 플라스틱의 성질을 비교해 보세요.

설거지를 시작도 하기 전에 그릇 깨는 이야기만 잔뜩 늘어놓았군요. 하지만 우리가 물건을 잡을 때 어떤 힘이 작용하는지, 각각의 그릇이 어떤 특성을 가지는지를 고려하면서 과학적으로 그릇 씻기를 해 보면 어떨까요?

자, 이제 본격적으로 그릇을 씻어 봅시다. 우선, 간단히 물에 헹구기만 해도 되는 그릇부터 씻습니다. 그릇에 붙은 음식물은 대부분 물에 씻겨 떨어집니다. 물 분자가 극성 분자인데 음식물에 들어 있는 탄수화물과 단백질이 모두 극성 부분을 가지는 분자인 덕분이지요. 마른 밥풀이 달라붙어 있는 밥그릇은 약간 불려야겠네요. 예전에는 밥을 먹고 난 후 숭늉을 마실 때 밥그릇에 부어 마시라고 자녀를 가르치기도 했습니다. 설거지하는 사람에 대한 가족의 배려였지요. 수도꼭지만 틀면 물이 나오는 세상이니 그릇 씻기가 쉬워졌지만, 이러한 작은 일을 실천하여 다른 사람의 수고를 덜어줄 수 있다고 가르치는 자녀교육은 여전히 중요하다고 생각합니다.

이제 기름기가 있는 음식을 담았던 그릇을 씻을 차례입니다. 절대로 서로 어울리지 못하는 사이를 '물과 기름 같다'라고 비유하는 것은 누가 이런 근사한 표현을 생각했나 싶을 정도로 딱 맞는 말입니다. 물과 기름은 전혀 섞이지 못하거든요. 막 휘저으면 물 위에 떠 있던 기름이 작은 방울로 쪼개져 물과 섞이지만, 휘젓기를 멈추면 기름방울들이 뭉치며 금방 물 위로 올라오지요. 이것은 기름 분자가 물 분자를 밀어내기 때문이 아닙니다. 극성을 띤 물 분자끼리의 수소 결합이 물 분자와 비극성인 기름 분자와의 판데르발스 힘에 비해 너무 강하기 때문에 물 분자들이 서로 뭉치고 기름 분자를 끼워주지 않는 것입니다. 오히려 기름 분자들이 따돌림을 당한다고 해야 맞습니다. 그래서 물에서 밀려난 기름 분자끼리 어쩔 수 없이 서로 뭉치는 것이지요. 기름이 묻은 그릇을 수세미로 문지르면 오히려 기름이 그릇에 넓게 펴지기만 합니다. 이제 세제의 도움이 필요하겠네요.

세제는 어떻게 그릇에 묻은 기름을 잘 닦이게 하나요?

세제는 친수성인 부분과 소수성인 부분이 있고 두 부분이 명확하게 구분이 되는 분자로 이루어진 물질입니다. 그림 2-13의 (가)에 예로 든 지방산 나트륨은 우리가 사용하는 비누에 들어 있는 분자입니다. 그리고 알킬벤젠술폰산 나트륨은 합성세제에 들어 있는 분자의 한 예입니다. 이처럼 소수성인 부분은 주로 탄소와 수소 원자로 이루어져 있고 이 부분이 길기 때문에 꼬리라고 부릅니다. 그리고 나트륨 이온과 같은 양이온이 붙은 부분은 친수성이며 이 부분을 머리라고 부릅니다. 그래서인지 세제 분자의 머리와 꼬리를 올챙이 모양으로 그려 나타냅니다.

그림 2-13 (나)는 그릇에 묻은 기름 덩어리가 세제 분자에 의해 물로

떨어져 나가는 원리를 설명해 줍니다. 물은 기름에 부력을 작용할 수 있습니다. 물이 기름보다 밀도가 높기 때문이지요. 그래서 그릇을 물에 담그면 그릇에 제대로 붙어 있지 않았던 기름은 떨어져 나와 물 위에 뜹니다.[16] 기름 분자끼리 서로 붙어 있으려는 힘을 부력이 이기는 것입니다. 그리고 하나의 덩어리가 두 덩어리로 나뉠 때 표면적이 커져야 하는데 이것을 막는 표면장력도 부력이 이겨내야지요. 그러지 못하면 기름은 그릇에 붙어 있게 됩니다.

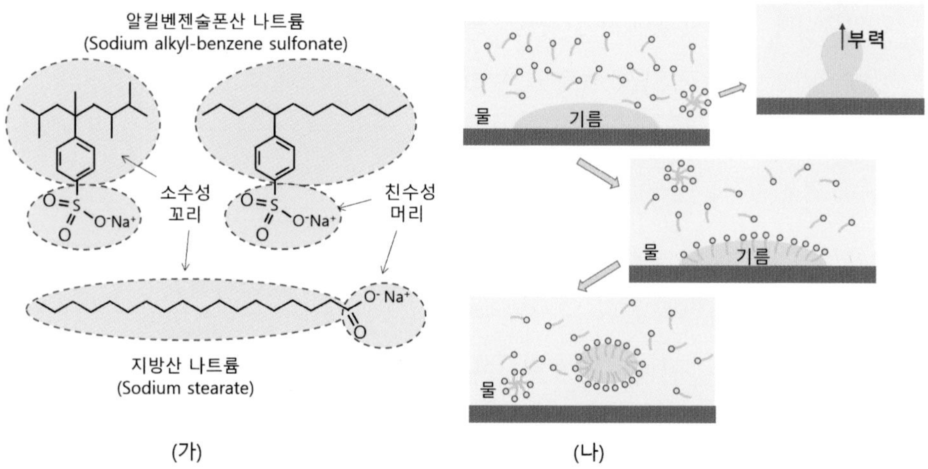

그림 2-13 (가) 비누와 몇 가지 합성세제의 분자 구조 (나) 세제가 그릇에 묻은 기름을 씻어내는 원리

16) 기름이 물 위에 뜨는 것은 부력이 작용하기 때문인데 부력은 중력에 의해 생깁니다. 무중력 상태가 되는 우주정거장에서는 기름이 물 위에 뜨지 않습니다. 하지만 이때도 물과 기름은 서로 분리됩니다.

http://www.our-space.org/materials/states-of-matter/liquids-in-space에서 재미있는 동영상을 볼 수 있습니다. 투명 상자를 물과 기름으로 가득 채우고 흔드는 것인데 무중력 공간에 기름과 물을 상자에 가두지 않는다면 아마 각각 공 모양의 방울로 변할 것입니다. 물 위에 퍼지는 휘발유와 같은 기름이라면 물로 된 공을 기름이 감쌀 수도 있겠고요.

세제 분자가 기름 덩어리를 만나면 소수성 꼬리가 기름 분자에 달라붙습니다. 이것은 원자가 재조합하는 화학적 결합은 아니고 분자 사이에 작용하는 힘에 의해 가까이 붙는 것입니다. 그리고 친수성인 머리 부분은 물이 있는 쪽을 향하게 되지요. 세제 분자가 덮은 기름 덩어리의 표면은 친수성이 됩니다. 그러면 이제 물 분자가 기름 덩어리에 인력을 작용할 수 있게 되고, 물이 묻은 수세미로 문지르거나 흐르는 물에 씻으면 물과 함께 움직이며 그릇으로부터 떨어져 나옵니다. 사실 가만두어도 물 분자의 열운동이 기름 덩어리를 그릇에서 떼어낼 수도 있습니다. 마치 물속의 소금 결정에서 물 분자가 서로 강하게 결합하고 있던 이온들을 하나씩 떼어내듯 말이지요 (1권의 3장 그림 3-13과 본문 설명을 참조하세요). 조금 더 시간이 걸립니다만.

세제처럼 서로 섞이지 않는 두 물질의 경계에서 두 물질을 서로 친화력이 있도록 해 주는 물질을 **계면활성제(界面活性劑, surfactant)**[17]라고 합니다. 친수성인 부분과 소수성인 부분이 모두 있고, 두 부분이 명확하게 구분되는 분자 구조 덕분에 이러한 일을 할 수 있는 것입니다. 4장에서 이야기한 마요네즈를 만들 수 있게 해 주는 레시틴도 계면활성제입니다. 달걀노른자에 들어 있지요(1권의 그림 4-15와 본문 설명을 참조하세요). 1권의 3장에서 삼투압을 설명할 때 나왔던 세포막을 구성하는 인지질도 친수성 부분과 소수성 부분이 있는 구조였지요? 이러한 인지질의 친수성 부분이 세포막의 겉쪽인 놓인 이중막을 만든 덕분에 우리 생명체가 지구상에 나타날 수 있었습니다(1권의 그림 3-16과 본문 설명을 참조하세요).

---

17) 말 그대로 경계면을 활발하게 만들어주는(한자로 성) 약(한자로 제)이라는 뜻입니다. 영어의 surfactant도 surface-active-agent의 몇 글자를 따서 조합한 것입니다.

그래서 마요네즈가 묻은 그릇을 닦는 데는 세제가 필요하지 않습니다. 이미 계면활성제로 기름 덩어리를 둘러싸 놓은 것이 마요네즈니까요(1권의 4장 그림 4-15와 본문 설명을 참조하세요). 물로만 헹궈도 마요네즈가 잘 떨어져 나갑니다.

우리나라에서는 대부분 세제를 묻힌 수세미로 그릇을 문지른 다음 이것을 헹구는 방식으로 그릇을 씻습니다. 헹군 다음에는 거치대에 올려놓아 물기를 빼고 자연스럽게 마르게 합니다. 반면 서양 사람들은 세제를 푼 물에 그릇을 담갔다가 꺼내서 헹굽니다. 그리고는 그릇에 묻은 물을 수건으로 닦아서 없애지요. 물론 이것은 문화의 차이이고 어느 것이 더 나은 방법이라고 할 수 없습니다. 하지만 그 문화의 차이가 생긴 데에도 이유가 있지요. 물기를 닦는 것은 수돗물이 다르기 때문입니다. 석회암 토양의 지하수나 강물에는 탄산칼슘이 많이 녹아 있어서 물기가 마른 다음에는 하얗게 자국이 남습니다. 우리나라는 화강암이 대부분이라 물에 녹아 있는 것이 거의 없으니 그냥 말려도 괜찮고요. 수세미로 문지르고 그릇에 담그는 것은 사용하는 그릇의 모양이 다른 것이 이유일 수 있습니다. 얇은 접시는 세제를 푼 물이 담긴 통에 차곡차곡 넣으면 여러 개를 담아 놓을 수 있지요, 크기가 약간 다르더라도요. 그런데 높이가 있고 크기도 다른 밥공기나 국 대접을 사용하는 우리는 이렇게 할 수 없지요. 몇 개만 담아도 물 위로 올라와 버립니다. 더구나 그릇이 몇 개 되지 않을 때도 큰 통에 물을 받아 세제를 푸는 것은 경제적이지 않지요.

하지만 세제를 꾹 짜서 수세미에 묻히고 그것으로 곧바로 그릇을 닦기 시작하는 것은 바꾸어야 할 습관입니다. 그렇게 하면 처음 몇 개의 그릇에는 세제가 많이 (너무 많이) 묻게 되지만 얼마 지나지 않아 수세미에는 세제가 거의 남지 않게 됩니다. 그러면 다시 세제를 또 짜게 되지요. 그렇게 해서 너무 많이 묻은 세제를 헹구려면 많은 물을 소모하게 됩니다. 세제를 많이 묻히는 사람들은 세제가 기름을 분해한다고 생각합니다. 하지만 그림 2-13의 (나)에 보인 것처럼 세제는 기름을 아주 작게 분해하는 것이 아니라 물이 떼어낼 수 있을 정도의 크기로 나누어 그릇으로부터 떨어지게 하는 것입니다. 그래서 세제는 그리 많은 양이 필요하지 않습니다. 물에 의해 씻겨나갈 정도의 크기로 나뉜 기름방울들의 전체 표면을 덮는 정도면 되니까요.

세제는 얼마만큼 필요하나요?

간단한 계산을 해 봅시다. 1 cc의 세제로 얼마만큼의 표면적을 덮을 수 있는지 알아볼까요? 단순하게 이 세제 분자가 1 cc에 그림 2-14의 (가)처럼 차곡차곡 층층이 쌓여 있다고 생각합시다. 마치 콩나물 재배기의 콩나물처럼 말입니다. 그리고 이것이 그림 (나)와 같이 1개의 층으로 면을 덮으면 얼마만큼의 면적을 덮을 수 있을지 계산해 보려는 겁니다. 세제 분자는 그림 2-13에 보인 지방산 나트륨이라고 하지요. 지방산은 18개의 탄소가 단일결합으로 연결된 것입니다. 단일결합에서 탄소와 탄소 원자 사이의 거리는 약 150 pm입니다. 나트륨까지 합치면 지방산 나트륨의 꼬리에서 머리까지 원자가 20개 정도 있으니 일직선이라면 길이가 약 150 pm × 20, 즉 3 nm[18] 정도일 것입니다. 그런데 탄소 원자의 단일결합이 서로 각을

18) pm(피코미터)는 10^{-12} m(1 m의 1조분의 1)이고 nm(나노미터)는 10^{-9} m(1 m의 10억분의 1)입니다.

이루고 있어서 사슬이 일직선이 아니다보니 이보다는 짧겠지만요. 계산하기 쉽게 세제 분자의 길이를 2.5 nm라고 합시다. 그러면 (가)에서 1 cc는 밑면적이 1 cm^2이고 높이가 1 cm인데, 이것이 (나)와 같이 1층으로 펼쳐지면 높이가 3 nm로 줄어드는 것이니까 면적은 1 cm 나누기 2.5 nm, 즉 4백만 배로 넓어질 것입니다. 1 cm^2의 4백만 배는 400 m^2니까 가로-세로가 20 m인 정사각형의 면적입니다. 33평형 아파트 4채의 넓이지요. 달걀 하나에 들어 있는 레시틴으로 축구장 면적을 덮을 수 있다는 말도 지나친 과장은 아닙니다.[19] 반지름이 5 cm인 반구 모양의 밥공기 안쪽과 바깥쪽의 표면적의 합은 $4\pi(5\text{cm})^2 \sim 300\ \text{cm}^2$이니까 이런 그릇 만 개 이상의 표면을 덮을 수 있다는 것입니다. 게다가 그릇 전체에 기름이 묻어 있는 것도 아니니

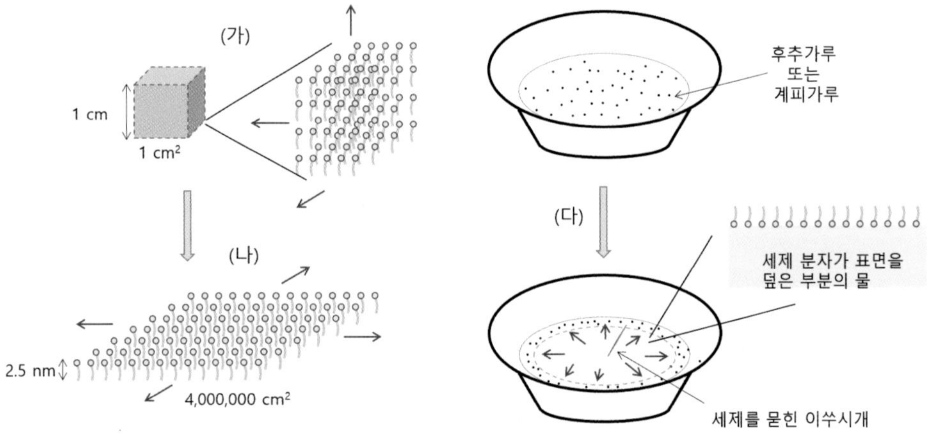

그림 2-14 (가) 세제 1 cc에 콩나물시루에 들은 콩나물처럼 세제 분자가 여러 층으로 쌓여 있을 때 (나) 세제 분자가 1개의 층으로 표면을 덮고 있을 때 (다) 물에 후춧가루나 계피가루를 뿌리고 세제를 묻힌 이쑤시개를 가운데에 대면 가루들이 가장자리 쪽으로 밀려난다.

---

19) 달걀 하나에는 약 1 g의 레시틴이 들어 있고 축구장을 덮으려면 15개 정도는 있어야 한다고 하네요. 최낙언, 『물성의 원리』, 예문당(2018).

기름 덩어리의 표면적만 따지면 그릇의 수는 더 늘어나겠네요. 물론 이것은 단순한 계산이지만 아주 적은 양의 세제로도 그릇을 닦을 수 있다는 것을 알려줍니다. 그래도 못 믿겠으면 실험을 한번 해 볼까요?

확인해 볼까요?

커다란 대야에 물을 받아 그 위에 후춧가루나 계피가루를 살짝 뿌립니다. 가루는 아주 조금만 뿌려도 되며, 물 표면을 모두 덮을 필요는 없습니다. 이쑤시개 끝으로 주방세제를 살짝 찍은 후 물의 가운데에 살짝 대 보세요.

그림 2-14 (다)에 보인 것처럼 가루들이 대야의 가장자리 쪽으로 몰려가지요? 가루 없이 텅 비는 부분의 표면에는 세제 분자가 퍼진 것입니다. 그림에 보인 것처럼 세제 분자가 표면을 덮으면 이 부분의 물의 표면장력은 작아집니다. 물의 표면장력은 표면에 놓인 물 분자가 물 안에 있는 물 분자보다 수소 결합을 할 주위의 물 분자의 수가 적기 때문에 나타납니다. 그런데 표면에 친수성인 세제 분자가 놓이면 상호작용을 할 분자가 주위에 있으니 표면장력이 작아지는 것이지요. 표면장력이 큰 부분의 면적이 줄어들수록 에너지가 낮아지니까, 세제가 덮이지 않은 부분, 즉 가장자리 부분의 물이 표면적을 줄인 것입니다. 가루들은 세제가 덮지 않은 물의 표면에 있었으니 같이 따라간 것이고요.

그림 2-14의 (다)처럼 세제 분자가 물 위에 떠 있으면 소수성인 지방산 부분은 공기 쪽을 향합니다. 이것은 물에 얇은 기름막이 떠 있는 것과 똑같습니다. 그러면 물과 공기의 접촉이 차단되기 때문에 산소가 물에 녹기

어렵습니다. 물에 녹은 산소로 살아가는 수중 생물에게는 치명적이지요. 표면장력이 약해진 물에서는 거품까지 잘 만들어지니 거품이 덮인 물의 상황은 더 나쁘지요. 그래서 합성세제도 플라스틱처럼 우리 생활을 매우 편리하게 해 주지만 남용은 하지 말아야 합니다.

세제의 남용을 줄이기 위해 세제 통에서 짠 대로 그릇을 닦지 말고, 씻을 그릇 중 하나에 약간의 물을 받아 세제를 묽혀서 닦아 보기를 권합니다. 아마 세제를 그대로 묻혔을 때와 똑같이 잘 닦일 것입니다. 헹구기는 더 쉽지요. 깨끗한 느낌이 들지 않는다고요? 매일 사용하는 그릇이라면 기름기가 남아 있는 그릇과 씻기지 않은 세제가 묻어 있는 그릇 중 어느 것이 더 나쁜지는 비교하기 어렵네요. 오래 둔다면 기름이 산패할 테니 기름이 묻어 있는 그릇도 좋지는 않겠지만요. 여하간 세제는 아주 조금만 있어도 된다는 것을 잊지 맙시다. 하지만 플라스틱 음료수병에 10배 정도로 묽혀서 담아 놓고 사용하는 것은 권하고 싶지 않네요. 묽힌 세제 안에서는 미생물이 번식할 수도 있으니 그때그때 묽혀서 사용하는 것이 좋습니다.

세제로 그릇을 닦아 기름기가 가신 그릇에서 뽀득뽀득 소리가 날 때마다 이런 질문이 머리에 떠오릅니다.

세제가 없는 시대에는 어떻게 그릇에 묻은 기름을 닦아냈나요?

사극에도 설거지 장면은 잘 나오지 않습니다. 궁중음식을 주제로 한 드라마였던 「대장금」에 몇 장면 나오기는 하지만 모두 물에 그릇을 씻는 시늉만 할 뿐 기름기 있는 그릇을 어떻게 씻는지는 보여 주지 않더군요.

사실 상온에서 액체 상태인 식물성 기름은 닦아내기 어렵지 않습니다. 쉽게 굳는 동물성 기름이 씻어내기가 어렵지요. 요즘은 우리가 원하기만 하면 아무 때나 고기를 사서 요리해 먹을 수 있지만, 예전에는 그러지 못했습니다. 소는 고기를 먹기 위해서라기보다는 밭을 갈고 수레를 끄는 동력원으로 키웠지요. 냉장고가 없었으니 오랫동안 보관할 수 없어서 돼지도 아무 때나 잡을 수 없었습니다. 명절이 되거나 마을에 큰 잔치가 있을 때 소나 돼지를 잡아 온 마을 사람들이 나누어 먹는 것이 고작이었습니다. 아마 한 가정에서는 닭이나 토끼 정도의 작은 동물만 원할 때 잡아서 요리할 수 있었을 것입니다. 그러니 이런 시대에는 기름기가 있는 그릇을 닦는 것이 큰 문제는 아니었지요.

그때에도 물론 방법이 있었습니다. 쌀을 씻은 쌀뜨물을 이용하면 그릇에 묻은 기름을 닦아 낼 수 있습니다. 쌀뜨물에는 쌀을 구성하고 있던 녹말과 단백질이 떨어져 나와 물에 섞여 있습니다. 계면활성제 분자처럼 명확하게

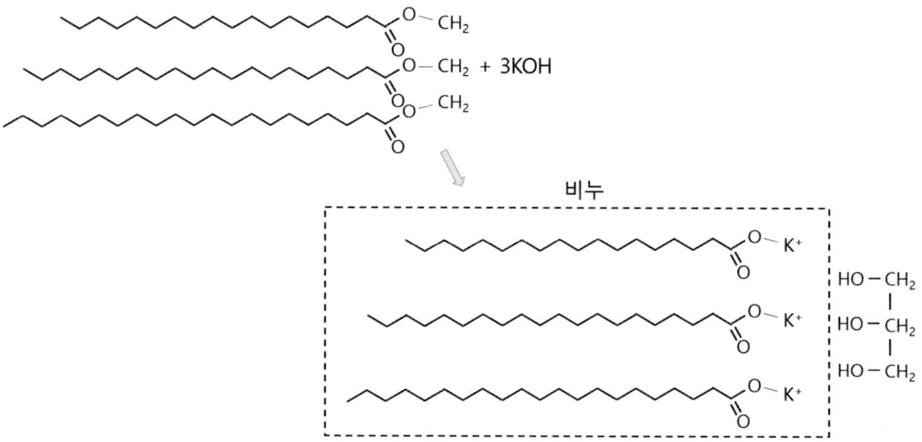

그림 2-15 지방의 비누화 반응

머리와 꼬리 두 부분으로 나뉘어 있지는 않지만, 이 분자들에도 친수성인 부분과 소수성인 부분이 있습니다. 그래서 녹말과 단백질 분자는 물 분자와도 잘 어울리고 기름과도 잘 어울립니다. 계면활성제처럼 쌀뜨물이 기름을 물과 친하게 해 주어 그릇에서 떨어지게 하는 것입니다. 예전에야 귀한 것이니 그릇을 닦는 데 사용하지 못했겠지만, 밀가루도 똑같은 효과를 낼 수 있습니다. 녹말과 단백질로 이루어져 있으니까요. 그래서 버터와 달걀을 밀가루와 섞어 물로 반죽을 할 수 있는 것이지요. 요즘에도 환경을 생각해서 쌀뜨물과 밀가루로 그릇을 닦는 사람들이 있습니다.

기름은 종이와 천으로 닦아 낼 수 있습니다. 종이와 천은 셀룰로스로 이루어져 있고 이 분자도 친수성인 부분과 소수성인 부분이 있기 때문이지요. 그래서 책과 옷에 물을 떨어뜨려도 스며들고 기름을 떨어뜨려도 스며드는 것입니다. 또, 배가 좌초되어 바다에 기름이 유출된 경우에도 위에 떠 있는 기름을 제거하는 데 종이가 사용됩니다. 그러니 물로 잘 씻고 남아 있는 기름은 천으로 닦아 내면 됩니다. 셀룰로스로 이루어진 짚도 기름기를 닦아 낼 수 있습니다. 짚으로 닦고 물로 헹궈도 되었겠네요.

그릇을 닦는 데 이렇게까지 했을 것 같지는 않지만, 잿물을 사용하면 기름을 제거할 수 있습니다.[20] 잿물에는 수산화칼륨(KOH)이 들어 있습니다. 생물에 꼭 필요한 원소인 칼륨(K)이 물과 만나 만들어진 것이지요. 수산화칼륨은 그림 2-15와 같이 지방 분자를 지방산 칼륨과 글리세롤로 분해합니다. 지방산 칼륨은 그림 2-13에 있는 지방산 나트륨과 같은 계면활성제입니다. 나트륨 이온 대신 칼륨 이온이 붙어 있지요. 이 부분이 친수성입니다.

---

20) 주로 빨래의 기름때를 제거하는 데 사용했습니다.

이번에는 그야말로 지방을 분해하는 것이라고 볼 수 있겠네요. 하지만 모든 지방을 분해하지 않더라도 만들어진 지방산 칼륨이 기름때를 둘러싸서 떼어내기도 했을 것입니다. 개화기 이후에는 나트륨을 시장에서 구입할 수 있게 되었고 이것을 물에 넣어 만든 수산화나트륨을 만들어 사용했습니다. 이것을 서양의 잿물이라는 뜻으로 '양(洋)잿물'이라고 불렀습니다. 요즘도 고깃집에서 불판을 닦는 데 양잿물이 사용된다고 TV 뉴스에서 심각한 문제로 다뤄지고 있습니다. 제대로 양잿물을 씻어낸다면 다른 세제에 비해 특별히 나쁠 것 같지 않지만, 제대로 씻지 않았을 때 세제보다 수산화나트륨이 사람 몸에 치명적이라는 것이 문제지요.

계면활성제인 세제를 사용해서 그릇을 씻을 때 항상 일어나는 일이 있습니다. 바로 거품이 이는 것입니다. 물은 표면장력이 큽니다. 공기 분자가 소수성이라서 물과 공기의 접촉면적을 최소로 줄이려고 하지요. 빗방울처럼 적은 양의 물이 공기에 놓이면 공 모양으로 뭉칩니다(1권의 3장 그림 3-20과 본문 설명을 참조하세요). 반대로 적은 양의 공기가 물속에 놓이면 공기가 공 모양의 방울이 되어 물과 공기의 접촉면적을 줄이고요. 그래서 물에서는 거품이 잘 일지 않습니다. 수돗물이 부엌의 개수대에 받아 놓은 물에 떨어질 때 물줄기에 딸려 들어간 공기가 공기 방울을 만들지만 물 위에 올라오면 곧바로 터지고 맙니다.

그런데 세제 분자는 물 분자가 공기 분자와 직접 만나는 것을 막아줍니다. 세제 분자가 덮고 있는 물의 표면은 공기와 접촉하는 면적이 늘어나더라도 크게 저항을 하지 않습니다. 그러니 세제 분자로 덮인 얇은 막으로 공기를 가둔 비눗방울이 공기 중에 놓여도 문제가 없지요. 우리가 비눗방울을 불고 노는 비눗방울 용액은 계면활성제를 물에 섞은 것입니다. 맥주의 거품과 카페라테의 거품도 맥주와 우유에 들어 있는 소수성 부분과 친수성 부분을 가지는 분자가 계면활성제의 분자와 같은 역할을 해 주기 때문에 거품이 잘 꺼지지 않는 것입니다. 보리차를 따를 때 맹물보다는 거품이 잘 일어나지 않던가요?

대부분 재미있게 불고 놀기만 했을 이 비눗방울에 아주 재미있는 규칙이 숨겨져 있습니다. 그리고 오랜 기간 동안 많은 과학자들에 의해 연구되어 왔습니다.

비눗방울은 그냥 동그란 모양 아닌가요?

신기하게도, 빨대의 끝부분을 찌그러뜨려서 불어도 항상 동그란 모양의 비눗방울이 만들어집니다. 그런데 이론적으로 비눗방울은 그냥 동그란 모양이 아니라 완벽한 공 모양(球形, sphere)[21]이어야 합니다. 공 모양이 같은 부피를 가지는 입체 중에서 표면적이 가장 작기 때문입니다. 그래야 표면장력에 의한 퍼텐셜에너지가 가장 작아 안정한 상태가 되지요. 물론 우리가 실제로 보는 비눗방울이 완벽하게 공 모양은 아닙니다. 중력의 영향도 있고 처음 불어 놓았을 때는 비누막이 진동할 수도 있기 때문입니다.

같은 부피를 가진 입체도형 중에 공 모양의 표면적이 가장 작다는 것은 그리스 시대부터 알려져 있었습니다. 아르키메데스가 공 모양의 표면적을

21) 일상에서 사용하는 둥근 공과 추상적인 입체도형인 공을 구분하는 우리말 용어가 없어서 '공 모양'이라고 부르기로 하겠습니다. 영어에서는 구기 경기에 사용하는 공을 ball, 수학 시간에 다루는 한 점에서 같은 거리에 있는 3차원 점의 집합을 sphere라고 구분해서 부릅니다. 물론 sphere도 공을 뜻하는 그리스어에서 파생된 것이기는 합니다만.

구하고 조노도루스가 이것이 가장 작은 표면적이라고 주장했지요.[22] 하지만 19세기에 와서야 수학자 헤르만 슈바르츠에 의해 완벽하게 증명되었습니다. 비눗방울만 불어보면 알 수 있는 것을 왜 증명을 하느냐고요? 어떤 것이 완벽하게 공 모양이라는 것을 측정으로 증명하기는 무척 어렵습니다.[23] 특히 건드리기만 해도 터지고 제자리에 가만히 있지도 않은 비눗방울의 경우는 더 어렵지요. 모든 각도에서 사진을 찍는다고요? 사진은 거리와 각도에 따라 왜곡이 심합니다. 더구나 비눗방울은 대부분 막 불었을 때는 공 모양이 아닙니다. 막이 진동하면서 공기의 저항으로 에너지를 잃어 공 모양이 되어 가지요. 완전한 공 모양이 되기 전에 터지기도 합니다. 비눗방울 대부분은 몇 초 이내에 터지고 마니까요. 또, 바람과 같은 작은 교란으로도 막이 진동할 수 있습니다. 비눗방울을 분 다음 공중에 날아다니게 하려고 입이나 손으로 방울 주위에 바람을 일으키면 모양이 변하는 것을 볼 수 있지요. 그러니 완벽한 공 모양의 사진을 찍기는 어려울 겁니다. 수학자들의 증명 덕분에 우리는 가장 안정한 상태라면 비눗방울의 모양이 그저 동그란 공 모양에 가까운 것이 아니라 완벽한 공 모양이 되어야 한다는 것을 알

---

22) 아르키메데스는 반지름이 R인 공의 표면적이 이 공에 외접하는 원기둥(이것을 아르키메데스의 원기둥이라고 부릅니다)의 옆면의 표면적과 같다는 것을 보였습니다. 아르키메데스는 공의 부피 $4\pi R^3/3$과 원기둥의 부피 $\pi R^2(2R)$이 정확하게 2:3인 것을 알아내고 이 도형들을 좋아했다고 합니다. 아르키메데스의 원뿔이라고 부르는 반지름이 R이고 높이가 $2R$인 원뿔의 부피는 $(1/3)(\pi R^2)(2R)$이니 이들 입체 도형 부피의 비는 1:2:3입니다. 신기하지요? 그런데 공의 표면적 $4\pi R^2$과 원기둥의 전체 표면적(옆면+윗면+아랫면) $4\pi R^2+\pi R^2+\pi R^2$도 2:3이니까, 같은 부피라면 공과 원기둥의 표면적이 같습니다. 이런데도 아르키메데스는 어떻게 같은 부피라면 표면적이 가장 작은 것이 공이라고 결론을 내렸는지 모르겠네요.

23) J. Bryant and C. Sangwin, *How Round is Your Circle?*, Princeton University Press, 2008을 보면 공 모양이 완벽한지를 측정으로 알아내기가 얼마나 어려운 일인지 알 수 있습니다.

수 있는 것입니다. 물론 중력이 작용하지 않아야 하지요. 그러니까 실제로는 한 번도 완벽한 공 모양의 비눗방울을 본 적도 없고 볼 수도 없지만 그래야 한다고 증명한 것이지요.

비눗방울의 안과 밖에는 모두 공기가 있습니다. 바깥쪽에는 대기압이 작용하고 있습니다. 방울 안에 들어 있는 공기의 압력은 대기압과 같을까요? 다르다면 어느 쪽이 더 높을까요? 입으로 불어야 방울이 만들어지니 당연히 안쪽의 압력이 높지 않겠느냐고요? 빨대 끝에 비눗방울 용액을 묻히고 가만히 두면 방울이 만들어지지 않으니까요. 맞습니다. 그렇다면 큰 비눗방울과 작은 비눗방울 2개가 있을 때 방울 안의 공기의 압력은 어느 쪽이 높을까요? 큰 방울을 불려면 공기를 많이 불어넣어야 할 테니 큰 방울 쪽이 압력이 높을까요? 이것은 논리만으로는 쉽게 답하기 어렵습니다. 여기에 관련된 물리 법칙의 도움을 받아야겠습니다.

비눗방울의 막에는 공기의 압력과 표면장력이 작용합니다. 막은 얇다고 가정하고, 중력은 생각하지 않기로 하지요. 안쪽에 있는 공기의 압력은 막을 팽창시키려 하고, 바깥쪽 공기의 압력과 표면장력은 막을 수축시키려 할 겁니다. 팽창시키려는 힘과 수축시키려는 힘이 평형을 이룰 때 비눗방울이 그 모양을 유지하는 것입니다. 비눗방울의 안쪽과 바깥쪽의 공기 압력의 차이가 $\Delta P (= P_{안} - P_{밖})$이고 반지름이 R이라면 이들 사이에는

$$\Delta P = 2\gamma / R \tag{2.7}$$

과 같은 관계식이 성립합니다. 여기에서 γ는 비누막의 표면장력입니다.[24)]

---

24) 비눗방울에서는 안과 밖이 모두 공기와 접촉하고 있으므로 비누막의 표면장력은 비눗방울 용액의 한 면이 공기와 접촉한 표면장력의 2배가 되어야 합니다.

이것은 두 유체의 경계면에 대한 규칙인 **영-라플라스 방정식(Young and Laplace's equation)**을 공 모양의 비눗방울에 적용한 것입니다.

(2.7) 식에 따르면 방울의 반지름이 클수록 오히려 안과 밖의 압력 차이가 작네요. 그러니까 큰 비눗방울 안쪽의 공기 압력이 작은 비눗방울의 안쪽보다 낮다는 것입니다. 비눗방울은 처음에 불 때 오히려 압력을 높게 해 주어야 합니다. 반지름이 작으니까요. 일단 방울이 커지면 부는 압력이 오히려 낮아도 됩니다. 비눗방울을 불 때는 잘 느낄 수 없지만, 풍선을 불어 본 사람은 모두 처음에 부풀리기가 더 어렵다는 데에 동의할 것입니다. 크게 불려니 숨이 차지만 처음에 불 때보다 더 낮은 압력으로 불어도 된다는 것이지요. 풍선을 불 때 처음에는 '후' 하고 세게 불지만 일단 부풀고 난 후에는 '호' 하고 살살 불어도 되지요. 터질까 봐 살살 부는 것이기도 합니다만. 비눗방울이나 풍선이 부풀수록 막이 얇아져 늘어나기 쉬워서 그런 것이 아닙니다. 표면장력은 면적의 변화에 대해 나타나는 힘으로서, 막의 두께가 분자의 크기 정도가 되지 않는 한 두께에 따라 달라지지 않습니다. 압력 차이에 의해 방울을 팽창시키는 힘은 면적에 비례하는데, 방울을 수축시켜 표면적을 줄이려는 표면장력에 의한 힘은 면적 경계의 둘레에 비례하기 때문입니다. 그러니까 방울의 반지름이 커지면 압력 차이에 의한 힘은 반지름의 제곱에 비례하여 커지고, 표면장력에 의한 힘은 반지름에 비례하는 것이지요.

설거지할 때 물통에 만들어지는 방울을 자세히 관찰하면 작은 방울들이 큰 방울로 합쳐져 큰 방울이 되었다가 터지는 것을 볼 수 있습니다. 세수할 때 세면대에 만들어지는 물거품도 큰 거품으로 자라서 터지지요. 모두 같은 원리입니다.

(2.7) 식은 비눗방울뿐 아니라 물방울에서 일어나는 여러 현상도 설명해 줍니다. 연잎 위에서 작은 물방울이 큰 물방울을 만나면 항상 큰 물방울에 흡수됩니다. 작은 물방울 내부의 물의 압력이 큰 물방울 내부보다 높아서, 작은 방울을 이루고 있던 물이 큰 방울 쪽으로 움직이는 것입니다. 마요네즈나 크림을 만들 때 달걀노른자나 우유를 많이 휘저어야 하는 이유도 (2.7) 식으로 설명할 수 있습니다. 작은 방울로 쪼개지려면 표면장력에 대한 퍼텐셜에너지가 높아져야 하니 그만큼 외부에서 일을 더 많이 해 주어야 하는 것입니다.

비눗방울을 불다 보면 2개의 방울이 붙어서 공중으로 날아가기도 합니다. 그 모양을 자세히 관찰해 본 적 있나요? 2개의 공 모양이 붙어 있는데 완전한 공 2개가 한 점에서 붙어 있는 모양이 아니라, 그림 2-16에 보인 것처럼 각각의 공을 얼마만큼씩 잘라내고 잘라낸 면끼리 붙여 놓은 모양입니다. 각각 따로 공 모양으로 만들어진 비눗방울 2개를 붙여도, 붙은 부분이 납작해지며 항상 그림 2-16과 같이 됩니다. 눈사람이 아니라 허리가 잘록 들어간 오뚜기 혹은 러시아 인형 마트료시카 모양이라고 해야겠네요. 공 2개를 칼로 잘라, 자른 면이 서로 딱 맡게 붙이는 방법은 여러 가지가 있을 것입니다. 자른 면이 같은 크기의 원이면 되니까요. 그런데 비눗방울 A와 B 2개를 붙일 때는 어떤 (A, B) 한 쌍에 대해 단 하나의 모양만 가능합니다. A와 B의 반지름이 정해져 있으면 이 둘을 어떻게 붙여도 항상 똑같은 모양이 된다는 것입니다.

비눗방울 2개가 붙어 있는 모양에는 아주아주 재미있는 수학적 규칙이 있습니다. 두 비눗방울 사이에도 막이 하나 만들어지는데, 이 이 막이 두 방울의 막과 만나는 경계선에서 3개의 막이 이루는 각은 정확하게 120°라는 것입니다. 비누막은 곡면인데 어떻게 각을 잴까요? 세 비누막이 만나는 경계선은 하나의 원입니다. 그림 2-16 (가)에 보인 것처럼, 이 원 위의 한 점 P에서 원에 접하는 선분 AB와 수직이고 P점을 지나는 평면 α를 생각해 봅시다. 그러면 비눗방울은 이 평면에 대해 대칭인 모양이고, 비누막은 그림 (나)처럼 평면 위에서 3개의 곡선으로 나타납니다. P점에서 각각의 곡선에 접선을 그었을 때 이 접선들 사이의 각이 곡면, 즉 비누막 사이의

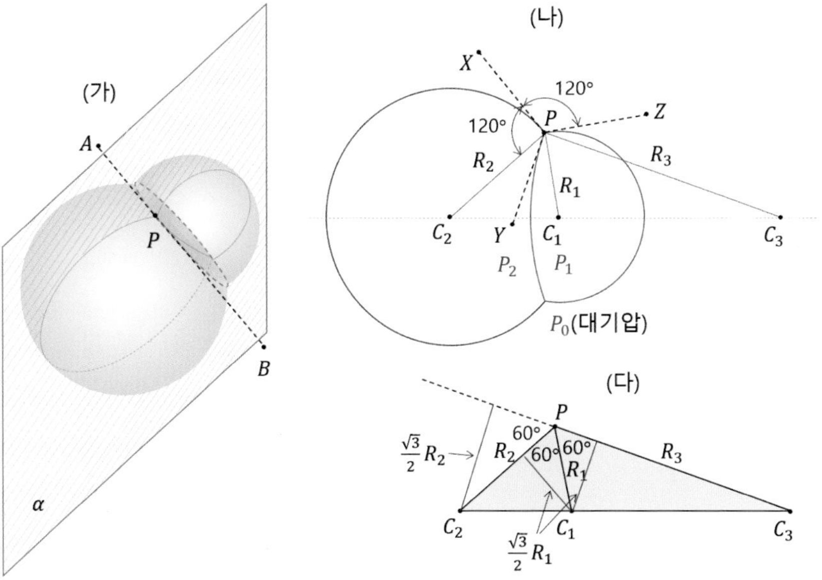

그림 2-16 (가) 붙어 있는 2개의 비눗방울. 선분 AB는 P점에서 두 방울의 경계선에 접하고, 평면 α는 선분 AB에 수직이며 P점을 지난다. 비눗방울은 이 평면 α에 대해 대칭이다. (나) 비누막이 평면 α에(대칭면)에 그리는 세 원이 만나는 P점에서 각 원에 접하는 세 선분 PX, PY, PZ 사이의 각은 120°이다. (다) $\triangle C_2PC_3$의 면적은 $\triangle C_2PC_1$과 $\triangle C_1PC_3$의 면적을 더한 값과 같다. (라) $\triangle C_2PC_3$에서 $\angle PC_2C_3$를 θ라 하면 $\angle PC_1C_3$는 $60^\circ+\theta$이고, $\angle PC_3C_1$은 $60^\circ-\theta$이다. $\triangle C_2PC_3$의 꼭짓점 P에서 맞은 변(선분 C_2C_3)에 수선을 내리고 그 길이를 h라 하면 $h=R_2\sin\theta=R_1\sin(60^\circ+\theta)=R_3\sin(60^\circ-\theta)$이다. $\sin(60^\circ+\theta)-\sin(60^\circ-\theta)=\sin\theta$이므로 (2.8) 식이 성립하는 것을 알 수 있다.

각입니다. 이 각이 항상 그리고 정확하게 120°라는 것입니다. 신기하지요?

더 신기한 것이 있습니다. 두 방울이 여전히 완벽한 공 모양의 일부라는 것입니다. 두 방울 사이의 막은 크기가 작은 방울에서 큰 방울 쪽으로 볼록 들어간 모양의 곡면이 됩니다. 앞에서 이야기했듯이 작은 방울 내부의 공기 압력이 더 높으니까요. 그런데 이 곡면도 완벽한 공 모양의 일부입니다. 두 방울의 크기가 같은 특별한 경우에는 방울 사이의 막은 평면이 됩니다. 평면도 반지름이 무한대인 공 모양의 일부라고도 할 수 있지요. 그래서 비눗방울 2개가 붙어 있는 모양은 그림 2-16에 보인 것처럼 3개의 공의 조각이 서로 붙어 있는 것입니다. 이때 작은 방울의 반지름을 R_1, 큰 방울의 반지름을 R_2, 두 방울 사이의 막의 반지름을 R_3라 하면 이 세 반지름은

$$\frac{1}{R_1}=\frac{1}{R_2}+\frac{1}{R_3} \tag{2.8}$$

와 같은 식을 만족합니다. $R_1 = R_2$라면 $1/R_3 = 0$이어야 하니 두 방울 사이의 막이 평면이 된다는 것과도 잘 맞네요.

(2.8) 식은 (2.7) 식으로부터 간단히 유도됩니다. 그림 2-16 (나)에 나타낸 것처럼 작은 공과 큰 공 내부의 공기의 압력을 각각 P_1과 P_2, 그리고 비눗방울 밖의 대기압을 P_0라 하면

$$P_1 - P_0 = 2\gamma/R_1,\ P_2 - P_0 = 2\gamma/R_2,\ P_1 - P_2 = 2\gamma/R_3$$

이고, $P_1 - P_0 = (P_1 - P_2) + (P_2 - P_0)$이니까요.

그런데 (2.8) 식은 방울의 세 면이 120°로 만난다는 사실로부터도 유도할 수 있습니다. P점에서 세 원에 그은 접선 PX, PY, PZ 사이의 각이

120°라면, $\angle C_2PY$와 $\angle YPC_1$, 그리고 $\angle C_3PZ$는 30°입니다. 그러므로 세 원의 중심 C_1, C_2, C_3과 P점을 연결하여 그림 2-16의 (다)에 보인 것처럼 끼인각이 60°인 2개의 삼각형 $\triangle C_2PC_1$과 $\triangle C_1PC_3$을 만들 수 있습니다. 그리고 이 두 삼각형을 합치면 끼인각이 120°인 삼각형 $\triangle C_2PC_3$이 됩니다. 이 세 삼각형의 면적이 각각 $(1/2)(\sqrt{3}R_1/2)R_2$, $(1/2)(\sqrt{3}R_1/2)R_3$, $(1/2)(\sqrt{3}R_2/2)R_3$이므로 $R_2R_3 = R_1R_2 + R_1R_3$가 되어야 하지요. 이 식의 양변을 $R_1R_2R_3$로 나누면 (2.8) 식이 됩니다. 또, 삼각함수의 덧셈 규칙을 적용하면 그림 2-16 (라)에 설명한 방법으로도 (2.8) 식이 나오는 것을 보일 수 있습니다. 그림 2-16 (다)와 그림 2-16 (라) 방법 모두 세 곡면이 120°로 만나는 것을 이용합니다. 그러니까 세 막이 120°로 만나는 것은 표면장력이 부리는 마술인 셈이지요.

그림 2-16과 같은 비눗방울 2개가 붙어 있는 모양이, 정해진 부피를 가지는 두 입체를 둘러싸고 있는 표면적이 가장 작은 모양이라는 것이 수학적으로 증명되었습니다. 두 입체의 부피가 같은 경우에 대해서는 1995년에 미국의 수학자 하스(Joel Hass)와 슐래플리(Roger Schlafly)에 의해 증명되었고[25] 보다 일반적인 경우에 대해서는 2000년에 미국의 수학자 허칭스(Michael Lounsbery Hutchings) 연구진에 의해 증명되었습니다.[26] 심지어는 3차원 이상의 가상공간에서도 표면적이 최소일 때 세 곡면이 이루는 각이 120°라

25) Hass, Joel; Schlafly, Roger (2000), "Double bubbles minimize", Annals of Mathematics, 2nd Ser., 151 (2): 459–515, 1995년에 미국 수학회에 발표하였는데 그 증명이 옳다는 것을 검증하는 데 5년이 걸렸나 봅니다.

26) Hutchings, Michael; Morgan, Frank; Ritoré, Manuel; Ros, Antonio (2002), "Proof of the double bubble conjecture", Annals of Mathematics, 2nd Ser., 155 (2): 459–489, 이 논문 역시 검증하는 데 2년이 걸렸네요.

는 것까지 증명되었습니다. 이것을 'double-bubble theorem'이라고 합니다. 우리말로는 '쌍방울 정리'라고 해야 할까요? 하지만 비눗방울이 3개 이상 붙어 있는 모양에 대해서는, 그 표면적이 그 개수만큼의 같은 부피를 가지는 입체 중 최소라는 것은 아직 증명되지 않았습니다.

3개의 비눗방울이 붙으면 어떤 모양이 될까요? 완벽하게 3차원 비눗방울은 아니지만 다음과 같은 실험을 해 봅시다.

확인해 볼까요?

1. 물과 주방세제를 4:1~5:1 비율로 섞어 비눗방울 용액을 만듭니다. 이때 천천히 저어야 거품이 나지 않습니다. 비눗방울은 몇 개만 불어볼 것이기 때문에 아주 조금만 만들면 됩니다. 글리세린을 세제의 1/2 정도 섞으면 비눗방울이 잘 만들어지기는 하지만 꼭 필요하지는 않습니다.
2. 얕은 접시에 물을 넘치지 않게 붓습니다. 그 위에 세제를 두 방울 떨어뜨립니다. 이 물은 비눗방울이 터지지 않게 놓이게 하고 또 자유롭게 움직일 수 있도록 하려는 것입니다. 비눗방울은 가장자리로 이동하여 물이 없는 부분의 접시에 붙으려고 하니 바닥이 평평한 넓은 접시가 좋겠네요.
3. 비눗방울 용액을 빨대에 찍어 접시에 부어 놓은 물 위에 비눗방울 2개를 서로 붙지 않게 불어 놓습니다. 그런 다음 떨어져 있는 비눗방울을 붙게 해 봅시다. 어떤 모양이 관찰되나요? 이번에는 2개의 방울이 처음부터 붙어 있도록 불어보세요. 떨어져 있던 비눗방울이 붙었을 때와 다른 모양인가요? 방울은 되도록 접시의 가운데에 놓아야 합니다. 그래도 자꾸 가장자리로 이동하려고 할 텐데 그럴 때마다 손으로 바람을 일으켜 가운데로 보내세요.
4. 이번에는 3개의 비눗방울을 떨어뜨려 놓고 붙게 해 봅시다. 어떤 모양이 관찰되나요? 비눗방울 3개가 일렬로 붙어 있게 할 수 있나요?

5. 같은 방법으로 4개 이상 여러 개의 비눗방울이 붙어 있는 모양을 관찰해 보세요.

비눗방울 2개는 항상 그림 2-16의 (가)와 같은 모양으로 붙습니다. 접시 위의 물에 놓이면 이것을 평면 α로 두 개로 나눈 것 중 하나가 되지만요. 처음에 두 비눗방울이 떨어져 있게 분 다음 붙게 하거나, 또는 처음부터 붙어 있도록 불거나 두 방울의 부피가 정해져 있다면 딱 한 가지 모양만 만들어집니다. 떨어져 있던 두 방울이 붙을 때는 두 방울이 만나자마자 순식간에 그 모양으로 변합니다. 비눗방울과 물 표면[27]의 경계선은 원의 일부분이며, 그림 2-16의 (나)와 같은 모양이 됩니다. 방울의 크기가 다르면 두 방울 사이에 있는 비누막이 물 표면과 만나는 경계선은 곡선입니다. 정확하게는 원의 일부라고 말해야겠네요. 이로부터 그 막이 곡면(구면의 일부)이라는 것도 확인할 수 있겠습니다.

비눗방울이 3개일 때는 어떻게 되던가요? 그림 2-17의 (가)와 같이 3개의 방울을 따로 불어 놓고 붙게 하면 그림 (라)와 같은 모양이 되고 말지요? 아무리 노력해도 3개의 비눗방울을 일렬로 붙어 있게 할 수 없을 겁니다. 비눗방울 3개를 (나)처럼 일렬이 되게 불어 놓아도, 첫 번째와 세 번째 방울이 두 번째 방울 주위로 조금씩 움직이다가 결국에는 3개의 방울이 서로 붙어 있는 모양이 되고 맙니다.[28] 이렇게 붙는 것이 전체 표면적이 가장 작아지기 때문입니다. 세 방울의 크기가 같으면 그림 (다)에 보인 것과

27) 이미 표면에 세제 분자가 퍼져 있으니 순수한 물은 아닙니다만.

28) 이때에도 양쪽의 방울이 만나자마자 서로 끌어당기는 것처럼 갑자기 붙으며 모양이 변합니다.

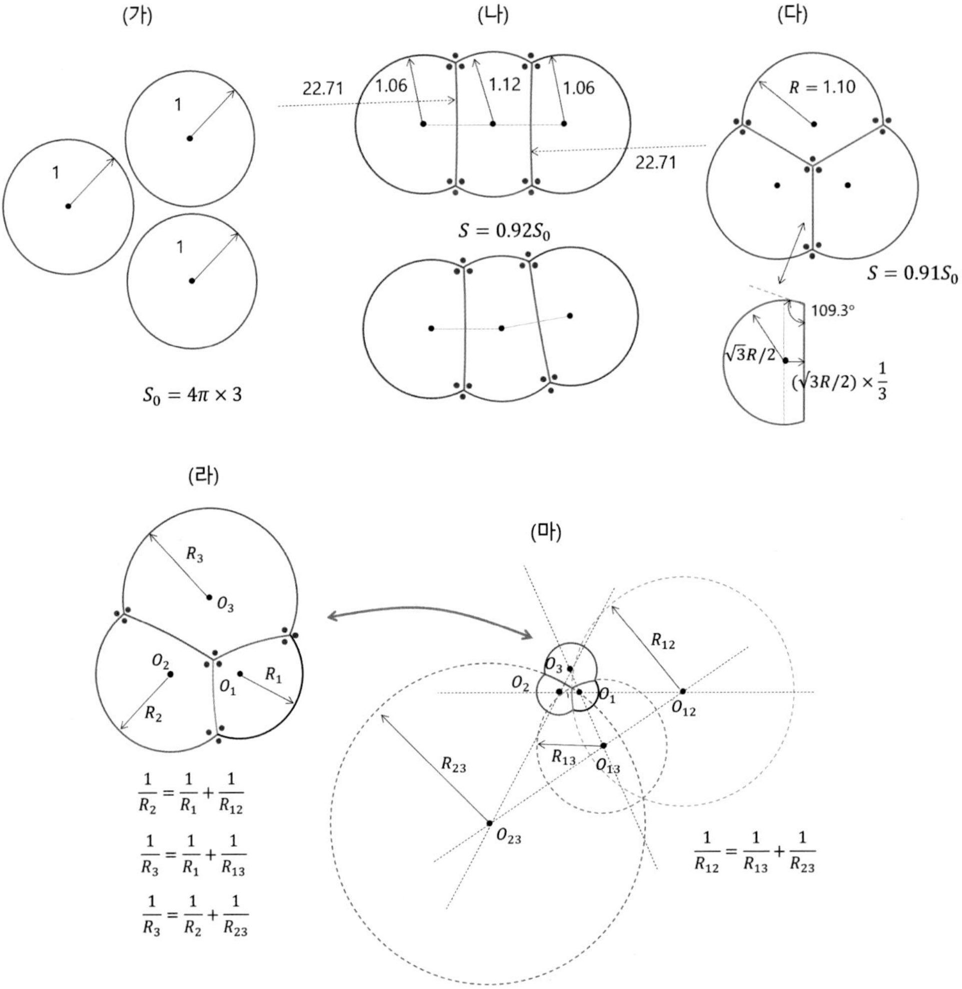

그림 2-17 (가) 반지름이 1(부피 $4\pi/3$, 표면적 4π)인 비눗방울이 따로 떨어져 있을 때 세 방울의 표면적의 합은 $S_0 = 12\pi(=4\pi\times3)$이다. (나) 부피가 $\pi/3$인 세 비눗방울이 일렬로 붙으면 반지름이 1.06과 1.12로 커지고 표면적은 S_0에 비해 8%만큼 줄어든다. 이때 방울 사이의 막은 곡면이다. (다) 부피가 $4\pi/3$인 비눗방울 3개가 모두 붙으면 반지름은 R=1.10이 되고 표면적은 S_0에 비해 9% 줄어든다. 이때 방울 사이의 막은 평면이고 반지름이 $\sqrt{3}R/2$인 원을 중심으로부터 $R/3$인 점에서 지름을 따라 자른 모양이 된다. (라) 크기가 다른 비눗방울 3개가 붙어 있는 모양. (마) 비눗방울 사이에 만들어진 막도 2개의 비눗방울이 붙은 모양의 일부분이다.

같이 비눗방울 사이의 막은 평면이고 이 세 평면은 정확하게 120°로 만납니다. 입으로 불어서는 정확하게 세 방울이 같은 크기가 되게 할 수 없겠지만 비슷한 크기의 세 방울을 붙이면 그림 2-17의 (가)와 같이 두 비눗방울 사이의 막이 물 표면과 만나는 세 선이 직선에 가깝게 되는 것을 확인할 수 있을 것입니다. 그리고 이 선들이 이루는 각이 120°이지요. 두 방울 사이의 막 3개가 이루는 각뿐 아니라 비눗방울 각각의 막과 두 방울 사이의 막이 이루는 각도 120°입니다.

비눗방울 3개가 붙어 있는 모양에는 120°뿐 아니라 재미있는 각이 하나 더 나타납니다. 두 비눗방울 사이에 만들어지는 막은 그림 (다)에 보인 것과 같이 원을 중심으로부터 반지름의 1/3되는 지점에서 지름과 나란하게 자른 모양이 됩니다. 이때 원을 자른 선은 원과 109.3°로 만납니다. 그 선과 원이 만나는 점에서 원에 그은 접선이 그렇다는 것이지요. 또, 다른 두 방울 사이의 막들이 만나는 점에서 경계선에 그은 접선들 사이의 각도 109.3°입니다. 109.3°[29]도 120°처럼 기하학에서 중요한 의미가 있는 각입니다. 정사면체의 중심과 네 꼭짓점을 연결한 4개의 선분이 이루는 각이니까요. 이 책 어디에선가 들어 본 각 아닌가요? 바로 1권의 3장에서 물 분자에 대해 이야기할 때 나왔던 각입니다. sp^3 혼성궤도 오비탈 사이의 각이 109.3°인데 수소와 전자를 공유하는 전자쌍과 비공유 전자쌍이 서로 같지 않아서 104.5°가 되는 것이라고 했지요?

이러한 성질은 3개의 비눗방울이 모두 크기가 달라도 유지됩니다. 그림 (라)에 보인 것처럼 모든 막은 각각 반지름이 다른 공 모양의 일부입니다.

---

29) $\cos 109.3° = -1/\sqrt{3}$ 입니다.

반지름이 각각 R_1, R_2, R_3인 3개의 비눗방울이 붙어 있을 때, 두 방울 사이의 막 역시 공 모양의 일부이며 이 막의 반지름 R_{12}, R_{23}, R_{13}은 (2.8) 식에 의해 결정됩니다. 그리고 이 방울 사이에 만들어진 세 막이 만나는 것도 R_{12}, R_{23}, R_{13}의 반지름을 가진 비눗방울이 만나는 것과 똑같습니다. 이 반지름 사이의 관계식 역시 (2.8) 식입니다. 모든 막을 이루는 6개의 공 모양의 중심들은 하나의 평면 위에 놓이고 3개의 비눗방울이 붙어 있는 모양은 이 면에 대해 대칭입니다. 120°와 109.3°도 나타납니다. 어디에 그 각이 숨겨져 있는지 찾아보세요.

이번에는 비눗방울이 4개 붙어 있는 모양을 알아봅시다. 접시에 담긴 물 위에 같은 부피를 가진 비눗방울을 4개 불어 서로 붙게 하면 그림 2-18의 (가)와 같이 됩니다. 물 위에 띄웠을 때는 4개가 모두 붙어서 단면이 클로버 모양이 되게 할 수는 없습니다. 그러려면 면이 90°로 만나야 하는데 그것은

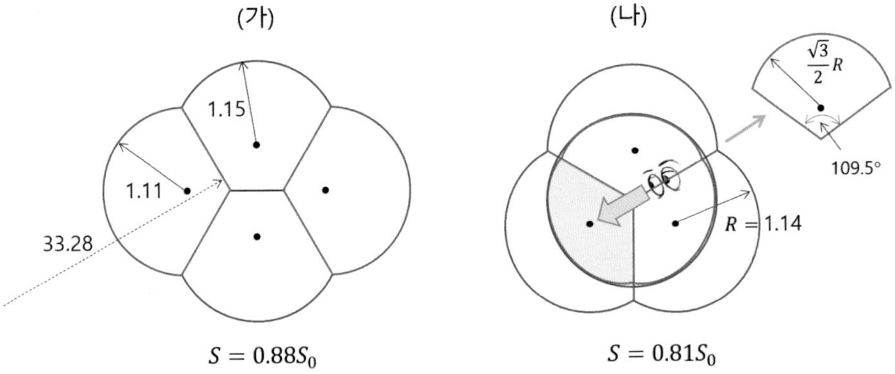

그림 2-18 (가) 물 위에 띄운 (중심이 모두 하나의 평면에 놓인) 부피가 $4\pi/3$인 비눗방울 4개가 붙어 있는 모양. 비눗방울의 곡률반지름은 1.11과 1.15로 커지지만 표면적은 4개의 비눗방울이 따로 떨어져 있는 경우에 비해 12%가 줄어든다. (나) 비눗방울 4개가 붙은 모양. 3개의 비눗방울을 붙이고 그 가운데에 비눗방울 하나를 놓으면 이런 모양이 만들어진다.

압력과 표면장력의 평형에서 유도되는 물리 법칙인 (2.8) 식과 맞지를 않습니다. 반지름이 1, 즉 부피가 $4\pi/3$인 공 모양의 비눗방울 4개가 붙으면 곡률반지름이 1.15인 방울(파란색)이 서로 붙고 그 양쪽에 곡률반지름이 1.11인 방울(밤색)이 붙어 있는 모양이 됩니다. 곡률반지름이 1.11인 비눗방울은 서로 붙지 못하지요. 곡률반지름이 다른 방울 사이에서 만들어지는 막(녹색)은 반지름이 33.28인 공 모양의 일부이고 곡률반지름이 같은 방울 사이에 만들어진 막(보라색)은 평면입니다. 여기에서도 모든 막 사이의 각은 120°입니다. 그리고 녹색 막과 보라색 막이 만나는 점에서는 109.3°도 나타납니다. 이 모양이 되면 전체 표면적은 비눗방울이 따로 떨어져 있는 경우의 표면적 $S_0 = 4\pi \times 4$에 비해 무려 12%가 줄어듭니다.

그런데 그림 (가)가 비눗방울 4개가 붙어 있는 모양 중에서 표면적이 가장 작은 것은 아닙니다. 3차원에서는 네 번째 비눗방울을 그림 2-17의 (다)와 같이 붙어 있는 3개의 비눗방울의 가운데에 올려놓을 수 있습니다. 마치 제사상에 과일 놓듯이 말이지요. 각 방울의 곡률중심은 정사면체의 꼭짓점입니다. 그러면 그림 2-18 (나)와 같이 4개가 모두 붙어 있는 모양이 됩니다. 이렇게 붙여 놓으면 각 방울의 곡률반지름은 1.14가 됩니다. 그림 (가)의 모양일 때의 곡률반지름 1.11보다는 크고 1.15보다는 작지요. 그런데 표면적은 S_0의 81%로 작아집니다. 거의 4/5로 줄어드는 것입니다. 그렇지만 그림 2-18 (나)의 모양이 4개의 똑같은 부피를 가진 입체가 만드는 모양 중에서 표면적이 가장 작다는 것은 아직 증명되지 않았습니다.

4개의 방울이 모두 곡률반지름이 같으니 서로 만나는 면은 평면이고 이 면을 정면에서 바라보면 (나)에 보인 것처럼 곡률반지름의 $\sqrt{3}/2$배인 반지름을 가진 원을 자른 모습입니다. 잘린 각이 또 109.3°네요. 이 자른 선들이 서로 109.3°로 만나도록 방울 사이에 막이 생깁니다. 이 모양에서는 막들이 만나는 선이 109.3°라는 것을 눈으로 확인할 수 있습니다. 앞의 해 보기 실험처럼 방울을 물 위에 띄우면 마찰력이 거의 없어서 중력을 이기지 못하고 미끄러지기 때문에 비눗방울을 (나)와 같은 모양으로 쌓을 수 없습니다. 그렇다고 미끄러지지 않게 하려고 식탁이나 도마 위에 비눗방울을 놓으면 닿기만 해도 방울이 터집니다. 식탁이나 도마의 표면에 비눗방울 용액을 바르면 방울이 터지지는 않는데 물 위에 띄운 반쪽 공 모양이 되는 데다가 방울이 잘 미끄러지기 때문에 그 위에 방울을 얹어 놓을 수 없습니다. 어떻게 하면 비눗방울을 터트리지 않게 하면서 3개의 비눗방울 위에 방울 하나를 얹을 수 있을까요?

확인해 볼까요?

1. 주방세제 한 방울에 물 서너 방울을 섞어 비눗방울 용액을 만듭니다.
2. 비눗방울을 곧바로 털실이나 아크릴실로 짠 스웨터나 장갑 위에 놓아 보세요. 몇 초 정도는 방울이 터지지 않지요? 이제 그림 2-18의 (나)와 같은 모양을 만들어보고 109.3°를 찾아보세요.
3. 비눗방울을 하나 불어 공중에 날린 다음 비눗방울 용액이 묻은 빨대로 잡으면 터지지 않고 붙어 있습니다. 다른 빨대에 비눗방울 용액을 묻혀 이 붙잡힌 방울 옆에 대고 또 다른 방울 하나를 불어 두 방울이 붙어 있는 모양을 만듭니다. 같은 방법으로 3개, 4개의 방울을 붙인 다음 공중에 날리면 그림 2-18의 (나)와 같은 모양을 만들 수 있습니다. 하지만 관찰은 어렵겠네요. 사진을 찍어서 관찰해 보면 어떨까요?

비눗방울에 대한 이야기가 너무 길어지네요. 하지만 신기하지 않나요? 그래서 이런 모양을 집중적으로 연구한 논문은 무척 많습니다.[30] 한 예로, 영국의 콕스(Cox) 연구진은 문제를 2차원으로 단순화하여 같은 '면적'을 가진 N개의 방울이 서로 붙어 있을 때 어떤 모양이 '둘레'가 가장 짧아지는지 연구하였습니다.[31] $N=3, 4$인 경우는 그림 2-17 (다)와 그림 2-18의 (가)에 보인 3차원 비눗방울이 물 위에 떠 있을 때 방울이 물과 만나는 경계선의 모양과 같습니다. 물론, 방울이 3차원에서 부피가 $4\pi/3$가 되도록 하는 것이 아니라 2차원에서 면적이 π가 되게 한 것이니 곡률반지름은 다릅니다. $N=6, 7, 8$의 경우 모든 경계선이 120°로 만나는 모양 중 둘레가 가장 짧은 것은 그림 2-19 (라), (바), (사)에 보인 것처럼 가운데 있는 방울을 다른 방울이 둘러싸고 있는 모양입니다. 마치 데이지 꽃처럼 생겼네요. $N=6$인 경우 (마)처럼 방울이 붙는 것도 생각해 볼 수 있는데, 이 모양은 계산해 보니 (라)에 비해 길이가 약 1% 만큼 깁니다.

그림 2-19는 $N=3\sim9$인 경우에 대해 우리가 다시 계산해 본 것입니다. 저작권 문제를 피하기 위한 것이기도 하지만 재미가 있어서요. 모든 경우에 서로 만나는 세 경계선의 곡률반지름 사이에는 (2.8) 식이 성립하도록 한 것입니다. 그러면 만나는 세 선의 접선이 자동적으로 120°를 이루게 되지요. 그런데 $N=9$인 경우 모든 도형이 같은 면적이 되게 만드는 데는 성공하지

30) F. Morgan, Colloquium : *Soap bubble clusters,* Rev. Mod. Phys. 79, 821 (2007)

31) S. J. Cox and F. Graner, M. F. Vaz, C. Monnereau-Pittet, and N. Pitter, *Minimal perimeter for N identical bubbles in two dimensions : calculations and simulations*, Philos. Mag. 83, 1393 (2003). S. J. Cox, and F. Graner, *Large two-dimensional clusters of equal area bubbles : the influence of the boundary in detrmining the minimal energy configuration*, Phil. Mag. 83, 2573 (2003)

못했습니다. 왼쪽에 있는 6개의 방울의 면적은 1%의 오차 안에서 같은데 오른쪽에 있는 세 방울은 면적이 약 10%나 다릅니다. 모든 방울이 서로 영향을 미쳐서 한 방울의 곡률반지름을 바꾸면 나머지 방울의 면적이 모두 바뀌거든요. 그 방울에 직접 붙어 있지 않은 방울까지도 영향을 받아 모양이 변하는 것은 매우 신기한 일입니다. 대부분의 물리학에서 물체 사이에 작용하는 힘은 중첩의 원리를 따릅니다. 여러 입자가 어떤 한 입자에 작용하는 힘은 각각의 입자가 작용하는 힘의 합입니다. 그런데 방울에서는 그렇지 않습니다. 3개의 방울이 있을 때 각각의 방울에 작용하는 힘은 단순히 어떤 방울이 다른 방울에 작용하는 힘의 합은 아닙니다.[32] 방울의 수에 따라 방울의 모양이 바뀌는 것이 그 증거지요. 방울이 서로 영향을 미치는 것은 우리가 사는 세상에서 사람들 사이의 관계와 비슷해 보입니다. 두 사람이 있을 때와 세 사람이 있을 때 분명히 관계가 바뀌지 않던가요?

그림 (아)의 모양에서 6개의 방울 크기를 맞추고 난 다음에는 매우 민감해져서 어떤 방울의 곡률반지름을 소수점 아래 세 번째 숫자만 바꿔도 전체 모양이 깨져 버리기까지 합니다. 이것도 우리 사람들 사이의 관계와 비슷하네요. 약간의 실수가 서로의 관계를 깨뜨리고 사회를 망가뜨리기까지 하니까요. 그러니 사람 사이의 관계를 잘 유지하려면 서로 배려하며 조심해야 하고, 특히 어떤 문제가 발생했을 때 고치겠다고 섣불리 해결하려 해서도 안 될 것입니다. 그 문제의 해결책이 다른 문제를 야기하고 그 영향이 사회 곳곳에 퍼질 테니까요.

그림 2-19에 나타낸 p는 선의 길이를 모두 더한 값입니다. 이 값을 방울

32) 핵물리학에서 핵자들 사이에 작용하는 힘에도 이러한 성질이 있습니다. 이것을 설명하기 위해 영국의 과학자 스컴(T. H. R. Skyrme)은 3체힘(three-body force)을 도입했습니다.

의 수에 2π를 곱한 값으로 나누면 방울이 모두 떨어져 있는 경우에 비해 둘레의 길이가 어떤 비율로 줄어드는지를 알 수 있습니다. 그림 2-19에 보인 것 중에는 $N=7$인 경우에 그 비율이 가장 작습니다. Cox 연구팀은 $N=200$개까지 계산한 결과를 바탕으로 하여, 가운데 있는 방울이 정육각

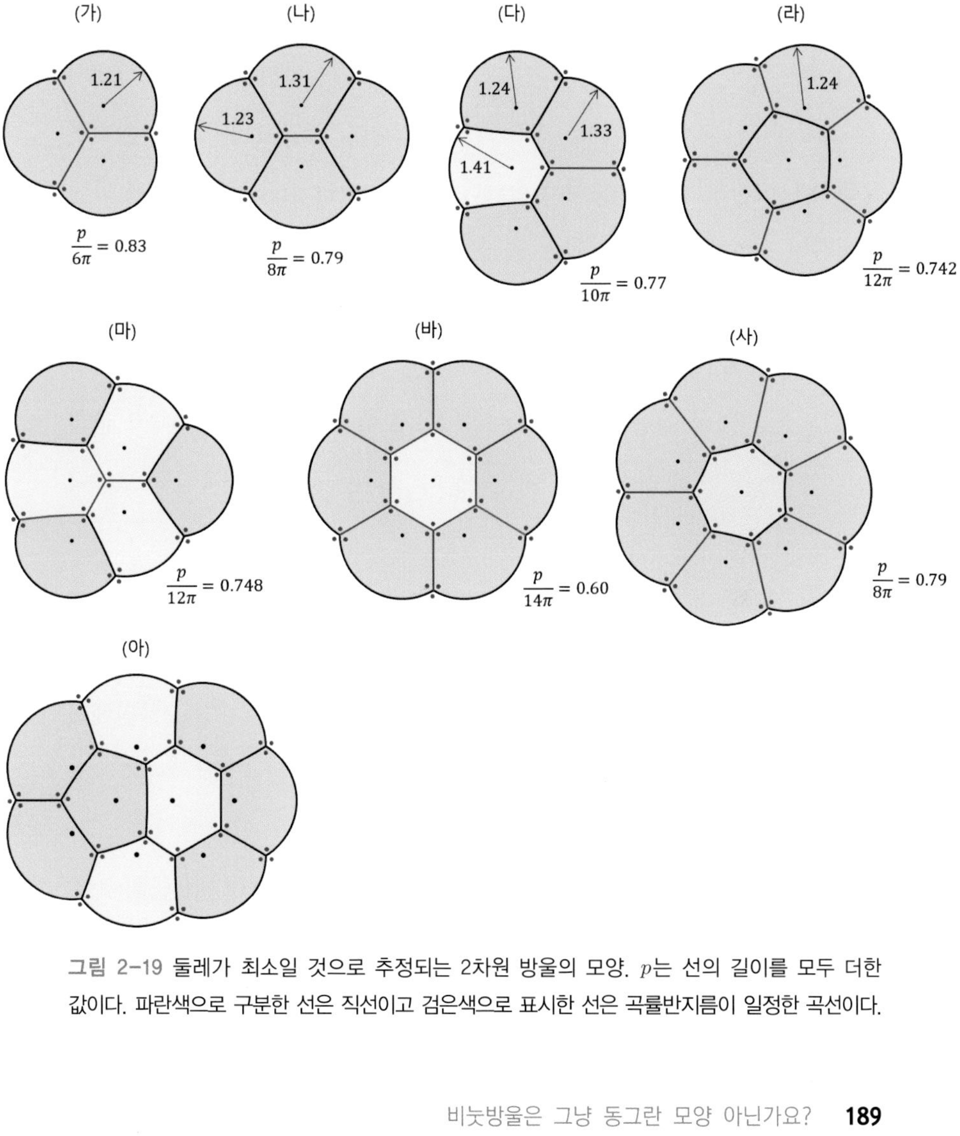

그림 2-19 둘레가 최소일 것으로 추정되는 2차원 방울의 모양. p는 선의 길이를 모두 더한 값이다. 파란색으로 구분한 선은 직선이고 검은색으로 표시한 선은 곡률반지름이 일정한 곡선이다.

형 모양이고 전체적인 모양도 정육각형에 가까우면 p의 비율이 최소가 될 것이라고 예측하였습니다.[33] 무한히 넓은 평면을 정육각형 모양으로 채우면 p의 비율은 0.5가 됩니다. 그리고 이것이 공간을 같은 면적으로 분할하는 데 필요한 선의 길이가 가장 짧은 모양입니다.[34] 정육각형 모양이라고 하면 벌집이 생각나지 않나요? 꿀벌은 꿀을 채우고 애벌레를 기를 방을 밀랍(蜜蠟, bee wax)으로 만듭니다. 꿀벌이 밀랍을 만들려면 꿀을 그 양의 8배 이상 소모해야 합니다. 그러니 밀납을 가장 효율적으로 써야겠지요. 그것이 정육각형이 연결된 모양의 벌집입니다. 꿀벌이 밀랍을 만들려면 무려 8배 이상의 꿀을 소모해야 합니다. 그러니 가장 효율적으로 방을 만들어야겠지요. 그것이 정육각형이 연결된 붙은 모양의 벌집입니다. 정육각기둥 모양이라고 해야 더 정확한 표현이 되겠네요. 물론 꿀벌이 기하학을 알아서 정육각기둥 모양인 방을 만드는 것은 아닙니다. 꿀벌이 밀랍을 자신의 체온으로 녹여 자신을 둘러싸는 원기둥 모양의 방을 만들면 아직 굳지 않은 상태에서 서로 붙어 마치 비눗방울이 그러는 것처럼 정육각형 모양이 된다고 합니다.[35]

그림 2-19와 같이 2차원 방울이 모여 있는 모양에는 또 어떤 규칙이 숨겨져 있을까요? 선이 면을 감싸고 선이 만나 점이 되니까 당연히 점(vertex)의 수 v, 모서리(edge)의 수 e, 면(face)의 수 f 사이에는 2차원에서의 **오일러(Euler)의 다면체 정리**

---

33) Morgan(각주 2-30)은 가운데에 놓인 방울이 정육각형 모양에서 벗어나더라도 전체적인 모양이 원에 가까운 것이 p의 비율이 최소일 것이라고 합니다.

34) T. C. Hales, "*Honeycomb conjecture*," Discrete Comput. Geom. 25, 1-22 (2001).

35) D'Arcy Wentworth Thompson, On Growth and Form. Dover Publications.1942.

$$v+f=e+1 \tag{2.9}$$

가 적용되겠지요. 그런데 이 방울이 붙은 모양에는 더 신기한 규칙이 있습니다. 하나의 방울을 둘러싸고 있는 선의 수가 s일 때, 바깥쪽에 놓인 방울에 대해서는

$$q^*=5-s \tag{2.10a}$$

모두 다른 방울에 둘러싸인 안쪽의 방울에 대해서는

$$q^*=6-s \tag{2.10b}$$

와 같이 q^*라는 수를 정의해 봅시다. 그러면 N개의 방울이 붙어 있는 모양에서 모든 방울에 대해 q^*를 더하면 N이 어떤 수더라도 항상 6이라는 것입니다. 이것을 확인할 수 있도록, 그림 2-19에서 q^*가 양수이면, 즉, 바깥쪽에 있는 방울을 둘러싼 선의 수가 5보다 작거나 안쪽에 있는 방울을 둘러싼 선의 수가 6보다 작으면 그 방울을 회색으로 안쪽을 채우고, q^*가 0인 방울은 파란색으로, 그리고 q^*가 음수인 방울은 붉은색으로 채워 구분했습니다. 모든 경우에 대해 방울마다 선의 수를 세어 q^*를 구한 후 그 값을 더해서 확인해 보세요. 재미있는 규칙 아닌가요?

방울이 여러 개 모인 것이 거품입니다. 앞에서 해 본 비눗방울을 물 위에 띄우는 실험에서 물 표면을 방울이 가득 채우면, 더 놓일 수 없는 방울은 다음 층에 쌓이기 시작할 것입니다. 설거지할 때 이렇게 거품이 층층이 쌓인다면 세제를 많이 사용한 것이니 조금 줄여야겠습니다. 설거지할 때 나타나는 거품을 살펴보면 대부분 큰 방울 주위에 작은 방울이 달라붙어

있는 것처럼 보입니다. 당연히 큰 방울의 둘레 길이가 기니까 이렇게 되는 것이지만 하나의 방울이 유난히 크다는 것은 자연스러운 일이 아닙니다. 아무렇게나 방울이 만들어진다면 그 크기가 $1/f$ 규칙(5장 참조)을 따라야 하니까요. 관심을 가지고 보면 큰 방울과 작은 방울의 중간 정도의 크기가 거의 없다는 것을 알 수 있습니다. 이것 역시 (2.7) 식으로 설명할 수 있습니다. 작은 방울 내부의 공기 압력이 큰 방울의 내부보다 높아서 작은 방울이 계속 큰 방울에 흡수되기 때문에 큰 방울이 점점 커지는 것입니다. 그러다가 큰 방울이 터지면 나머지 방울에서 또 다른 큰 방울이 자라지요.

비누나 세제를 손에 묻히고 여러 번 비비면 하얗게 크림과 같은 거품이 만들어집니다. 손을 비빌 때 들어간 에너지가 크기가 작은 비눗방울을 많이 만들 수 있도록 해 주기 때문입니다. 하얗게 보이는 이유도 설명할 수 있겠지요? 비눗방울의 크기가 아무리 작다고 해도 아직은 가시광선의 파장보다 커서 모든 파장의 빛이 표면에서 반사되기 때문이라고요. 이러한 거품에 대해서도 많은 연구가 진행 중입니다. 순수한 호기심으로 시작된 연구도 있고, 일상생활에서 많이 소비하는 마요네즈, 휘핑크림, 면도 크림, 맥주 거품 등과 같은 상품의 질을 개선하기 위한 연구도 있습니다. 그중에 거품의 구조에 대한 재미있는 연구를 하나만 소개하겠습니다.

비누 거품에서 각각의 방울은 몇 개의 면을 가지고 있을까요?

아마도 이 책에 있는 대부분의 황당한 질문 중에 으뜸이라 할 수 있겠네요. 그야말로 아무짝에도 쓸모없는 질문처럼 보이지요? 그렇지만 1665년에 훅(Robert Hook)이 현미경을 발명하여 코르크를 관찰해서 세포를 처음으로 발견했을 때 내린 결론이 바로 세포들이 거품처럼 배열하고 있다는 것이었습니다. 그 이래로 대부분의 식물학자들이 이것을 받아들였지만, 20세기에 와서야 실제로 세포의 모양에 대한 연구가 시작되었고, 조직의 안쪽에는 12면체와 14면체의 세포가 주를 이룬다는 것을 알게 되었습니다. 하지만 어떤 요인이 세포가 이러한 모양을 가지게 하는지는 알 수 없었습니다. 세포끼리 서로 누르는 압력이 중요한 요인일 것이라고 생각한 어떤 학자는 공 모양의 납 탄환을 여러 개 쌓아 놓고 높은 압력으로 눌러 서로 붙게 한 후 각각의 모양을 관찰해서 탄환들의 면 수가 평균 14.7이 된다는 것을 밝히기도 했습니다.

미국의 식물학자인 마츠케(Edwin Matzke)는 식물 세포의 모양을 결정하는 데 표면적을 최소로 하려는 힘도 중요할 것이라고 생각하고 비누 거품에서 비눗방울의 모양을 관찰하는 실험을 수행하였습니다.[36] 그는 0.1 cc의 부피로 일정하게 비눗방울을 불고, 이것을 원통 모양의 그릇에 무려 1,900개를 쌓아 거품을 만든 후, 각각의 비눗방울 모양을 현미경으로 관찰하였습니다. 400여 개의 겉에 있는 방울과 600여 개의 안쪽에 있는 방울을 현미경으로 일일이 들여다보았다니 대단하지 않나요? 그 결과 그는 겉에 있는 방울은 평균 11.99개의 면을 가지고 있고, 안쪽에 있는 방울은 평균 면 수가 13.70이라는 것을 밝혀냈습니다. 이것이 납 탄환을 누른 것보다 실제 세포의 모양에 더 가깝다는 사실로부터 마츠케는 세포의 모양을 결정하는

36) E. B. Matzke, The Three-Dimensional Shape of Bubbles in Foam-An Analysis of the Role of Surface Forces in Three-Dimensional Cell Shape Determination, Am. J. Botany 33, 58 (1946).

데 세포 사이의 압력보다 표면적을 줄이려는 힘이 보다 더 중요한 역할을 한다고 결론을 내렸습니다. 식물이 세포벽을 만들려면 물질을 많이 사용해야 하고, 또 에너지도 많이 소모해야 할 테니 표면적을 줄이는 것이 확실히 유리할 것입니다. 그리고 공기가 채워져 있는 비눗방울의 안쪽과 비눗물인 막이 서로 다른 물질이라는 점에서도 비눗방울은 세포벽이 세포질을 싸고 있는 세포와 더 비슷하다고 할 수 있습니다. 이와 달리 납 탄환은 속까지 납이 채워져 있고 표면은 단지 그 경계의 역할만 할 것입니다. 거품의 모양을 알아보는 것이 쓸모없는 일이 아니지요?

또한 마츠케는 비누 거품에서 각각의 방울을 이루는 도형은 오각형이 가장 많다는 것도 밝혔습니다. 우리도 이것을 한번 확인해 볼까요? 곧 사라져 버리는 거품의 구조를 관찰하기는 어렵습니다. 사진을 찍어도 내부가 잘 들여다보이지는 않지요. 그런데 이 거품의 내부 모양을 잘 알아볼 수 있는 것이 우리 부엌에 있습니다. 바로 스티로폼입니다.

스티로폼(styrofoam, 최근에는 스타이로폼으로 부르지요)은 보통명사는 아니고 발포(發泡, 거품을 일으켰다는 뜻) 폴리스타이렌 플라스틱의 상표명입니다. 스타이렌 분자는 그림 2-23에 보인 것처럼 벤젠(페닐기)에 비닐기가 붙은 방향성(芳香性)[37] 유기화합물입니다. 에틸렌의 수소 1개 자리에 벤젠이 붙어 있다고 할 수도 있겠네요. 비닐기의 이중결합이 펼쳐지며 중합이 일어나 고분자화합물이 된 폴리스타이렌은 냄새가 나지 않는 물질입니

---

37) 뜻을 풀이하면 기분 좋은 냄새를 풍긴다는 뜻인데, 이것은 사람에 따라 느낌이 다를 것입니다. 벤젠에서 나는 냄새를 좋아하는 사람도 있고 싫어하는 사람도 있으니까요. 느낌이야 어떻건 이런 분자가 공기 중에 너무 많으면 산소의 농도가 상대적으로 낮아져 어지러울 수 있고, 폭발의 위험도 있으니 조심해야 합니다.

다. 폴리스타이렌은 PET나 PE처럼 제법 딱딱한 물체를 만들 수 있습니다. TV 본체, 리모컨, CD 케이스, 일회용 접시 등이 주로 폴리스타이렌으로 만들어진 것입니다. 폴리스타이렌에 거품을 일으켜 공기가 95~98%가 들어가게 하여 만든 작은 방울을 눌러서 붙여 놓은 것이 스티로폼입니다. 딸기 상자의 표면을 보면 작은 방울이 붙어 있다는 것을 볼 수 있지요? 그리고 하나씩 떼어낼 수도 있습니다. 그러니 스티로폼은 비누 거품에 가깝기보다는 납 탄환을 눌러 놓은 모양에 가깝겠네요.

확인해 볼까요?

스티로폼의 방울을 하나씩 떼어내서 다음을 찾아본 뒤, 아래 표를 채워 봅시다.

(1) 몇 개의 면으로 이루어져 있나요?

(2) 몇 각형의 도형으로 이루어져 있나요?

면의 수	6	7	8	9	10	11	12	13	14	15	16	17
겉쪽 방울												
안쪽 방울												

모서리 수	3	4	5	6	7	8
겉쪽 방울						
안쪽 방울						

19세기 말에 영국의 물리학자인 켈빈 경(Lord Kelvin, 본명은 William Thomson)은 비누 거품과 관계가 있는 멋진 질문을 던지고 자신이 하나의

답도 제시하였습니다. 질문은 '같은 부피를 가지는 다면체로 3차원 공간을 채울 때 표면적이 가장 작은 것은 무엇일까?'입니다. 간단해 보이지만 이것은 지난 100년간 가장 많이 논의된 과학적 문제 중의 하나로 꼽힙니다.

그림 2-20 (가)는 켈빈이 제시한 '공간을 빈틈없이 채우는 십사면체'입니다. 14개의 면은 모서리의 길이가 같은 8개의 정육각형과 6개의 정사각형으로 이루어져 있고 그림 (나)는 전개도입니다. 정육각형과 정사각형을 여러 개 오린 뒤 테이프로 붙여서 만들어도 됩니다. 그림 (다)는 십사면체를 연결하여 공간을 채우는 것을 보여 줍니다. 이렇게 공간이 여러 개의 방으로 나뉜 것을 켈빈 구조(Kelvin structure)라고 부릅니다. 약간 두꺼운 종이에

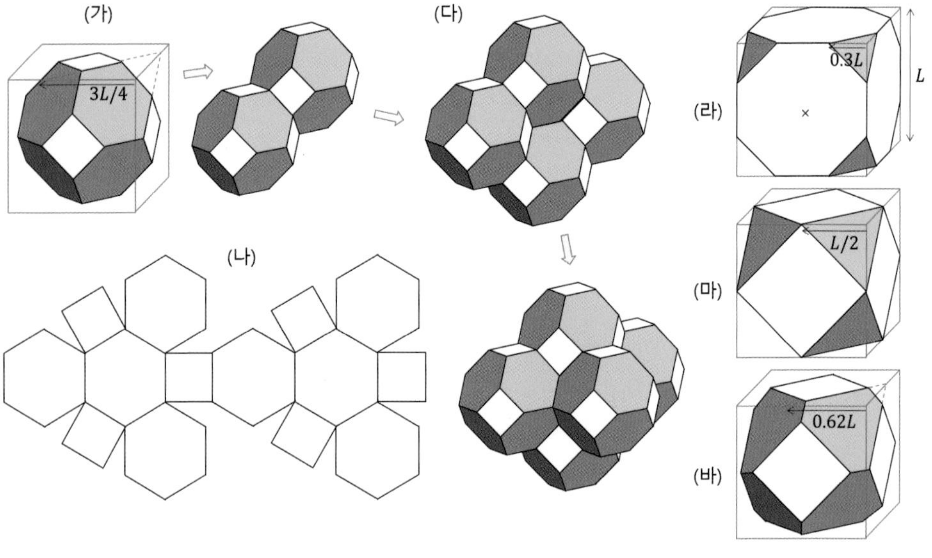

그림 2-20 (가) 변의 길이가 같은 정육각형 8개와 정사각형 6개로 이루어진 켈빈 십사면체 (나) 켈빈 십사면체의 전개도 (다) 켈빈 십사면체로 공간을 채우기 (라) 정육면체를 잘라내서 만드는 정팔각형(6개)과 정삼각형(8개)으로 이루어진 아르키메데스 다면체 (마) 정육면체를 잘라내서 만드는 정사각형(6개)과 정삼각형(8개)으로 이루어진 아르키메데스 다면체 (바) 정육면체를 잘라서 면적이 같은 정사각형(6개)과 육각형(8개)이 되도록 만든 십사면체

그림 (나)를 확대하여 복사해서 여러 개를 만든 후 서로 붙여보면 재미있겠네요.

14면체는 그림 (라)-(바)에 보인 것처럼 정육면체의 꼭짓점이 직각 삼각뿔의 꼭짓점이 되도록 잘라내면 원래의 6면에 8개의 자른 면이 더해져서 십사면체가 되지요. (라)처럼 자르면 원래의 정육면체 면이 팔각형이 되고 자른 면은 삼각형이 되니까 6개의 팔각형과 8개의 삼각형으로 이루어진 십사면체가 만들어지겠네요. 정육면체 한 변의 길이가 L일 때, 직각 삼각뿔의 빗변의 길이가 특별히 $(1-1/\sqrt{2})L=0.30L$가 되도록 자르면, 정팔각형과 정삼각형으로 만들어진 아르키메데스 다면체가 됩니다. 그림 (마)처럼 각 모서리의 중간 지점이 잘리도록 하면 정사각형 6개와 정삼각형 8개로 이루어진 십사면체가 됩니다. 이것도 아르키메데스 다면체네요. 잘려 나가는 직각 삼각뿔의 빗면의 길이가 $L/2$보다 크면 이제부터 자른 면은 육각형이 됩니다. 그래서 8개의 육각형과 6개의 사각형으로 이루어진 십사면체가 됩니다. 특별히 처음 자르는[38] 직각 삼각형의 빗변의 길이가 $0.62L$이면 육각형과 사각형의 면적이 같습니다. 이러한 모양으로 주사위를 만들면 14개의 면이 바닥에 놓일 확률이 모두 같습니다. 이런 원리로 만들어진 것이 통일신라시대의 궁터 연못에서 출토된 14면 주령구(酒令具, 각 면에 술을 마시면서 즐길 수 있는 다양한 벌칙이 적혀 있어서 이런 이름이 붙은 것)입니다. 경주 박물관에 진열되어 있지요. 켈빈의 십사면체는 직각 삼각뿔의 빗변의 길이가 $3L/4$이 되도록 정육면체를 자른 것입니다. 이것 역시 정육각형과 정사각형으로 이루어져 있으니 아르키메데스 다면체의 하나이

38) 자를 부분이 서로 겹치니까, 처음에 자르는 몇 개만 온전한 직각 삼각뿔이 됩니다.

겠네요. 그런데 이렇게 자르는 것이 사실은 어렵습니다. 잘려 나간 부분이 있어서 나중에 자르는 것은 온전한 직각 삼각뿔이 되지 않으니까요. 그래서 자르기 전에 정사면체의 모든 면에 선을 긋고, 그 선들을 포함하는 면으로 잘라내야 합니다. 더 간단하게는 그림 2-21에 보인 것처럼 정팔면체를 잘라서 켈빈의 십사면체를 만들 수 있습니다. 정팔면체를 이루는 정삼각형의 각 변을 3등분하여, 6개의 꼭짓점을 포함하는 정사면체를 잘라내면 되지요. 그래서 이 입체를 '깎은 정팔면체'라고 부릅니다.

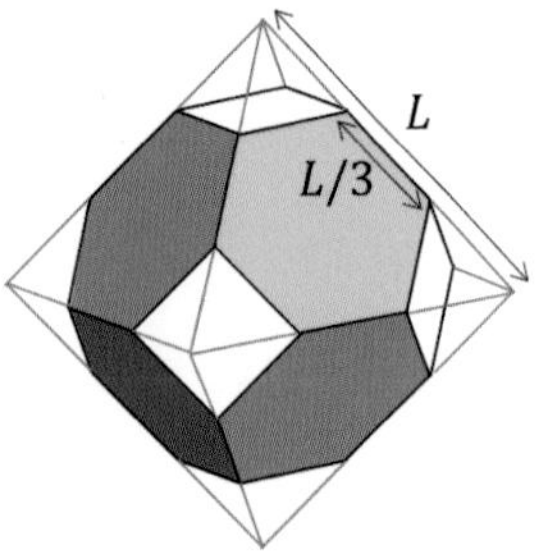

그림 2-21 정팔면체를 잘라서 만드는 켈빈의 십사면체

켈빈이 이에 대해 구체적으로 언급하지는 않았지만, 지난 100여 년 동안 켈빈 구조는 다면체를 이용하여 공간을 일정한 크기의 방으로 빈틈없이 나눌 때 표면적이 가장 작은 것이었습니다. 물론 이것이 켈빈 문제의 정답이 아니라는 것은 곧바로 알 수 있습니다. 두 면이 만나는 각이 120°가 아니고, 모서리들이 만나는 각도 109.3°가 아니기 때문이지요. 그러니 비누 거품보다는 표면적이 더 넓을 것입니다. 단지 켈빈 구조와 경쟁할 만한 다른 구조를 찾지 못했을 뿐입니다. 그러다가 1993년에 아일랜드의 물리학자 웨이어(Denis Weaire)가 그의 학생 펠란(Robert Phelan)과 함께 찾은 웨이어-펠란 구조가 이제 그 기록을 깼습니다.[39] 웨이어-펠란 구조에서는 그림 2-21의 (가)처럼 같은 모양의 오각형으로 이루어진 십이면체와 (나)처럼 두 가지 모양의 오각형과 육각형으로 이루어진 십사면체로 공간을 빈틈이 없이 채

39) D. Weaire, R. Phelan, "A counter-example to Kelvin's conjecture on minimal surfaces", Phil. Mag. Lett., 69 (2): 107-110 (1994).

웁니다. 그림 (다)에서 (사)에 보인 것처럼 십이면체 2개와 십사면체 6개를 붙여 하나의 단위로 만들고 이것을 계속 쌓으면 됩니다. 베이징 하계 올림픽에서 수영종목의 경기를 했던 워터큐브(water cube, 水立方, 중국어 발음으로는 수이리팡)의 지붕이 이 웨이어-펠란 구조로 지어졌습니다. 이 경기장

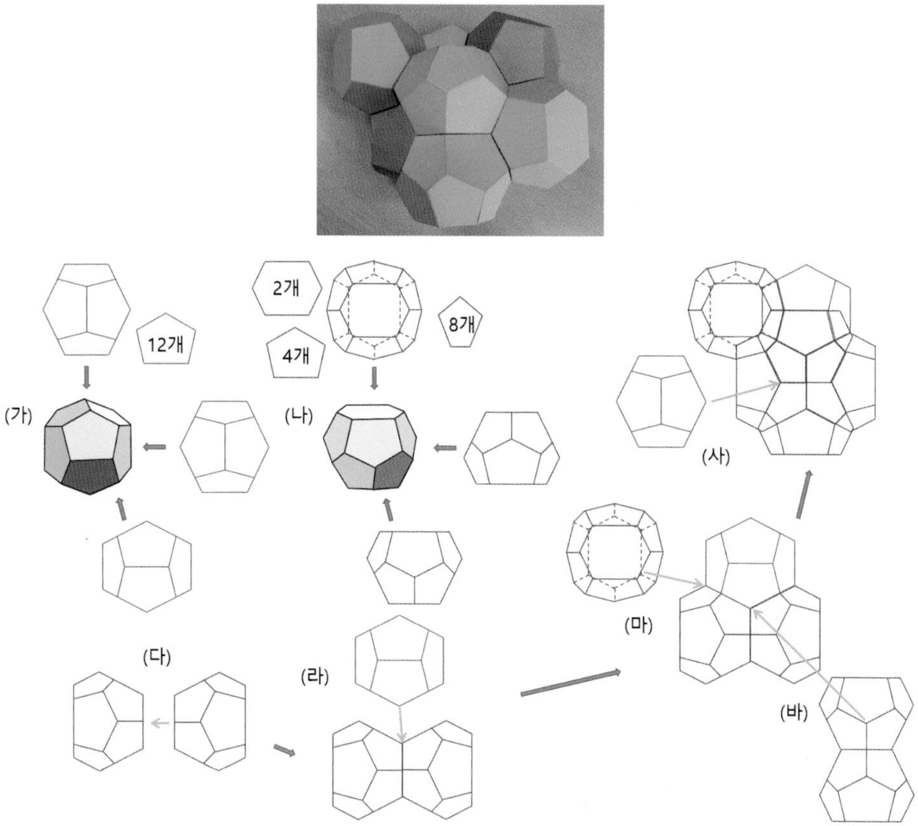

그림 2-22 웨이어-펠란 구조의 (가) 십이면체와 (나) 십사면체. 십이면체 2개와 십사면체 6개로 단위체를 만드는 방법 (다) 십사면체 2개를 육각형이 서로 만나도록 붙여 3쌍을 만든다. (라) 십사면체 2개를 붙인 것에 오각형이 서로 만나도록 하여 십이면체를 붙인다. (마)~(바) 십사면체 2개를 붙인 것을 드러나 있는 육각형의 면이 서로 직교하며 십이면체의 오각형과 만나도록 붙인다. (사) 십이면체를 붙인다. 이 모양을 계속 쌓으면 된다.

확인해 볼까요?

1. 그림 2-22에 있는 십이면체와 십사면체를 이루는 도형을 원하는 크기만큼 확대한 후 오려서 기본 틀을 만든 후, 그림을 참조하여 전개도를 그려 봅시다. (인터넷 사이트[40]에서 십이면체와 십사면체의 전개도를 다운로드할 수도 있습니다.)
2. 전개도를 여러 장 복사하여 두꺼운 색지에 붙이고 오려서 십이면체 1개당 십사면체 3개를 만든 후, 그림 2-22에 나와 있는 순서대로 붙여 웨이어-펠란 구조를 만들어 봅시다.

그림 2-23 베이징 올림픽 수영경기장 워터큐브. 뒤에 보이는 주경기장은 새둥지 모양으로 만들어졌다고 해서 bird nest로 불린다. (출처 : wikipedia https://commons.wikimedia.org/wiki/File:Beijing_National_Aquatics_Centre_1.jpg)

40) 예를 들어, https://www.cutoutfoldup.com/patterns/0214_a4.pdf, 또는 http://www.steelpillow.com/polyhedra/wp/wp.htm에서 전개도를 내려 받을 수 있습니다.

에서 박태환선수가 우리나라 수영선수로는 처음으로 세계 경기에서 금메달을 땄었지요.

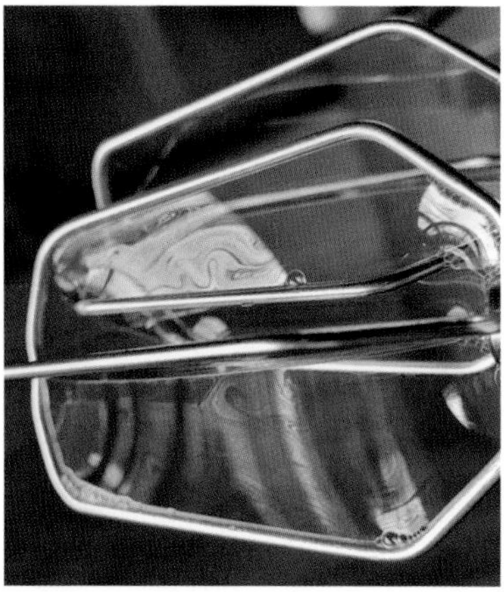
그림 2-24 거품기에 만들어진 비누막

밀가루 반죽을 하거나 거품을 낼 때 사용하는 거품기를 세제로 닦을 때 그림 2-24와 같이 재미있는 모양의 막이 만들어지는 것을 볼 수 있습니다. 이 막은 우선 지금까지 알아본 비눗방울과는 다른 특성을 가집니다. 1개의 비눗방울을 이루고 있는 막은 경계선이 없습니다. 이러한 막을 **폐곡면(閉曲面, 닫힌 곡면이라는 뜻, closed surface)**이라고 합니다. 폐곡면은 그 안에 어떤 공간을 가두고 있습니다.[41] 깨뜨리기 전의 달걀 겉면도 폐곡면입니다. 방울이 서로 붙어 있는 경우 막이 서로 붙으며 경계를 이루기는 하지만 여전히 '닫힌' 비누막에 공기가 갇혀 있습니다. 더구나 그 경계선은 여러 방울이 스스로 그렇게 만든 것입니다. 그런데 거품기에 만들어진 막의 경계선은 제작사가 인공적으로 만든 거품기의 모양을 따라야 합니다. 임의의 경계선을 가진 막의 모양도 아주 재미있고 중요한 수학적 그리고 물리학적 문제입니다. 이렇게 질문을 해 볼까요?

41) 그러니까 폐곡면은 그 공간의 경계면이네요. '폐곡면은 경계선이 없는 면'이라고 하더니… 경계선, 경계면 헷갈리지요?

(가)

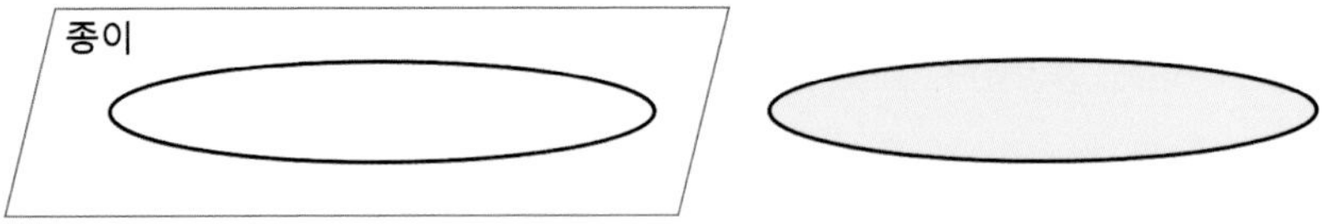

(나)

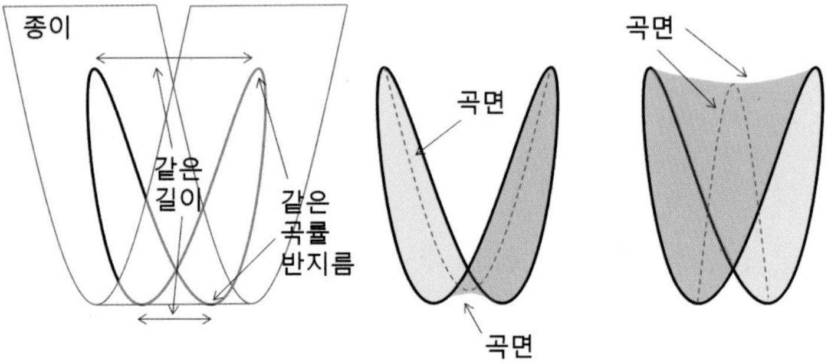

그림 2-25 (가) 평면 종이 위에 놓인 고리에 만들어지는 평면 비누막 (나) 곡면 종이 위에 놓인 고리에 만들어진 비누막은 종이 면과는 달리 두 방향으로 모두 굽은 말안장과 같은 모양이 된다. 구부러진 부분의 곡률반지름이 같고 대칭적인 모양이라면 왼쪽과 오른쪽 중 어떤 모양으로 만들어질지는 예측할 수 없다. 두 비누막의 모양은 같다.

특정한 모양의 경계선을 가지는 비누막은 어떤 모양일까요?

19세기에 벨기에의 수학자 그리고 물리학자인 플라토(Joseph Plateau)는 특정한 모양의 경계를 가지는 비누막에 대한 많은 연구를 하였습니다. 그래서 이 질문을 플라토 문제라고 합니다. 철사로 어떤 모양을 만들고 거기에 비누막을 입히면 이때는 철사를 경계로 하는 비누막이 만들어집니다. 그림 2-25의 (가)처럼 평면 종이 위에 놓을 수 있는 고리에 생기는 막은 평면입니다. 막이 중력과 나란하면 중력에 의해 막이 휘는 것을 막을 수 있습니다.

그런데 (나)처럼 고리를 구부려서 비눗물에 담그면 비누막이 우리가 짐작한 것과 다르게 만들어집니다. 비누막은 고리에 붙인 종이처럼 구부린 쪽으로만 곡면인 것이 아니라 이것과 수직인 쪽으로도 곡면인 말안장 모양으로 만들어집니다. 그리고 고리의 구부린 부분의 곡률반지름이 같고 대칭인 모양의 경우 왼쪽과 오른쪽 중 어떤 모양의 막이 만들어질지는 예측할 수 없습니다. 다음과 같은 활동을 한번 해 봅시다.

확인해 볼까요? [42]

1. 부엌 서랍에 넣어 둔 빵 봉지를 묶었던 철사로 된 끈을 이용하여 사면체를 만듭니다.
2. 물과 세제를 2:1~3:1의 비율로 섞어 사면체가 담길 정도 분량의 비눗방울 용액을 만들고 여기에 사면체를 담갔다 꺼내 봅시다. 어떤 모양의 막이 만들어지나요?
3. 빨대에 비눗방울 용액을 찍은 후, 4개의 막이 만나는 곳에 대고 불어서 작은 방울을 하나 만들어 보세요. 어떤 모양의 방울이 만들어지나요?
4. 육면체를 만들어 같은 관찰을 해 보세요.
5. 위에서 언급한 구부러진 사각형, 구부러진 원형 고리, 그리고 두 원형 고리를 경계로 하는 비누막도 만들어 그림 2-26처럼 되는 것을 확인해 보세요.
6. 이 관찰에 사용한 세제를 푼 물은 버리지 말고 설거지할 때 조금씩 사용하세요. 환경오염도 줄일 뿐 아니라 세제를 얼마나 조금만 사용해도 되는지까지 알 수 있을 것입니다.

42) https://www.youtube.com/watch?v=rEXj69hCi44에 재미있는 여러 실험이 소개됩니다. 하지만 꼭 직접 해 보기를 권합니다.

그림 2-26 정사면체의 모서리를 경계로 하는 비누막

사면체를 이루는 삼각형 모양으로 막이 씌어질 것으로 짐작했는데 막의 모양이 이와는 전혀 다르지요? 아주 특별한 모양이기도 하고요. 그뿐이 아닙니다. 여기에서도 여전히 2개의 막은 120°로 만나고, 그 경계선 4개가 만나는 점에서 두 경계선 사이의 각은 109.3°입니다. 그리고 그 점에 불어진 방울의 모양은 곡면으로 이루어진 사면체입니다. 육면체 안에 만들어진 방울은 육면체고요. 비눗방울의 모양이 항상 공 모양이라고 믿고 있는 사람에게 한번 보여 주어도 좋겠네요. 이 모든 것은 막의 면적을 최소화하여 표면장력에 의한 퍼텐셜에너지를 최소로 하려는 것에서 나오는 자연 현상입니다.

비누막은 모양만 신기한 것이 아닙니다. 밝은 불빛 아래에서 또는 햇빛이 비치는 곳에서 비눗방울의 막을 보면 무지개색이 나타납니다. 이것은 세제에 그런 색이 있어서 나타나는 것이 아닙니다. 세제는 대개 투명하거나 약간 노르스름한 색이지요. 당연히 빛에 이런 색이 들어 있으니 나타나는 것이기는 하지만, 이 무지개는 비가 온 뒤 하늘에 보이는 것[43]과는 다른 원리로 만들어진 것입니다.

왜 비눗방울에 무지개색 무늬가 보이나요?

이것은 전자기파인 빛이 '**간섭**(干涉, interference)'하여 나타나는 현상입니다. 1권의 3장에서 이야기했던 '**회절**'도 파동에서 일어나는 현상이었지요? 파동은 공간에서 어떤 물리량의 값이 진동하는 것이 어떤 방향으로 진행하는 것입니다. 잔잔한 물 위에 이는 물결파는 각 지점의 물 높이가 위아래로 변하는 것이 진행하는 것이고, 우리가 운동 경기장에서 선수들을 응원하기 위해 하는 파도타기에서는 사람들이 앉았다 일어서는 것을 반복하여 사람의 높이가 변하는 것이지요. 각 지점의 공기 압력이 높고 낮아지는 진동이 전파되는 것이 소리이고, 각 지점의 전기장과 자기장의 진동이 전파되는 것이 빛입니다.

파동의 간섭은 두 파동이 진행하다가 어느 한 지점에서 만날 때 일어납니다. 우리가 일상에서 남의 일에 참견하는 것을 '간섭한다'라고 하는 것처럼, 두 파동이 만나면 간섭을 하는 것입니다. 그런데 일상에서는 간섭의 영향으로 전과 후 사람의 행동에 변화가 일어나지만 두 파동은 만났을 때는 간섭하

43) 비가 갠 하늘에 나타나는 무지개는 빛이 물방울에서 '굴절(屈折, refraction)'할 때 파장에 따라 굴절률이 달라서 햇빛의 여러 색이 분리되어 나타나는 현상입니다.

면서도 그 지점을 벗어나면 어떤 영향도 받지 않고 그대로 진행한다는 점에서 차이가 있습니다. 아니, 생각해 보니 다른 사람의 일에 간섭해도 그 사람에게서 큰 변화가 일어나는 것 같지 않으니 두 간섭이 같은 것일지도 모르겠습니다. 간섭의 영어 용어인 interference는 '서로'라는 뜻을 가진 라틴어 'inter'와 '치고 때린다'라는 뜻의 라틴어 'fere'의 조합입니다. 보통 말로만 끝나는 우리의 간섭보다 더 심한 뜻을 가지고 있네요.

두 파동이 진행하다가 어떤 지점에서 만나면 그 지점은 각각의 파동이 그 순간 그 지점에서 가지는 값을 더한 물리량을 가집니다. 예를 들어 서로 다른 곳에서 발생한 두 물결파가 물 위를 퍼져 나가다가 어느 한 지점에서 만나는데 어느 순간 두 물결파가 그 지점의 물 높이를 각각 1 cm와 0.5 cm 높인다면 그 지점의 물 높이는 1.5 cm만큼 올라갑니다. 이것은 소리에서 공기의 압력, 빛에서 전기장과 자기장에 대해서도 똑같이 적용됩니다. 이것이 파동에 대한 **중첩의 원리**입니다.

그렇지만 두 파동이 만났을 때 파동의 세기가 항상 더 강해지는 것은 아닙니다. 파동의 세기는 어떤 지점의 물리량이 어떤 폭으로 변하는가에 따라 정해집니다. 파도의 세기는 배가 위아래로 얼마만큼 흔들리는가에 따라 정해질 뿐 어느 순간 배의 높이로 정해지지는 않지요. 앞에서 예로 든 물결파가 물 높이를 같은 주기로 1 cm씩 위아래로 진동하게 하는 파동이었다고 합시다. 이 두 파가 만나는 지점에서 그림 2-27의 (가)에 보인 것처럼 어느 순간($t = t_1$일 때) 하나의 물결파가 그 지점의 물 높이를 1 cm 높일 때 다른 물결파도 똑같이 1 cm를 높이도록 만난다면 이 지점의 물의 높이는 2 cm 높아질 것입니다. 반 주기만큼의 시간이 지난 후에는 ($t = t_2$일 때) 각각의 파동이 이 지점의 물의 높이를 1 cm씩 내려가게 할

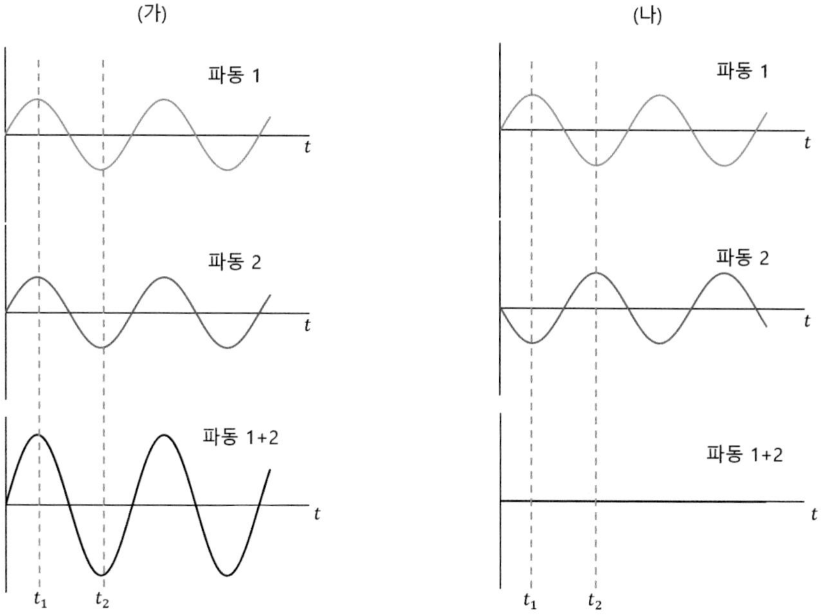

그림 2-27 두 파동의 (가) 보강간섭과 (나) 소멸간섭

테니 이제는 2 cm만큼 낮아지겠네요. 그 결과 이 지점은 물 표면이 원래의 높이보다 위아래로 각각 2 cm씩 높아졌다 낮아지는 것을 반복할 것입니다. 물결파가 더 강해지는 것이지요. 이와는 반대로 그림 (나)에 보인 것처럼 하나의 물결파가 그 지점의 물 높이를 1 cm 높이려고 할 때 다른 물결파가 1 cm 낮추도록 만난다면 이 지점의 물 높이는 그대로일 것입니다. 반주기의 시간이 지났을 때도 그렇고 모든 순간 두 파동이 서로 반대 방향으로 같은 크기만큼 물의 높이를 바꾸려고 하니 그 지점의 물은 높이가 변하지 않을 것입니다. 이 지점에는 파동이 지나지 않는 것처럼 보이겠지요. 이렇게 두 파동이 만났을 때 (가)와 같이 파동의 세기가 더 강해지는 것을 **보강간섭**(補強干涉, **constructive interference**)이라고 하고 (나)와 같이 약해지는 것을

소멸간섭(消滅干涉, **destructive interference**)이라고 합니다.

물결파와 물결파, 소리와 소리, 빛과 빛처럼 같은 종류의 모든 파동이 중첩을 하지만 그때마다 간섭이 일어나지는 않습니다. 파장이 같고 진폭이 비슷해야 할 뿐 아니라 '**결이 맞아야**(**coherent**)' 합니다. 파동의 결이 맞는다는 것은 물리 용어로서 두 파동을 서로 겹치면 완벽하게 들어맞는다는 뜻입니다. 이렇게 딱 들어맞아야 두 파동이 중첩하여 보강간섭과 소멸간섭이 일어나고 그 효과가 확실하게 드러납니다. 부엌에 있는 2개의 전등에서 나오는 빛은 파장이 같다고 해도 결이 맞지 않아서 간섭이 일어나지 않습니다. 파동이 겹치기는 해도 간섭의 효과가 전혀 나타나지 않는다고 해야 더 정확한 말이겠군요. 같은 전등에서 나온 빛이라고 해도 다른 지점을 비추면 간섭을 하지 않는 것은 물론이고, 거울을 써서 다른 곳을 비추던 두 빛이 한 곳을 비추게 해도 마찬가지입니다. 그러면 비누막에서는 어떻게 해서 두 빛이 간섭을 하게 되고 그 결과 무지개색이 나타날까요?

빛을 포함한 모든 파동은 두 물질의 경계면에서 **반사**(反射, **reflection**)와 **굴절**(屈折, **refraction**)을 합니다. 그 덕분에 우리가 물이 있다는 것을 알 수 있다고 했지요? 물 분자를 볼 수 없는데도 말입니다(1권의 3장 참조). 비누막도 마찬가지입니다. 막과 공기의 경계면에서 빛이 반사를 하니까 우리가 비눗방울을 볼 수 있는 것입니다. 그런데 비누막에는 빛을 반사하는 경계면이 2개입니다. 그림 2-28의 (가)에 보인 것처럼 P 점에서 반사한 빛이 우리 눈에 들어온다고 합시다. 그런데 우리 눈에는 이것과 결이 맞는 또 다른 빛이 들어옵니다. P점에서 빛은 대부분 비누막 안으로 굴절하여 들어갑니다.[44] 이 빛이 막의 다른 쪽 경계면에 있는 Q점에서 반사된 후[45] R점에서 굴절하여 다시 공기 쪽으로 나와[46] 우리 눈에 들어오게 됩니다.

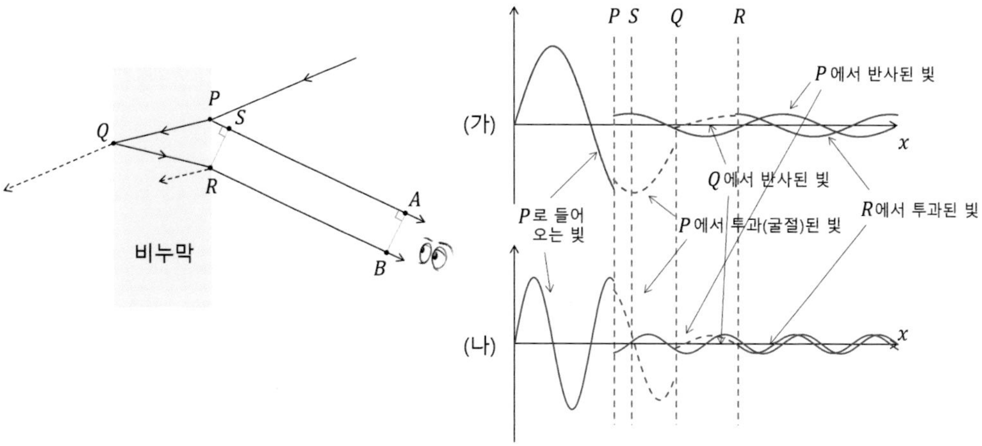

그림 2-28 P점에서 반사한 빛과 P점에서 굴절하여 비누막의 다른 쪽 경계면에 있는 Q점에서 반사된 후 R점에서 공기 쪽으로 굴절한 빛이 (가) 보강간섭과 (나) 소멸간섭을 일으킨다. P에서 반사된 빛의 진폭이 갑자기 줄어드는 것은 들어 온 빛 중 아주 적은 양만 반사되고 대부분 투과한다는 것을 나타낸다. P점에서 반사될 때는 파의 모양이 뒤집히고, Q점에서 반사될 때는 파가 뒤집히지 않는다. 그림에는 잘 드러나 있지 않지만 비누막(물)에서 빛의 파장은 공기 중에서의 3/4으로 줄어든다.

두 빛 사이의 거리(A와 B 사이의 간격)는 기껏해야 비누막의 두께 정도니까요. 이 빛은 반사한 빛과 완벽하게 결이 맞는 빛입니다. 원래 하나였던

44) 공기와 물의 경계면에서 반사되는 빛의 세기는 들어 온 빛의 세기의 약 2%에 불과합니다. 98%의 빛은 물로 굴절하여 들어갑니다. 거울에서도 그렇습니다. 공기와 유리의 경계면에서 반사되는 양은 4%에 불과합니다. 그렇지만 유리의 다른 쪽 면에 발라진 금속코팅에서는 빛이 대부분 반사되지요. 우리가 거울에서 얼굴을 볼 때에는 금속과 유리의 경계면에서 반사된 빛을 보는 것입니다. CD나 DVD에서도 그렇습니다. 투명한 플라스틱 면에서 반사되는 양은 적을뿐더러 어떤 정보도 담겨 있지 않습니다. 그래서 플라스틱 면이 어느 정도 긁혀도 제대로 작동하지요. 금속 면이 긁히면 정보를 잃게 됩니다.

45) 이때도 약 2% 정도만 반사합니다. 그리고 대부분은 공기 쪽으로 굴절하며 나갑니다. 이 빛은 우리가 볼 수 없지요.

46) 이때 반사한 빛은 이제 세기를 무시할 수 있을 정도입니다. Q점에서 반사된 2%의 2%가 반사될 뿐이니까요.

것이 나뉘었으니까요. 그리고 빛의 세기도 거의 비슷합니다. 그래서 간섭이 일어납니다. 이때 소멸간섭이 일어날지 보강간섭이 일어날지는 비누막의 두께와 빛의 파장, 그리고 우리가 보는 각도에 따라 정해집니다.

그림 (가)와 (나)는 하나의 예로, 이 비누막의 P점이 빨간색으로 보이는 이유를 설명해 줍니다. P점에서 반사된 빛이 S점까지 진행하는 동안, 굴절해서 비누막 안으로 들어갔다가 나온 빛은 $P \rightarrow Q \rightarrow R$의 경로로 진행합니다. 그리고 나란하게 똑같은 거리를 움직여서 우리 눈으로 들어오게 되지요. 그러므로 S점과 R점에서 파동이 어떤 상태인가에 따라 보강간섭과 소멸간섭이 일어나는 것입니다. $P-S$와 $P-Q-R$의 경로 차이가 빛의 파장의 반이면 S에서 출발한 빛과 R에서 출발한 빛은 완벽하게 보강간섭을 일으킵니다. P에서 반사될 때 파가 뒤집히기 때문에 그렇습니다. 한편 그 차이가 한 파장이 되면 완벽한 소멸간섭이 일어나지요. 그림 (가)와 (나)는 빨간색 빛에서는 보강간섭이 일어나고 파란색 빛에서는 소멸간섭이 일어나는 것을 보여 줍니다. 그림과 설명이 복잡합니다만, 이것이 비누막에서 무지개색이 보이는 이유입니다. P점이 아닌 다른 점에서는 경로의 차이가 달라지니까 다른 색, 예를 들어 파란색이 보이게 됩니다. 막이 아주 얇아 경로의 차이가 모든 가시광선 파장의 반보다 짧다면 그 지점은 어둡게 보입니다. 어떤 빛도 두 빛이 더해진 것이 하나의 반사된 빛이 오는 것보다 약해질 테니까요. 비누막이 터지기 전에 막에 나타나는 까맣게 보이는 점은 막이 아주 얇아진 곳입니다.

이렇게 보는 각도에 따라 색이 변해 무지개색이 나타나는 것을 영어로는 iridescence라고 하는데 우리말 단어는 없는 것으로 보입니다.[47] 그림 2-29에 보인 것처럼 물 위에 얇게 퍼진 기름의 막과, 물 없이 가열하여 태운 스테인리스 냄비에서도 무지개색이 나타납니다. 미나리아재비 꽃잎이 유난히 반짝이는 것도 꽃잎을 덮고 있는 얇은 막 때문입니다.

비누막에서 일어나는 간섭의 원리를 이용하면 두 경계면을 가지는 얇은 막에 들어간 빛이 100% 반사하게 할 수도 있고, 100% 투과하게 할 수도 있습니다. TV 화면이나 카메라 렌즈에는 얇은 막을 코팅하여 빛이 반사하지 않고 투과되도록 합니다. TV 화면에 거실의 전등 빛이 반사되면 불편하고, 카메라에서는 렌즈를 통해 많은 빛이 들어가야 사진이 더 잘 찍히니까

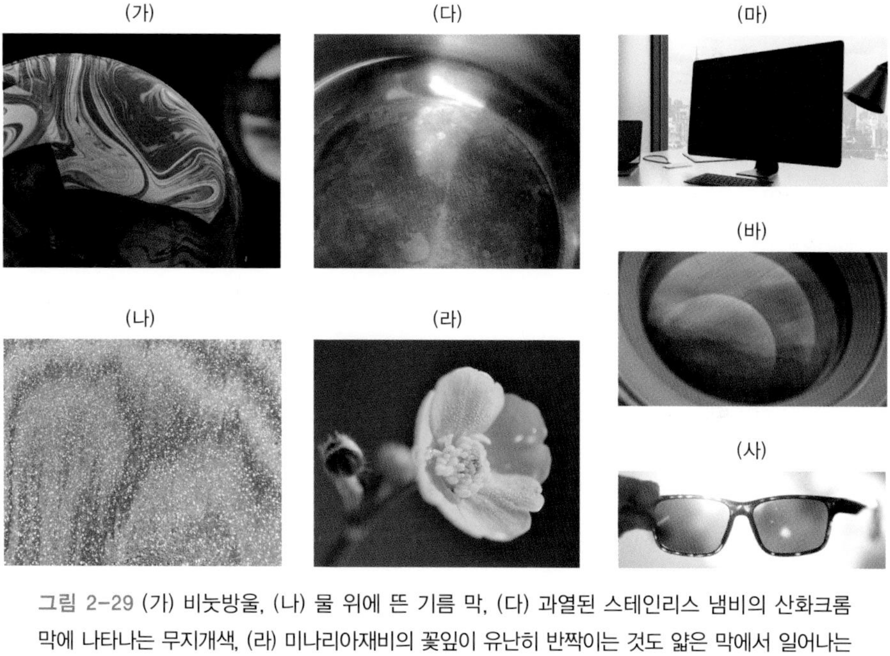

그림 2-29 (가) 비눗방울, (나) 물 위에 뜬 기름 막, (다) 과열된 스테인리스 냄비의 산화크롬 막에 나타나는 무지개색, (라) 미나리아재비의 꽃잎이 유난히 반짝이는 것도 얇은 막에서 일어나는 간섭현상이다. (마) 빛을 반사하지 않는 TV 또는 모니터와 (바) 카메라 렌즈에서는 코팅이 빛을 반사하지 않게 한다. (사) 선글라스의 코팅은 자외선을 반사하여 투과하지 못하게 한다.

47) 중국어 위키피디아에는 彩虹色(채홍색, 무지개색을 띤다는 뜻)으로, 일본어 위키피디아에는 遊色(색을 가지고 논다는 뜻)효과라고 나와 있네요.

요. 이와는 반대로 자외선을 차단하려고 쓰는 선글라스에서는 얇은 막의 코팅이 자외선이 안경 표면에서 완전히 반사하여 투과하지 못하도록 합니다.[48] 비누막에 나타나는 무지개색이 여러 유익한 기술과 연관이 되어 있지요?

설거지, 그것도 비눗방울과 비누막에 대한 이야기가 너무 길어졌네요. 이제 마지막 질문입니다. 이 장을 물리와는 약간 거리가 먼 설거지라는 단어의 어원을 이야기하며 시작했으니 수세미의 어원을 따지며 마쳐볼까요?

수세미는 왜 수세미라고 부르나요?

이것은 물론 '과학적' 질문은 아닙니다. 하지만 '모든 것에는 이유가 있다'라고 하는 과학적 신념에서 나온 질문이니 어느 정도는 과학적이라고 할 수 있지 않을까요? 물론 우리가 무심코 사용하는 대부분의 우리말 단어에 대해 '왜 처음에 그렇게 정했을까?'라고 물으면 누구도 대답할 수 없을 겁니다. 예를 들어 왜 나는 '나'이고 너는 '너'일까에 대한 답을 누가 할 수 있을까요. 수세미는 누군가가 특별한 이유 없이 '이것을 수세미라고 부르자'라고 해서 그리 부르게 되었을지도 모릅니다.

그런데 수세미에 대해서는 누군가 이렇게 말할지도 모릅니다. 수세미라는 덩굴 식물의 오이처럼 생긴 열매가 익으면 속이 그림 2-23의 (가)에 보인 것처럼 스펀지[49]를 확대해 놓은 것 같은 그물 구조를 가진 섬유질이

48) 단순히 검은색으로 칠해서 빛이 투과하지 못하게만 한 선글라스는 자외선으로부터 눈을 보호하지 못합니다. 빛이 적게 들어오니 동공이 많이 열린 상태가 되는데 자외선은 그대로 통과하니 눈에 위험하기까지 합니다.

(가) (나)

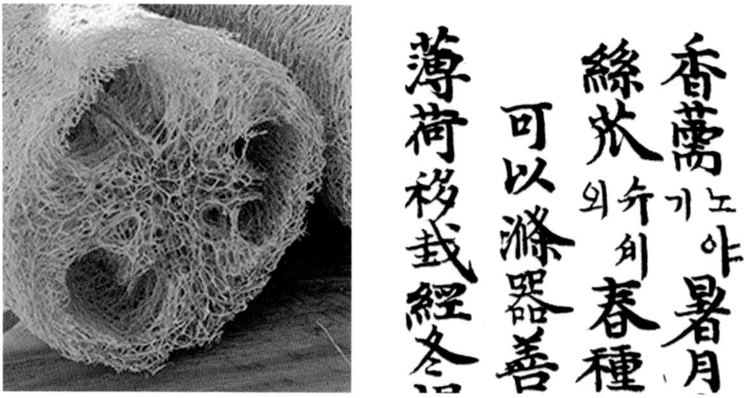

그림 2-30 (가) 수세미 열매로부터 만든 천연 수세미 (나) 산림경제에 나오는 수세미의 옛 이름

만들어지는데, 이것을 삶아서 겉껍질을 벗기고 햇볕에 말린 것을 사람들이 설거지할 때 써서 그리 부르게 된 것이라고요. 하지만 이 답에 대해서는 이렇게 되물을 수 있습니다. 왜 그 식물의 이름이 하필이면 수세미냐고요. 식물 이름에 무슨 이유가 있겠냐고요? 아닙니다. 거의 모든 식물의 이름은 생김새라던가 쓰임새에 따라 그 이름이 정해집니다. 물론 말이 만들어지기 전부터 우리와 함께 했던 식물의 경우에는 정확한 어원을 따지기 어렵겠지만요. 그런데 외래종이라면 그 이름에는 대부분 그렇게 부르는 이유가 있습니다. 남미가 원산인 채송화(菜松花)는 잎이 소나무 잎처럼 생겨서 그리 붙인 이름이고, 임진왜란 무렵에 들어왔다는 고추는 매워서 그리 붙여진 것이지요. 배추는 줄기 부분이 하얀 채소라는 뜻의 백채(白菜)가 변한 것이

49) 식물 수세미의 학명은 *Luffa cylindrica*이고, 이것으로부터 얻은 천연 수세미를 영어로는 Luffa sponge라고 합니다.

고 해바라기는 꽃이 해를 따라 돌아가서 그리 붙여진 것입니다. 우리말 민들레는 문 둘레에 많이 나서 문둘레라고 부르던 것이 변한 것이라고 하고, 영어의 dandelion은 잎이 사자의 이빨처럼 뾰족하게 생겨서 붙여진 이름이지요. 어떤가요? 모든 것에는 그렇게 한 이유가 있는 것입니다.

수세미는 열대 식물로, 우리나라에 원래부터 있었던 것이 아닙니다. 문헌을 조사해 보면 15세기경 중국을 통해 우리나라에 들어온 것으로 보입니다. 1482년에 서거정이 귀한 중국 채소 종자를 보내준 친구에게 감사를 표하며 지은 시가 있는데 그 종자 중 하나가 수세미였습니다. 중국에 다녀온 사신을 통해서나 얻을 수 있는 귀한 식물이었던 것이지요. 이때는 수세미를 '실이 있는 오이'라는 뜻으로 중국에서 이름 붙인 '사과(絲瓜)'라고 불렀습니다. 그런데 조선 후기에 실학자 홍만선이 18세기 초에 지은 산림경제(山林經濟)에는 '슈셰외'라는 우리말 이름이 나옵니다. 이때에는 수세미가 널리 퍼져서 많은 사람들이 재배했고 그래서 민가에서 부르는 우리말의 이름도 생긴 것입니다. 정확히는 알 수 없지만 수세라는 말은 물(수, 水)로 씻는다(세, 洗)는 뜻에서 나온 것으로 보입니다. 수세미의 줄기를 자르면 수액이 나오는데 이것으로 얼굴을 닦으면 피부가 고와진다고 하거든요. 일종의 화장수였던 것이지요. 열매의 모양이 오이같이 생겼고 그런 효능이 있으니 '수세-외'라고 부른 것은 아닐까요? 그러다가 19세기 초의 문헌에는 '수셔미'[50]라는 말도 나오는데 이런 식으로 변하여 현재의 '수세미'로 된 것으로 보입니다. 누군가가 이 질문에 대한 올바른 답을 속 시원하게 밝혀 주기를 기대합니다.

50) 지금도 어느 지방에서는 참외를 사투리로 '차미'라고 합니다.

그림 2-27에 보인 천연 수세미의 특별한 수학적 구조와 물리적 성질 역시 과학자들의 연구대상입니다.[51] 천연 수세미의 구조는 스펀지, 또는 침대 매트 등과 같은 오픈셀 거품(open cell foam)과 연계된 재미있는 문제이기 때문입니다. 하지만 거품 이야기를 또 하면 머리에서 거품이 일 것 같네요. 그러기 전에 설거지를 마치기로 하지요.

---

51) J. Shen, Y. Xie, X. Huang, S. Zhou, D. Rua, *Mechanical properties of luffa sponge,* Journal of the Mechanical Behavior of Biomedical Materials 15, 141 (2012); Y. Xie, H. Bai, Z. Liu, N. Chen, *A Novel Bionic Structure Inspired By Luffa Sponge and Its Cushion Properties,* Appl. Sci. 10, 2584 (2020).

CHAPTER

03

다이어트

설거지까지 마쳤으니 이제 부엌을 떠날 시간입니다. 다른 식구들은 이미 식탁에서 일어났겠군요. 그런데 풍족하게 생활하는 우리 현대인에게는 부엌과 식탁에서 나눌 이야기 주제가 하나 더 남았습니다. 바로 다이어트입니다. 반만년의 한민족 역사에서 지금의 우리가 가장 풍요롭게 살고 있다고들 말합니다. 70여 년 전에만 해도 우리나라는 최빈국에 속했고 사장님의 불쑥 튀어나온 배는 부의 상징이었습니다. 얼굴에 흐르는 번들거리는 기름기는 성공한 사람이라는 것을 나타냈지요. 다들 제대로 먹지 못하는데 배와 얼굴의 기름기는 충분한 영양을 섭취하고 있다는 증거니까요. 그러다가 이제 다들 살이 너무 쪄서 고민이라고 아우성들이지요. 외국의 표준과 비교해보면 대부분 정상이고 오히려 마른 편이라고 하는 데도요.

인류 역사에서도 그렇습니다. 수렵·채취로 살았을 때는 말할 것도 없고 농경사회가 되었다고 해도 음식으로 우리 몸에 제공되는 에너지는 다른 음식을 찾거나 생산하는 데 대부분 사용되었을 것입니다. 그러니 영양 상태가 좋아 살이 찐 사람이 더 아름답게 보였을 것입니다. 빌렌도르프의 비너스(Venus of Willendorf)와 같은, 구석기 시대에 만들어진 여성 조각상은 뚱뚱하다 못해 지독하게 비만합니다. 미국의 의학박사 존슨(Richard Johnson)과 그의 연구팀은 재미있는 연구 결과를 비만(Obesity) 잡지에 발표했습니다.[1)] 이 뚱뚱한 조각상은 당시에 혹한기가 닥쳤기에 먹을 것을 구하기 어려워서 사람들이 극심한 영양실조 상태였다는 것을 역설적으로 알려준다는 것입니다. 그 증거로 더 추운 지역에서 만들어진 조각일수록 더 뚱뚱하게 만들어졌다는 자료를 제시하였습니다. 아름다움에 대한 이러한 생각은 근대까지도 이어집니다. 중세에 그려진 그림에서 성모마리아나 신화의 여신들은 약간 통통한 모습이 대부분입니다. 특히 아이들은 살이 더 찐 포동포동한 모습으로 그려져 있지요. 인상파 화가 르누아르(Pierre Auguste Renoir)의 그림에 나오는 여성들도 대부분 통통합니다. 우리나라에서 얼마 전까지만 해도 아름다운 여성의 대명사로 통했던 중국 당나라의 양귀비도 무척 뚱뚱했다지요.

아름다움을 뜻하는 한자 美(미)는 '양(羊)'과 '크다(大)'를 합성한 것이라고 합니다. 그 한자가 만들어질 당시의 사람들은 살지고 맛있을 양이 쑥쑥 자라는 모습이 가장 보기 좋다고 생각했나 봅니다. 또는, 미(美)가 양(羊)을 불(火)에 굽는 것을 나타낸다고도 합니다. 이것 역시 생각만 해도 침이 넘어가지 않나요? 아름다움이라는 추상적인 관념도 결국은 먹는 것에서 나온 것이네요. 누가 뭐라 해도 먹는 것이 사람에게 가장 중요하지요.

그랬던 우리 인류가 어느새 너무 많이 먹는 것을 걱정하는 세상에 살게 된 것입니다. 아직 세계 인구의 9%가 기아와 이로 인한 영양실조에 시달리고 있으니[2)] '우리 인류'가 아니라 '어떤 나라에 사는 사람들'에게는 많이

---

1) Johnson, R.J., Lanaspa, M.A. and Fox, J.W. (2021), *Upper Paleolithic Figurines Showing Women with Obesity may Represent Survival Symbols of Climatic Change*. Obesity, 29: 11-15.

2) FAO(유엔 식량농업기구, Food and Agriculture Organization of the United Nations) 2022 보고서, 세계 식량 안보 및 영양 상태, 2022. https://www.fao.org/publications/home/fao-flagship-publications/the-state-of-food-security-and-nutrition-in-the-world/en

먹는 게 걱정이라고 해야 정확한 말이 되겠네요.

다이어트는 신체에 필요한 영양을 고려하여 일정한 기간에 먹을 음식의 종류와 순서를 계획하고 정리한 식단(食單)을 의미합니다. 영어의 diet를 발음대로 읽은 외래어입니다. 국어사전에는 '체중을 줄이거나 건강의 증진을 위하여 제한된 식사를 하는 것을 이른다'라고 정하고 있습니다. 식단표라고 할 때는 음식의 종류를 적은 메뉴라고 제대로 이해하면서도 유독 '다이어트 = 체중 조절' 더 나아가 '다이어트 = 살 빼기'라는 제한된 의미로 받아들입니다.[3] 본래의 의미인 음식과 식사라는 중요한 요소가 빠진 것이지요. 다이어트에 대한 이러한 오해가 살 빼기에 실패하는 원인일 수도 있겠습니다. 몸에 무리가 갈 정도로 운동을 하는 데도 정작 살은 빠지지 않다가, 운동을 그만두면 살이 더 찌고 말지요.

다이어트와 물리학이 무슨 관계가 있느냐고요? 글쎄요. '물리학이 말 그대로 만물의 이치이니까'라고 우기는 것은 조금 지나치지요? 몸에 좋은 식단표를 짜는 것은 더더욱 물리학에서 다룰 수 있는 문제는 아니니까요. 그렇지만 체중 조절과 살 빼기라는 의미로서의 다이어트에 관련해서는 몇 가지 이야기할 수 있겠습니다. 이 책의 모든 내용이 그렇듯, 이 장에서도 살 빼기 비법을 소개하려는 것은 물론 아닙니다. 그것은 전문가의 의견을 따르는 것이 좋겠습니다. 하지만 달걀 삶는 동안 일어나는 일에 대해 이해하면 달걀을 잘 삶을 수 있는 것처럼, 다이어트와 관련된 물리 법칙이나 원리를 이해하면 전문가가 '이렇게 저렇게 하라'고 지시할 때 그 이유나 목적을 알 수 있어서 효율적인 다이어트를 할 수 있지 않을까요? 잘못된 다이어트

3) 체중 조절만을 뜻하는 영어 단어는 diet이 아니라 weight control입니다.

비법을 무조건 따르다가 낭패를 보는 일은 최소한 생기지 않을 겁니다.

살찐 것은 거울에 자신의 몸을 비춰보면 어느 정도 알 수 있습니다. 하지만 보다 정량적으로 알아보는 방법은 저울로 몸무게를 재는 것입니다. 물론 몸무게를 재는 것만으로 비만인지 아닌지 판단할 수는 없습니다. 그 몸무게가 몸에 쌓인 지방에 의한 것인지 운동을 해서 만들어진 근육에 의한 것인지 알 수 없으니까요. 비만은 여러 신체 지수를 보고 판단해야 합니다. 여하간 다이어트를 하는 사람에게 저울이 가리키는 눈금, 즉 몸무게는 공포로 다가옵니다. 살을 빼려고 식사량을 줄이고 하기 싫은 운동을 하지 않고도 저울 눈금이 10 kg 낮은 값을 가리키도록 하는 방법을 알려줄까요? 물론 이것은 살을 빼는 진짜 목적인 내 몸의 건강을 지키는 데는 전혀 도움이 되지 않습니다. 내려간 눈금에 그저 기분이 좋을 수 있다면 다음의 질문에 대한 답을 이해하면 됩니다. 물리학 공부를 조금 해봅시다.

저울이 가리키는 것이 항상 내 몸무게인가요? (저울 눈금 10 kg 내리는 방법)

물론 그렇지 않지요. 저울이 잘못될 수가 있으니까요. 저울을 조작하여 실제보다 적은 양을 담고는 저울 눈금대로 제값을 받아 이득을 남기는 악덕 상인들도 있습니다. 하지만 우리가 하려는 이야기는 제대로 된 저울에서도 저울 눈금이 몸무게와 같지 않다는 것입니다.

몸무게는 우리 몸의 질량에 지구가 작용하는 중력입니다.[4] 몸무게를 재

4) '내 몸무게가 60 kg이야'라고 말하면 엄밀하게는 잘못된 것입니다. 무게는 질량의 단위인 kg이나 g을 사용하지 않고 힘의 단위인 뉴턴(N)을 사용해야 합니다. 하지만 말이라는 것이

는 것은 중력의 크기가 질량에 비례하는 것을 이용하여 우리 몸의 질량을 재는 것입니다. **질량(質量, mass)**이 물**질**의 **양**이라는 뜻이니까, 우리 몸에 물질이 얼마만큼 있는지를 재는 것이지요.[5] 그러니까 몸무게를 줄이는 유일한 방법은 우리 몸에 있는 물질을 줄이는 것입니다. 우리 몸에 물질이 들어가는 것은 대부분 입을 통해 먹는 것이니 어쨌든 적게 먹어야겠네요. 그렇다고 먹지 않고 살 수는 없을 테니 활동에 필요한 만큼만 먹고, 많이 먹었다고 생각하면 몸 밖으로 물질을 많이 내보내는 수밖에 없습니다. 로마 귀족들은 먹고 나서 곧바로 토하는 방법을 썼다고 하지요?

질량은 부피와는 달리 눈으로만 보아서는 큰지 작은지를 판단할 수 없습니다. 같은 부피라 해도 쇠와 나무는 질량이 다르니까요. '그까짓 것 들어보면 알지 않나?'라고 생각하겠지만 그 정도로는 정량적으로 정확하게 질량을 잴 수 없습니다. 질량은 물체의 운동에 대한 법칙 $F=ma$에 나타납니다. 그러니까 물체의 운동을 조사하면 크기를 알 수 있겠네요. 똑같은 크기의 힘이 작용해서 물체가 움직일 때 가속도는 질량에 반비례하니까요. 그래서 살이 찌면, 즉 질량이 크면 그만큼 몸을 움직이기 힘듭니다. 자동차에 짐을 많이 실으면 움직이게 하기도, 멈추게 하기도 어려워지지요. 살이 쪘건 말랐건 게으른 사람을 '몸이 무겁다'라고 표현하는 것이 이런 까닭인가 봅니다.

서로 이해하면 되는 것이니 우리 일상생활에서 이렇게까지 엄격하게 지켜야 하나 싶네요. 물리학에서는 제대로 지켜야겠지만, 물체에 작용하는 중력을 구태여 무게라는 일상용어로 부르지 않으니 문제가 될 것도 없고요.

5) 질량의 영어용어인 mass는 일상생활에서 '큰 덩어리'라는 뜻으로 쓰입니다. 많은 사람을 상대로 많은 양의 정보를 전달하는 행위를 가리키는 mass communication(대중 전달, 大衆傳達), 그리고 그때 이용하는 신문, 방송 인터넷 등을 가리키는 mass media(대중 매체, 大衆媒體)에 쓰이지요.

그런데 중력만 작용하여 물체가 움직이는 경우, 예를 들어 물체를 잡고 있다가 가만히 놓아 운동을 관찰하는 것으로는 질량이 큰 물체와 작은 물체를 구분할 수 없습니다. 같은 높이에서 떨어뜨리면 두 물체는 동시에 땅에 떨어지니까요. 이것은 갈릴레오가 발견했다지요? 피사의 사탑에서 이 실험을 했다는 일화가 사실인지는 모르지만요. 뉴턴의 운동법칙으로 분석해봅시다. 중력가속도가 g인 지표면 근처에서 질량이 m인 물체에 작용하는 중력은 mg입니다. 이 중력을 운동법칙 $F=ma$에 대입하면 $mg=ma$로 양변에 똑같이 곱해져 있는 질량이 서로 상쇄되니까 질량이 다르더라도 가속도는 모두 g로 같습니다. '그래서 어쩌라고', 또는 '그렇게 되도록 정한 것 아닌가?'라고 할지 몰라도 이것은 물리학에서 아주 중요한 문제입니다.

중력의 크기는 질량 m에 비례합니다. 중력가속도가 g인 지표면 근처에 있는 물체에 작용하는 중력은 mg입니다. 그러므로 질량 m은 '중력이 생기게 하는 원인'인 것입니다. 이것을 **중력질량**이라고 이름 붙여 봅시다. 한편, $F=ma$라는 운동법칙의 오른쪽에 있는 질량 m은 물체가 원래의 운동상태를 유지하려는 관성을 나타내는 척도입니다. 이것을 중력질량과 구분해서 **관성 질량**이라고 불러 봅시다. 만일 중력질량과 관성 질량이 다르다면, 지표면 근처에서 물체가 운동하는 것과 중력가속도로 비행하는 우주선 안에서 물체가 운동하는 것을 구분할 수 있어야 합니다. 지표면에서는 물체에 중력질량에 비례하는 중력이 작용하고, 우주선 안에서는 관성 질량에 비례하는 관성력이 작용하니까요. 그런데 **중력질량과 관성 질량이 완전히 같다**는 것이 **일반상대성 이론(general relativity)**의 출발점입니다. 중력질량과 관성 질량이라고 구분하는 것이 무슨 말장난 같지요? 그리고 '이게 도대체 무슨 소리야?'라고 할지도 모르겠습니다. 하지만 중력과 관성력을 구분할 수 없다는 것으로부터 '빛이 중력장에서 휘며 진행한다'는 중요한 사실을 유추할 수 있습니다. 빛은 질량을 가지지 않으니 중력의 영향을 받지 않는 것이 상식으로 보입니다. 그런데 어떤 가속도로 움직이는 공간에서 빛은 당연히 휘어져 진행해야 합니다. 그러니까 이것과 똑같은 성질을 가지는 중력장에서도 그래야만 하는 것입니다.

전기력의 근원은 전하입니다. 어떤 물체가 가지는 전하량은 그 물체의 질량에 비례하지 않습니다. 그러므로 물체에 전기력이 작용하고 있는지, 아니면 관성력이 작용하는지는 쉽게 알아낼 수 있습니다. 만일 이 세상에 있는 모든 물질이 질량에 비례하는 전하를 가지고 있다면 전기력과 관성력도 역시 구분하지 못할 겁니다.

중력, 즉 질량의 상대적인 크기는 그림 3-1과 같이 양팔 저울을 이용하여 비교할 수 있습니다. 양팔 저울의 작동원리는 접시의 양쪽에 올려놓은 물체의 질량이 같을 때 저울이 평형을 이룬다는 것입니다. 그래서 그림 3-1 (가)에 보인 것처럼, 어떤 물체를 한쪽 접시에 올려놓고 다른 쪽 접시에는 질량이 m_1인 분동 3개와 질량이 m_2인 분동 1개를 올려놓았을 때 막대가 수평이 되어 움직이지 않는다면, 그 물체의 질량 m은

$$m = 3m_1 + m_2 \tag{3.1}$$

과 같이 구해집니다. 저울에 달린 접시의 질량 M은 양쪽이 같기만 하면 (3.1) 식에 영향을 미치지 않습니다. 이것은 초등학생도 알고 있는 상식이지요. 하지만 왜 그러는지를 설명하는 것은 제법 어렵습니다. 그림 (가)에서 볼 수 있듯이 왼쪽 접시와 물체, 그리고 오른쪽 접시와 분동에 작용하는 중력은 모두 아래 방향입니다. 그러니까 이 두 힘이 서로를 상쇄시켜서

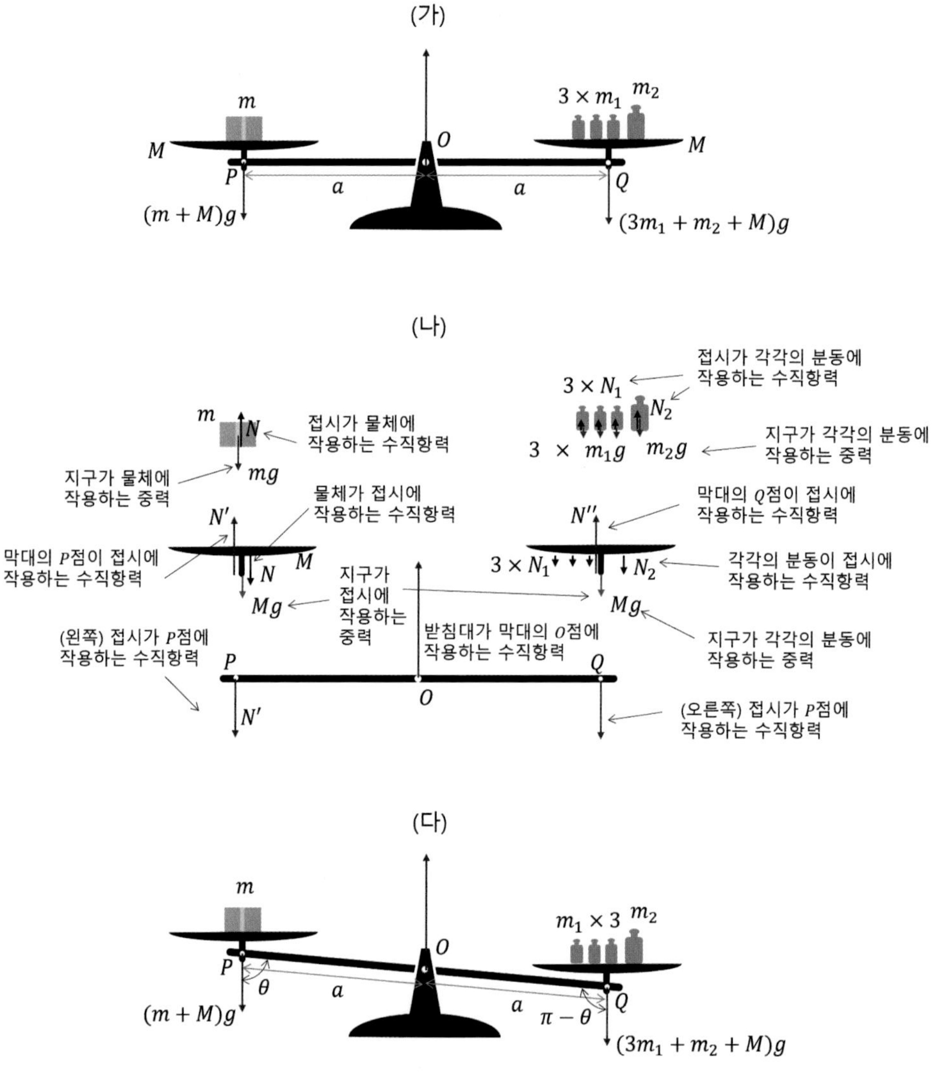

그림 3-1 양팔 저울의 작동원리 (가) 접시와 물체, 접시와 분동을 한 물체로 취급할 때 (나) 막대, 접시, 물체, 분동에 작용하는 힘 (다) 막대가 기울어져 있는 평형상태 : m=물체의 질량, M=접시의 질량, m_1 =작은 분동의 질량, m_2 =큰 분동의 질량, 막대의 질량은 고려하지 않았음.

저울을 가만히 있게 할 수는 없지요. 그러고 보니 이상하지요?

양팔 저울의 원리를 물리학적으로 이해하려면 힘뿐 아니라 1장에서 어렵게 다루었던 (대부분 읽지 않고 건너뛰었겠습니다만) 토크까지 동원해야 합니다. 물체가 움직이지 않고 가만히 있으려면 우선 물체에 힘이 작용하지 않아야 합니다. 이것은 물론 어떤 힘도 작용하지 않아야 한다는 것이 아닙니다. **여러 힘이 작용하지만 모두 더하면 0이 되어야 한다**는 것입니다. 그러므로 그림 (가)에서 막대의 P점과 Q점에 작용하는 아래 방향의 힘은 막대의 O점에 받침대가 작용하는 위 방향의 힘 N_O[6]에 의해 상쇄되어야 합니다. 받침대가 없었더라면 막대와 접시는 모두 아래로 떨어졌겠지요. 그러므로 막대가 움직이지 않으려면 O, P, Q점에 작용하는 세 힘 사이에 다음과 같은 관계식이 성립해야 합니다.

$$N_O - (m + M)g - (3m_1 + m_2 + M)g = 0 \tag{3.2}$$

이 식은 (3.1) 식과 전혀 다릅니다. 오직 N_O가 어떤 크기를 가지는지만 알려줄 뿐입니다. 심지어 접시의 질량 M도 영향을 미치네요.

크기를 가진 물체의 경우에는 여러 힘이 서로 다른 곳에 작용할 수 있습니다. 그래서 힘을 모두 더해 합이 0이 되더라도 물체가 제자리에서 회전하는 경우가 있습니다. 어떤 움직임도 일어나지 않으려면 한 가지 조건이 더 갖춰져야 합니다. 물체에 작용하는 토크의 합도 0이 되어야 하지요. 1장에서 강조했듯이 토크는 반드시 어떤 점에 대한 토크인가를 밝혀야 합니다. 그러니까 물체가 움직이지 않을 두 번째 조건을 이렇게 정리해야겠네요.

---

6) 그냥 얹어놓은 것이 아니라면 그림 3-1과 같은 양팔 저울에서 O점에 작용하는 힘은 단순히 수직항력만은 아닙니다만 N_O로 나타내겠습니다.

물체가 회전도 하지 않으려면 물체에 작용하는 임의의 점에 대한 토크의 합이 0이어야 한다고요. 이렇게 물체에 힘과 토크가 모두 작용하지 않아 물체의 움직임이 없을 때 물체가 정적 평형(靜的平衡, static equilibrium)을 이루었다고 합니다.

그림 (가)에서 O점에 대해 토크를 구해봅시다. 우선, N_O의 O점에 대한 토크는 0입니다. N_O는 바로 O점에 작용하는 힘이니까요. 그림 (가)에 O점과 P점을 연결한 선분 $\overline{OP}$와, O점과 Q점을 연결한 선분 $\overline{OQ}$의 길이가 같고 그 값이 d라고 합시다. 그림 (가)와 같이 저울의 팔이 수평이라면 선분 $\overline{OP}$와 $\overline{OQ}$는 중력이 작용하는 방향과 수직입니다. 그러므로 P에 작용하는 힘 $(m+M)g$는 저울의 팔을 시계 반대 방향으로 회전하게 하는[7], 크기가 $\{(m+M)g\}\times d$인 토크를 작용합니다. Q에 작용하는 힘 $(3m_1+m_2+M)g$는 저울의 팔을 시계방향으로 회전하게 하고 토크의 크기는 $(3m_1+m_2+M)g\times d$입니다. 두 토크는 저울의 팔을 서로 반대 방향으로 돌리려 하므로 크기가 같으면, 즉

$$\{(m+M)g\}d-\{(3m_1+m_2+M)g\}d=0 \tag{3.3}$$

이면 서로 상쇄되어 저울이 회전에 대해 평형을 이룰 것입니다. 이 식을 정리하면 (3.1) 식이 되지요.

평형이 되려면 임의의 점에 대한 토크가 0이어야 한다고 했지요? P점에 대한 토크가 0이 되려면

7) 보다 물리학적으로는 지면에 대해 나오는 방향이라고 해야겠지요? (2장 파뒤집기 부분을 참조하세요.)

$$N_O d - \{(3m_1 + m_2 + M)g\}(2d) = 0 \tag{3.4}$$

이어야 합니다. 여기에 (3.2) 식에서 구한 N_O값을 대입하면 (3.1) 식이 똑같이 나옵니다. Q에 대한 토크가 0이 될 조건도 마찬가지로 (3.1) 식이 나옵니다.

(3.3) 식에서 선분 $\overline{OP}$와 $\overline{OQ}$의 거리가 모두 d이기 때문에 (3.1) 식이 되지요. 그런데 토크의 크기는 힘의 크기만이 아니라 토크를 정의한 기준점으로부터 힘이 작용하는 점까지의 거리에 따라서도 달라집니다. 그렇다면 그림 (가)에서 물체와 분동을 접시의 어느 곳에 놓는가에 따라 O점으로부터의 거리가 달라지지 않을까요? 거리가 다르면 (3.1)의 관계식이 성립하더라도 평형이 되지 않을 수도 있을 텐데요. 또는, 시소를 탈 때처럼 서로 질량이 달라도 평형을 유지할 수 있고요. 그런데 실제로 해 보면 양팔 저울에서 접시의 어느 지점에 물체와 분동을 놓는지는 중요하지 않습니다. (3.1) 식만 만족하면 항상 평형을 이루지요. 그러고 보니 양팔 저울의 작동원리가 간단하지 않네요?

그림 (나)와 같이 물체, 접시, 분동, 저울 팔 각각에 작용하는 힘을 따로따로 생각해봅시다. 참으로 여러 힘이 작용하지요? 물체와 분동이 움직이지 않고 가만히 있으려면 각 물체에 작용하는 힘이 0이어야 합니다. 즉,

$$N - mg = 0, \quad N_1 - m_1 g = 0, \quad N_2 - m_2 g = 0 \tag{3.5}$$

여야 합니다. 또, 접시와 막대가 움직이지 않으려면 각각

$$N_P - (Mg + N) = 0, \quad N_Q - (Mg + 3N_1 + N_2) = 0 \tag{3.6}$$

$$N_O - (N_P + N_Q) = 0 \tag{3.7}$$

여야 하지요. (3.5) 식과 (3.6) 식으로부터 N_P와 N_Q를 구하면

$$N_P = (m + M)g, \qquad N_Q = (3m_1 + m_2 + M)g \tag{3.8}$$

이고, 이것을 (3.7) 식에 대입하면 (3.2) 식이 됩니다.

막대가 회전하지 않고 평형을 유지할 조건은

$$N_P d - N_Q d = 0 \tag{3.9}$$

입니다. 여기에 (3.8) 식의 N_P와 N_Q를 대입하면 (3.3) 식이 되지요. 공연히 복잡하게 여러 힘을 도입하며 호들갑을 떨었는데도 결국 그림 (가)를 이용한 분석과 결과가 같네요. 그렇지만 우리는 아주 중요한 것을 알게 되었습니다. 물체와 분동을 접시의 어떤 위치에 놓더라도 (3.5) 식과 (3.6) 식이 성립할 테니 N_P와 N_Q의 값은 바뀌지 않는다는 것과, 막대를 O점에 대해 회전하게 만드는 힘이 N_P와 N_Q이기 때문에 항상 (3.1) 식이 성립한다는 사실을요. 그리고 이렇게 되기 위해서는 양팔 저울에서 **각각의 접시와 팔이 한 점에서만 연결되어 있어야 한다**는 중요한 사실도 덤으로 알게 되었네요.[8)]

사실 양팔 저울에서 팔이 반드시 수평이어야 할 필요는 없습니다. 그림 (다)에 보인 것처럼 저울의 팔이 수평이 아니고 중력의 방향과 θ 또는 $\pi - \theta$를 이루고 있지만, 더 이상의 움직임이나 회전이 없으면, 힘과 토크의 평형

---

8) 몇몇 인터넷 사이트에서 나무젓가락에 긴 막대기에 일회용 접시를 붙여서 양팔 저울을 만드는 과학 실험이 소개되어 있는데 이렇게 하면 정확한 저울 역할을 하지 못합니다.

이 이루어진 것입니다. 힘의 평형은 (3.2) 식 또는 (3.5,6,7) 식 그대로이지만, 토크의 평형은

$$N_P d\sin(\pi-\theta) - N_Q d\sin\theta = 0 \qquad (3.10)$$

와 같이 바뀝니다. 하지만 $\sin(\pi-\theta) = \sin\theta$이므로 (3.10) 식은 (3.9) 식과 같아지고, 또 (3.1) 식이 됩니다. 그러니까 양팔 저울에서 팔의 수평은 큰 의미가 없었네요. 움직임이 없는 평형상태라는 것이 더 중요하지요.

확인해 볼까요?

1. 질량이 비슷한 물체를 실로 묶어서 나무젓가락의 양쪽 끝에 매답니다. 나무젓가락의 가운데를 또 하나의 실을 묶어서 그 실을 잡고 들어 올릴 수 있도록 만듭니다.
2. 가운데 묶은 실의 위치를 조정하여 들어 올렸을 때 나무젓가락이 수평이 되게 만듭니다.
3. 이 상태에서 손가락으로 한쪽을 살짝 눌러 젓가락이 수평이 아니게 한 후 손을 떼어봅시다. 나무젓가락이 회전하나요?

양팔 저울은 딱 정해진 질량만큼 가루나 액체의 양을 재는 데 아주 유용합니다. 필요한 질량에 해당하는 분동을 한쪽 접시에 올려놓고 다른 쪽 접시에 가루나 액체를 더 놓거나 덜어내며 평형을 맞춥니다. 그래서 화학 실험실에서 주로 사용합니다. 그렇기 때문에 분동 질량의 정수배에 해당하는 질량만 측정할 수 있다는 제한이 있습니다. 질량을 모르는 어떤 물체의 질량을 재는 것은 불가능하지는 않지만 어렵지요. 그래서 고안된 것이 그림 3-2와 같은 대저울입니다. 그림 3-2 (가)처럼 접시나 막대 등의 질량을 무시

하여 단순화했을 때, 손잡이가 달린 O점에 대한 토크의 평형 조건은

$$mg \times d = M_w g \times \ell \tag{3.11}$$

가 됩니다. 여기에서 d와 ℓ은 각각 O점으로부터 물체와 추가 매달린 P점과 Q점까지의 거리입니다. 물체의 질량 m이 추의 질량 M_w의 ℓ/d배이므로 ℓ이 막대의 끝보다 크지 않은 범위 안에서 물체의 질량을 잴 수 있지요. 그 한계를 넘어 더 무거운 물체의 질량을 재려면 더 무거운 추를 이용하면 됩니다. 하지만 더 간단히 접시에 가까운 쪽에 손잡이를 붙여 d가 더 짧아지

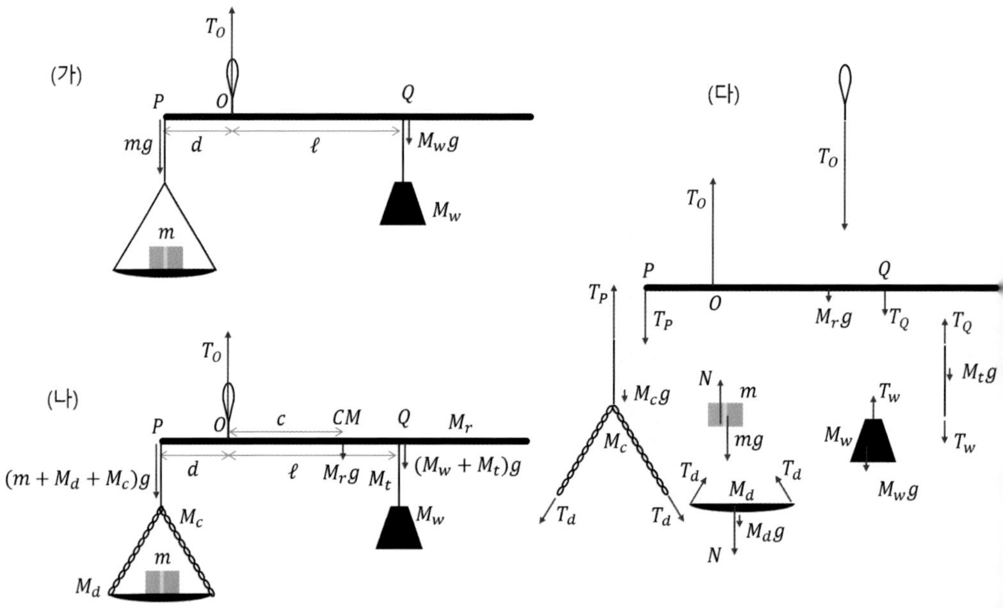

그림 3-2 대저울의 작동원리 (가) 접시나 막대 등의 질량을 무시한 단순 모형 (나) 모든 질량을 고려한 모형 (다) 각각의 물체에 작용하는 힘 : m=물체의 질량, M_w =추(weight)의 질량, M_d =접시(dish)의 질량, M_c =사슬(chain)의 질량, M_t =추를 매단 줄(thread)의 질량, M_r = 막대의 질량, CM=막대의 질량중심(Center of Mass)

도록 하는 방법도 있지요. 더 무거운 추를 사용하면 그림에 나타낸 T_0가 커져서 더 힘들게 대저울을 들어 올려야 하거든요. 현명하지요?

실제 대저울은 (가)처럼 단순하지 않습니다. (나)에 보인 것처럼 접시, 접시를 막대에 연결한 사슬, 막대, 추를 매단 줄에 작용하는 중력도 고려해야 하고 손잡이가 막대의 질량중심이 아닌 곳에 매달려 있다는 사실도 고려해야 합니다. 그림 (다)는 대저울을 이루는 각각의 물체에 작용하는 힘을 따로 표시해 본 것입니다. 복잡하지요? 그림 3-1에서와는 달리 자세한 설명을 하지 않았으니, 이 그림에서 화살표와 문자가 어떤 힘을 나타낸 것인지, 또 어떤 쌍의 힘이 작용-반작용의 관계인지 각자 따져보기 바랍니다.

초등학교 과학 시간에 사용하는 용수철저울도 물체에 작용하는 힘의 평형 조건으로 물체의 무게, 즉 질량을 측정합니다.[9] 용수철은 작용한 힘에 비례하여 길이에 변화가 일어나는 특별한 성질을 가지고 있습니다.[10] 그림 3-3 (가)와 같이 용수철의 한쪽 끝을 고정하고 연직 방향으로 늘어뜨린 후 다른 쪽 끝에 어떤 물체를 매달면, 물체에는 용수철이 물체를 위로 잡아당기는 힘[11]과 지구가 잡아당기는 아래 방향의 중력이 작용합니다. 두 힘의 크기가 같을 때 힘의 평형이 일어나 물체가 움직이지 않게 됩니다. 이때

---

9) 초등교육 현장에서 양팔 저울과 대저울은 질량을 측정하는 장치이고 용수철저울은 무게를 측정하는 장치라고 학생들에게 시험문제를 내는 것을 종종 보았습니다. 이것은 잘못된 것입니다. 질량을 알고 있는 분동을 용수철저울에 매달아 한 눈금의 질량을 정해 놓으면 용수철저울로도 얼마든지 질량을 측정할 수 있습니다. 또, 실험하는 곳의 중력가속도를 알고 있거나 측정할 수 있으면 양팔 저울로 측정한 질량에 중력가속도를 곱하면 무게도 구할 수 있고요. 무엇보다도 이런 시험문제를 내는 것 자체가 잘못입니다. 도대체 이것을 알아서 어디에 쓰지요?

10) 용수철뿐 아니라 거의 모든 물체는 외부에서 작용하는 힘에 비례하여 변형이 일어나는 성질을 가지고 있지요. 이것을 **후크의 법칙**이라고 합니다.

11) 용수철과 물체가 닿은 부분에서 서로 잡아당기는 힘이 작용하므로 장력 T로 표시하였습니다.

작용-반작용 법칙을 따라 물체도 용수철을 같은 크기의 힘으로 잡아당길 테니 그 크기에 비례하여 용수철이 늘어날 것입니다. 물체가 움직이지 않게 되었을 때의 눈금을 읽으면 되지요. 눈금은 정확하게 크기를 아는 힘으로 늘렸을 때 늘어난 길이를 표시하고 그것을 일정한 간격으로 나누고 확장한 것입니다.

그림 (나)는 각각의 물체에 작용하는 힘을 나타낸 것입니다. 천장에 고정된 쪽에도 잡아당기는 힘이 작용한다는 것을 눈여겨보아야 합니다. 그리고 두 힘의 크기가 같아야 할 어떤 이유도 없다는 것도 알아야 합니다. 이 두 힘은 서로 작용-반작용의 관계가 아닙니다. T_O와 T_P는 각각 천장이 용수철을, 그리고 물체가 용수철을 잡아당기는 힘이니까요. T_O의 반작용은 천장에, T_P의 반작용은 물체에 작용해야 합니다. 용수철의 질량을 무시할 수 있을 때만 두 힘의 크기가 같습니다.12)

용수철이 늘어나게 하려면 양쪽에서 잡아당겨야 합니다. 어느 한쪽에서만 잡아당기면 용수철은 늘어나지 않고 잡아당기는 방향으로 끌려가기만 합니다. 용수철에 물체를 매달고 아래로 떨어뜨리면 물체와 함께 떨어집니다. 손으로 잡고 있을 때 늘어났던 용수철도 오히려 원래 길이로 줄어들지요. 그러니까 일반적으로 용수철이 잡아당기는 힘에 비례하여 늘어난다고 할 때는 첫째 양쪽에서 힘이 작용해서 용수철이 움직이지 않는 상황이어야 하고, 둘째 잡아당기는 힘이라는 것은 한쪽에 작용하는 힘을 의미합니다.

---

12) 용수철의 질량 m_s가 0이 아닌 경우 용수철이 움직이지 않는다면 $T_O = T_P + m_s g$여야 합니다. 그리고 아래쪽과 위쪽이 늘어나는 모양도 다릅니다. 위로 올라갈수록 용수철 한 바퀴 사이의 간격이 커지지요. 중력 방향의 가속도 a로 움직이면 $T_O = T_P + m(g-a)$입니다. 가속도가 중력 방향과 반대라면 a에 그 크기만큼 음수값을 넣으면 됩니다. $a = g$인 경우에도 $T_O = T_P$지만 이 경우는 $T_P = 0$입니다.

어차피 작용한 힘과 늘어난 길이 사이의 비례식인데 양쪽에서 잡아당긴다고 해서 두 배의 힘이 작용한다고 할 이유가 없지요. 그림 (가)의 상황에서 물체에 작용하는 중력만이 용수철을 늘린다고 이해하면, (가), (다), (라)처럼 배치했을 때 어느 경우에 용수철이 더 많이 늘어날지 직관적으로 대답하기 어렵지요.

물체가 잡아당기는 힘에 의해 용수철이 늘어나는 것일까요? 아니면 늘어난 용수철이 원 상태로 돌아가려는 힘이 물체를 잡아당기는 것일까요? 마치 '닭이 먼저인가, 달걀이 먼저인가'하는 질문처럼 들리네요. 그렇지만 힘에 대한 이 질문에는 명쾌하게 답을 할 수 있지요. 그저 두 힘이 작용-반작용이라고요.

체중계나 식료품의 양을 재는 부엌용 저울도 그 안에 용수철이 들어 있습니다. 용수철이 늘어나거나 줄어든 길이에 따라 바늘이 움직여 무게를 쉽게 잴 수 있도록 만든 것이지요. 바늘이 움직이는 것이 아니라 무게가

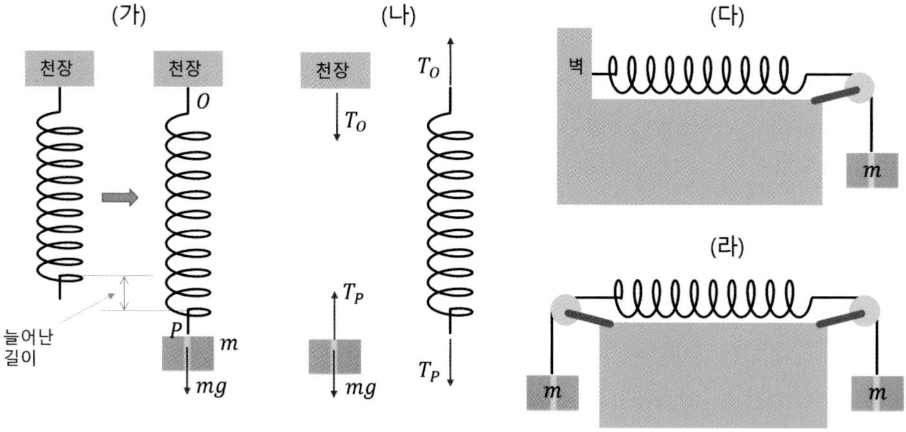

그림 3-3 용수철저울의 작동원리

직접 숫자로 표시되는 전자저울에는 압전소자가 들어 있습니다. 압전소자는 누르는 힘(보다 정확하게는 압력)에 비례하여 전위차가 발생하는데[13] 이것을 무게로 바꾸어 표시하는 것입니다. 이 저울도 기본 원리는 같습니다. 저울판 위에 올려놓은 물체가 움직이지 않을 때 물체에 작용하는 중력(=무게)과 판이 물체에 작용하는 힘(=물체가 판에 작용하는 힘)이 크기가 같다는 것을 이용하는 것이지요.

저울의 눈금이 원래 몸무게보다 작은 값을 가리키게 하는 방법을 알려준다고 하더니 힘이 어떻고 토크가 어떻다는 지루한 물리 공부만 했지요? 혹시 공부를 너무 열심히 하게 해서 살이 조금 빠졌을 수도 있겠습니다. 그런데 이미 답을 말했어요. 양팔 저울, 대저울, 용수철저울 모두에서 저울에 직접 작용하는 힘은 물체에 작용하는 중력이 아니었습니다. 양팔 저울과 대저울에는 물체가 접시를 누르는 힘, 용수철저울에서는 물체가 용수철을 잡아당기는 힘을 측정한 것이었지요. 그 힘들이 중력과 크기가 같으니 그게 그것 아니냐고요? 그렇지 않습니다. **물체가 움직이지 않기에** 물체에 작용하는 중력과 양팔 저울이나 대저울에서 접시를 누르는 힘이 같은 것입니다. 만일 물체가 가속도를 가지고 움직인다면 두 힘의 크기가 같지 않습니다. 자, 이제 드디어 즉석에서 체중계의 눈금이 평소 몸무게보다 내려가게 하는 방법을 소개하겠습니다.

---

13) 2장에서 압전소자에 아주 강한 힘으로 충격을 주면 높은 전위차가 발생하여 불꽃이 튀게 할 수도 있어서 라이터나 휴대용 가스스토브에 불을 붙이는 데 사용한다고 했지요? '딱' 하는 소리가 나며 불이 붙는 장치는 모두 이 압전소자를 활용한 것입니다.

확인해 볼까요?

1. 체중계에 올라섭니다. 몸무게가 얼마가 나오나요?
2. 체조하듯이 무릎을 굽혀 쪼그려 앉기를 해보세요. 그렇게 하는 동안 저울 눈금이 확실히 내려가지요?

또는, 엘리베이터가 있는 아파트에 살고 있다면 당장 체중계를 가지고 엘리베이터를 타세요.

확인해 볼까요?

1. 일단 높은 층으로 올라갑니다. 이때 계단으로 올라가면 살이 조금 빠지겠습니다. 높은 층에 살고 있으면 이 과정은 하지 않아도 됩니다.
2. 엘리베이터 바닥에 체중계를 놓고 그 위에 올라섭니다. 그리고 아래로 내려가는 단추를 누릅니다. 저울 눈금이 어떻게 변하나요?

아주 짧은 순간이기는 해도 두 번 다 눈금이 내려갔지요? 물론 곧바로 원래 눈금으로 돌아오지만요. 좋다 말았습니다. 더구나 쪼그려 앉는 동작이 끝날 때, 또는 엘리베이터가 낮은 층에서 멈출 때는 '허걱!', 눈금이 내 체중보다 더 올라가네요? 이 세상에 공짜는 없는 법입니다.

왜 이런 일이 일어날까요? 앞에서 이야기했듯이 저울은 물체가 판을 내리누르는 힘을 측정합니다. 수직항력이라고 할 수 있겠네요. 저울 위에 올라간 사람의 **가속도**가 0이면, 즉 사람이 움직이지 않거나 움직이더라도 등속도로 움직이면, 그림 3-4 (가)처럼 판이 사람에 작용하는 수직항력(=사람이 판을 누르는 수직항력)과 중력의 크기가 같습니다. 그래서 사람에게 작용하는 힘은 0이 되지요. 그런데 정지해 있던 엘리베이터가 높은 층에서 낮은 층으로 내려가기 시작할 때 우리 몸은 아래 방향의 가속도로 운동합니다.[14] 단순히 아래로 움직이기 때문이 아닙니다. 엘리베이터와 함께 우리 몸이 아래로 이동하려면 아래 방향의 속도를 가져야 하는데, 정지했다가 이런 속도를 가진 것이어서 아래쪽으로 속도의 변화가 일어난 것이기 때문입니다. 아래로 움직이다가 멈추는 경우는 속도의 변화가 위 방향으로 일어난

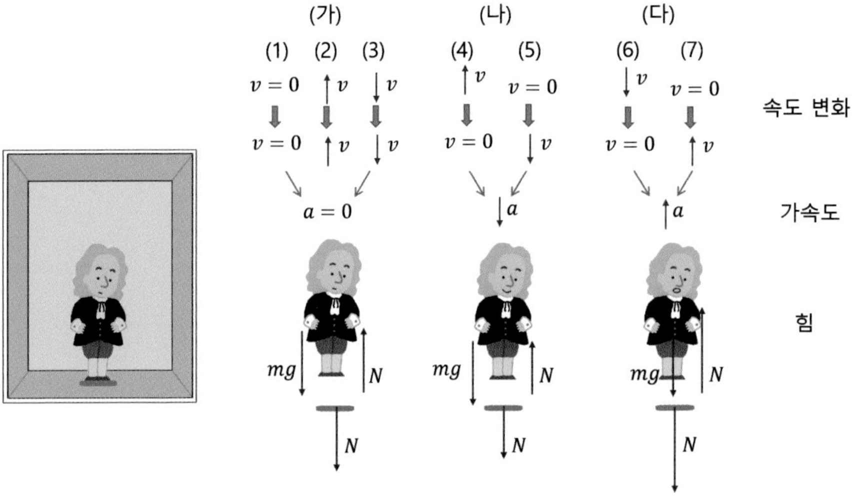

그림 3-4 엘리베이터의 움직임에 따라 달라지는 체중계의 눈금(N) (가) 가속도가 0인 경우 – (1) 정지해 있거나, (2) 위 또는 (3) 아래로 일정한 속력으로 움직일 때 : $N=mg$, (나) 가속도가 아래 방향인 경우 – (4) 정지해 있던 엘리베이터가 내려가기 시작하거나, (5) 올라가던 엘리베이터가 멈추려고 할 때 : $N<mg$, (다) 가속도가 위 방향인 경우 – (6) 내려가던 엘리베이터가 멈추려고 하거나, (7) 정지해 있던 엘리베이터가 올라가기 시작할 때 : $N>mg$

14) 무릎을 구부리고 쪼그려 앉듯 내 몸을 낮추는 것도 우리 몸의 질량중심이 아래로 이동하는 것입니다.

것이라 가속도가 오히려 위 방향입니다. 아래 방향의 가속도가 생기려면 그림 (나)에 나타낸 것처럼 사람에 아래로 작용하는 중력의 크기가 위로 작용하는 수직항력보다 커야 합니다. 그리고 운동법칙에 의해 다음과 같은 관계식이 성립해야 합니다.

$$mg - N = ma \tag{3.12}$$

즉, 저울이 측정하는 N은 mg가 아니라 $mg - ma$가 되지요. 이와 반대로, 내려가던 엘리베이터가 멈추거나 위로 올라가는 엘리베이터가 출발할 때는 (다)처럼 수직항력이 중력보다 커서 사람이 위 방향의 가속도를 가지게 되는 것입니다.

에이! 썰렁하지요? 하지만 **저울의 눈금이 항상 내 몸무게와 같지 않다**는 것을 확실히 알게 되지 않았나요? 놀이공원의 바이킹이나 롤러코스터를 탈 때 체중계를 깔고 앉아 있으면 움직임에 따라 체중계의 눈금이 몸무게와는 다른 값을 가집니다.[15] 체중계가 없더라도 주의를 조금만 기울이면 의자에 앉아 있는 느낌이 달라지는 것을 알 수 있을 겁니다. 하지만 너무 무섭거나 신나서 이것을 신경 쓸 여유는 없지만요. 타고 있는 자동차가 언덕을 빠르게 지날 때 몸이 붕 뜨는 느낌이 드는 것도 같은 원리입니다.

저울 눈금이 내려가는 것이 너무 짧아 아쉬우면 이렇게 해봅시다.

15) 지금은 없어졌지만 대전 엑스포 행사장 옆에 '꿈돌이랜드'라는 놀이동산이 있었습니다. 이 놀이동산의 바이킹과 롤러코스터 좌석에 체중계를 붙여 놓아 운동에 따라 눈금이 변하는 것을 확인할 수 있게 했지요. 관련된 물리학에 대한 간단한 설명도 타기전에 볼 수 있도록 했습니다. 우리가 제안한 것입니다.

확인해 볼까요?

1. 저울을 경사면에 놓고 몸무게를 재보세요. 오랫동안 평소보다 낮은 값을 가리키는 바늘을 원하는 만큼 감상할 수 있을 겁니다.
2. 경사각을 조절할 수 있다면 경사면이 수평면과 이루는 각도에 따라 저울 눈금이 어떻게 바뀌는지도 조사해보세요.

가속도를 가진 것도 아닌데 웬 조화일까요? 그림 3-5에 그 답이 있습니다. 경사면에 놓인 저울 위에 서 있는 사람에게 작용하는 힘은 중력 mg, 수직항력 N, 그리고 정지마찰력 f_s 입니다. 사람이 움직이지 않고 가만히 서 있다면, 이 세 힘의 합이 0이 되어야 합니다. 그러므로 세 힘의 크기는

$$N - mg\cos\theta = 0 \tag{3.13}$$

$$f_s - mg\sin\theta = 0 \tag{3.14}$$

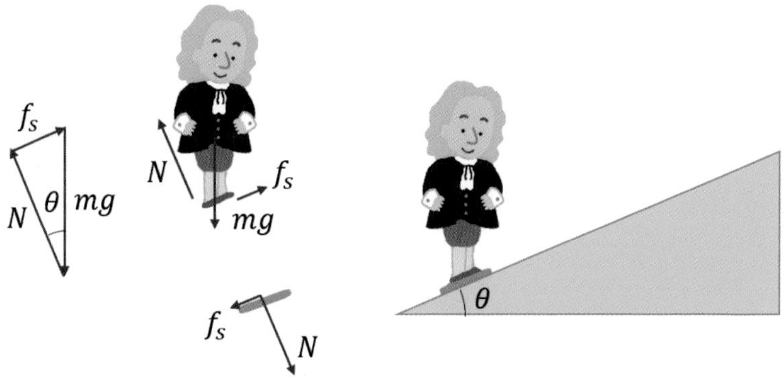

그림 3-5 경사면에서 몸무게 재기

와 같은 관계식을 만족해야 합니다. 이 힘 중에서 오직 수직항력만이 저울면을 수직으로 누르니까 바늘은 N 값을 가리키지요. 만일 θ가 30°라면 평소 몸무게의 $\cos 30^{\circ} = \sqrt{3}/2$, 즉 약 87%로 측정됩니다.

앞에 나온 (3.12) 식은 $a = g$인 특별한 경우 $N = 0$이 된다는 것을 알려줍니다. 이것이 무중력 상태입니다.[16] 엘리베이터 줄이 끊어진 끔찍한 경우가 아니더라도 비행기가 포물선 궤도를 따라 움직이는 경우[17] 지구 주위를 도는 우주정거장, 또는 달과 다른 행성으로 이동하는 우주선 안에서 이러한 무중력 상태를 경험할 수 있습니다. 엘리베이터나 우주선이 타고 있는 사람과 똑같은 중력가속도로 움직이기 때문에 바닥이 힘을 작용할 필요가 없는 것이지요. 롤러코스터의 어떤 구간은 포물선에 가깝게 만들어져 있어서 그 구간을 지날 때 몸이 공중에 붕 뜨는 느낌을 받습니다. 이것이 $N \sim 0$ 상태입니다. 자이로드롭에서도 비슷한 느낌을 받지요.

무중력 상태에서는 당연히 일반 저울로 무게를 잴 수 없습니다. 무게라는 것을 아예 느끼지도 못하지요. 사실 우리가 느끼는 무게는 바닥이 우리 몸에 작용하는 힘이었으니까요. 하지만 질량은 그대로입니다. 우주를 여행하는 동안 우주인의 질량은 어떻게 해야 잴 수 있을까요? 맛있는 음식을 먹을 수 있어서 살이 찔까 걱정할 필요가 있다면 말입니다. 이런 경우는 작용한 힘에 대해 어떻게 몸이 움직이는가를 보고 관성 질량을 측정하면 됩니다. 예를 들자면, 탄성계수가 k인 용수철의 한쪽 끝을 고정하고 다른

---

16) 무중력은 '중력이 없다'는 뜻이지만, 이렇게 해서 만들어진 무중력 상태에서도 중력은 작용합니다. 단지 중력과 똑같은 크기를 가진 관성력이 작용해서 없는 것처럼 느끼도록 할 뿐이지요. 이것도 중력질량과 관성 질량이 같기 때문에 나타나는 현상입니다.

17) ZERO-G Experience® 홈페이지에 들어가 보세요. https://www.gozerog.com/

쪽 끝에 질량 m인 물체를 매달아 진동하게 했을 때 진동 주기 T가

$$T = 2\pi\sqrt{\frac{m}{k}} \tag{3.15}$$

라는 것을 이용할 수도 있지요. 질량을 알고 있는 물체를 던지고, 던진 지점으로부터 물체와 사람이 같은 시간 동안 움직인 거리를 측정해도 되겠습니다.

무게 또는 질량의 측정에 대해 알아보았습니다. 그런데 이런 질문은 아마 한 번도 해보지 않았을 것입니다.

왜 물질은 질량을 가지나요?

이거야말로 엉뚱하고도 황당한 질문으로 가득 찬 이 책에서도 단연 으뜸상을 받아야겠네요. 아니, 질량이라는 것이 물질의 양이니까 물질이라면 당연히 양, 즉 질량이 있어야 하지 않나요? 돼지고기를 살 때 질량은 그 고기의 양을, 그리고 가격을 알려줍니다. 두 배의 질량을 사려면 값을 두 배 치러야겠지요. 동네 단골 정육점에 가면 이렇게 야박한 비례관계를 적용하지는 않지만요. 과학 실험실에서도 질량은 물질의 양을 알려줍니다. 물질이 어떤 원자와 분자로 이루어졌는지 알고, 또 그 원자와 분자의 원자량과 분자량을 안다면, 물체의 질량은 심지어 몇 개의 원자 또는 몇 개의 분자가 그 안에 있는지까지 알려줍니다. 그래서 어떤 질량을 가진 물질을 섞으면 얼마만큼이 반응하여 얼마만큼의 생성물이 나오는지도 계산할 수 있지요. 그런데도, 물질이 왜 질량을 가지냐고요? 기가 차지요?

그런데 말입니다. 이 질문은 현대 물리학에서 풀고자 하는 수수께끼의 하나랍니다. 아직도 정확한 답을 모르고요. 질문이 너무 황당한 것이어서가 아닙니다. 이것이 왜 중요한 문제인지를 알아보려면 물리학을 조금 더 공부해야겠습니다. 그리고 원자, 원자핵, 핵자, 전자, 쿼크, 글루온에 대한 여러 이야기도 들어야겠네요.

물리학에서 질량은 물질의 양이라는 것을 넘어서 아주아주 특별한 의미를 가집니다. 첫째는 뉴턴의 운동법칙 때문입니다. 질량이 얼마인지는 물체의 운동에 중요한 역할을 합니다. **물체에 똑같은 힘이 작용했을 때 가속도는 질량에 반비례**하지요. 즉, 질량이 클수록 운동상태를 유지하려는 **관성**이 큰 것입니다. 그래서 물리학에서 질량은 '물질의 양'이라는 본래의 뜻보다 '관성의 척도'로서의 의미가 더 강합니다. 그러니까 '많다' 또는 '적다'라고 표현해야 하는 '양'인 데도 '질량이 많다'라고 하지 않고 '질량이 크다'라고 표현하는 것일지도 모릅니다.

질량이 물리학에서 특별한 둘째 이유는 이것이 그 유명한 $E=mc^2$라는 식에 의해 에너지와 연결이 되기 때문입니다. 일상에서는 가만히 둔 물체의 질량이 에너지로 바뀌는 일은 물론 일어나지 않습니다. 그러니까 그 식을 찾아내는 데 그토록 오래 걸렸지요. 그런데 질량이 에너지로 바뀌는 일은 실제로 일어납니다. 원자력 발전소에서는 우라늄의 핵의 질량이 이것이 붕괴할 때 나오는 모든 원자핵의 질량을 더한 것보다 크니까, 그 질량 차이만큼이 에너지로 변하는 것을 이용합니다. 태양에서는 수소 원자핵 4개가 헬륨 핵으로 융합할 때(1권의 3장 그림 3-1 참조) 질량이 줄어드는 만큼 에너지를 만들어내지요. 에너지가 질량으로 바뀌는 일도 일어납니다. 입자 실험실에서는 에너지를 가지지만 질량은 가지지 않은 빛이 질량을 가진 입자로 바뀝니다. 현재 우주에 있는 물질은 모두 빅뱅 초기에 에너지의 일부가 질량을 가진 입자로 바뀌었기에 존재하게 된 것입니다.

물체가 질량을 가지는 이유는 물질을 이루는 원자들이 질량을 가지기 때문입니다. 하나 마나인, 별 의미도 없는 싱거운 말이지요? 고대 그리스 시대에 이미 데모크리토스가 이 세상의 모든 물질을 계속 나누면 더 나눌 수 없는 **원자**가 될 것이라고 했습니다. 그러니까 질량이 1 kg인 물체를 1000개로 나누면 질량이 1 g인 조각으로, 백만 개로 나누면 1 mg인 조각으로, 십억 개로 나누면 1 μg짜리 조각이 될 테니까, 아무리 많은 수로 나누더라도 그 수가 유한하다면 원자가 질량을 가지는 것은 당연해 보입니다. 그런데 이것은 순환논리의 오류네요. 질량을 가진 물질을 나눈 원자가 질량을 가졌으니 그것으로 이루어진 물질이 질량을 가진다고 말하는 셈이니까요. 여하간 원자가 질량을 가진다는 생각은 19세기 초 영국의 돌턴(John Dalton)이 발표한 **원자는 더 쪼갤 수 없는 물질의 최소단위**이며 **같은 원소의 원자는 크기와 질량 등 모든 성질이 같다**라는 원자설에도 구체적으로 언급되어 있습니다. 물론 데모크리토스는 물론이고 돌턴조차도 원자가 얼마나 작은 것인지는 상상도 하지 못했을 것입니다.

현재의 우리는 물 18 g, 즉 18 cm^{3}이 1몰이고 이것이 **아보가드로 수**(6.01×10^{23} 개/mol)만큼의 물 분자가 모인 것이라고 알고 있습니다. 따라서 물 분자 1개는 평균적으로 18 cm^3 $\div$ 6×10^{23}, 즉 3×10^{-23} cm^3 만큼의 부피를 차지하고 있겠지요. 물 분자 1개의 부피는 이보다 작을 테고요. 이런 논의로부터 우리는 분자의 크기가 이 부피의 세제곱인 수 Å(옹스트롬)[18] 정도라는 것을 간단히 알아낼 수 있습니다. 그런데 이것을 알게 된 것은 200년도 채 되지 않습니다. 돌턴이 원자설을 발표하고 얼마 지나지 않아서 이탈리아의 아보가드로(Amedeo Avogadro)는 모든 기체는 같은 온도, 같은 압력에서 같은 부피 속에 같은 개수의 입자(분자)를 포함한다는 가설을 제안하였습니다. 이 가설은 맞는 사실로 받아들여졌기에 요즘은 아보가드로의 법칙으로 부르기도 합니다. 하지만 아보가드로조차 당시에는 그 수가 몇 개인지는 몰랐습니다.

그러다가 19세기 중반에 와서야 오스트리아의 로슈미트(Johann Josef Loschmidt)[19]가 기체 운동학 이론(kinetic theory of gases)을 적용하여 분자의 크기가 수 Å에 불과하다는 것을 알아냈습니다. 그는 기체의 점성도(viscosity)를 측정하고 이로부터 기체분자가 다른 분자와 충돌하지 않고 자유롭게 운동할 수 있는 자유 거리(free path)의 평균값을 구했습니다.

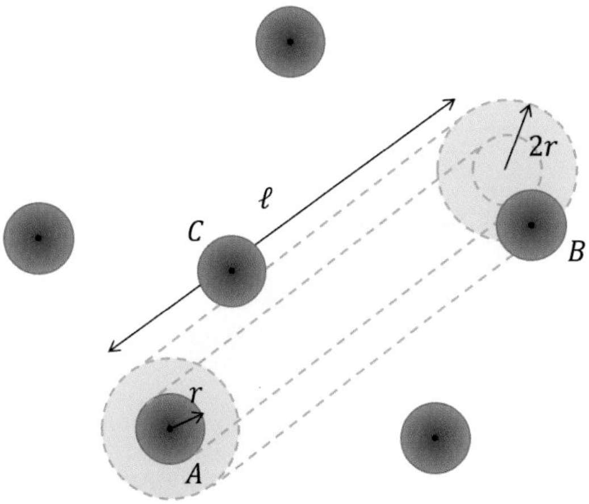

그림 3-6 반지름 r인 공 모양의 분자 A는 움직이는 경로에서 반지름이 $2r$인 원의 안에 중심이 있는 다른 분자 B와 충돌한다. 하지만 분자 C와는 충돌하지 않는다.

---

18) 1Å = 10^{-8} cm, 1 cm의 1억 분의 1

19) 1865년 논문의 영어번역본 : J. Loschmidt (William Porterfield and Walter Kruse, 역), "*On the size of the air molecules,*" Journal of Chemical Education, 72, 870-875.

이 자유 거리는 분자의 크기와 밀접한 관계가 있습니다. 분자가 공 모양이고 반지름이 r이라고 합시다. 그림 3-6에서 분자 A는 분자 B와 충돌합니다. 두 분자 사이의 거리가 $2r$보다 가까워질 수 있기 때문입니다. 그런데 C와는 충돌하지 않지요. 이것을 이렇게 바꿔서 생각할 수도 있습니다. 분자 A가 지나가는 경로에서 반지름이 $2r$인 원의 안에 분자 B의 중심이 놓여있어서 충돌하는 것이라고요. 그러니까, 자유 거리의 평균값이 $\bar{\ell}$이라면 이것은 $\pi(2r)^2\bar{\ell}$의 부피에 분자가 평균적으로 1개 들어 있다는 것을 알려주는 것입니다. 로슈미트는 기체 분자의 개수의 평균 밀도를 액체 상태와 기체 상태의 부피의 비로부터 구했습니다. 멋진 아이디어지요? 더 자세한 것은 그 논문의 영어 번역본을 참조하기 바랍니다. 로슈미트가 구한 분자의 크기는 지금 알려진 보다 정확한 값과 약 2배 정도의 차이밖에 나지 않습니다. 이로부터 과학자들은 아보가드로의 수가 얼마나 큰 수인지도 알 수 있게 되었지요. 1몰에 들어 있는 분자는 온 우주에 있는 별보다 많습니다!

1896년에 영국의 톰슨(Sir Joseph John Thomson)이 원자에 들어 있는 **전자**를 발견할 때까지 과학자들의 원자에 대한 일반적인 생각은 그림 3-7 (가)와 같이 아주 작은 딱딱한 알갱이라는 것이었습니다. 구체적인 언급은 없었지만 공 모양일 것이라고도 짐작했습니다. 사실, 공 모양이 아닌 어떤 다른 모양을 가질 거라고 생각할 수 있었겠어요. 톰슨이 짐작한[20] 전자의 질량은 가장 가벼운 수소 원자 질량의 약 1/2000이었습니다. 그러니 탄소

20) 톰슨이 구한 것은 전자의 질량과 전자가 가지고 있는 전하량의 비였습니다. 그것을 수소 이온과 비교했을 때 2000배 차이가 난다는 것을 보였지요. 수소 이온과 전자의 전하량이 같다고 가정하고 질량비를 구한 것입니다. 정확한 전자의 질량은 마이켈슨(Robert Andrews Millikan)이 기본전하량을 찾았을 때에야 구할 수 있었습니다.

원자에 비하면 약 1/(2000×12), 즉 탄소 원자 질량의 2만 분의 1밖에 되지 않은 것입니다. 그래서 원자가 그림 3-7 (나)와 같은 구조를 가진다고 생각했습니다. 마치 푸딩에 들어있는 건포도처럼[21] 원자의 크기를 가진, 그리고 원자 대부분의 질량을 가진 작은 입자에 크기가 더 작고 가벼운 전자가 드문드문 박혀 있다고 말입니다. 그래서 이러한 원자 모형을 톰슨 모형 또는 건포도 푸딩 모형이라고 부릅니다. 음의 전하를 가진 전자가 들어 있는데도 원자가 전기적으로 중성이려면, 이 입자는 양의 전하를 가져야겠네요.

여하간 이 양의 전하를 띤 작은 입자는 그저 작다는 것 뿐, 질량의 밀도(질량을 부피로 나눈 것)는 우리가 일상에서 접하는 물질의 밀도와 크게 다르지 않습니다. 액체나 고체 상태에서 공 모양의 원자들이 다닥다닥 붙어 있다고

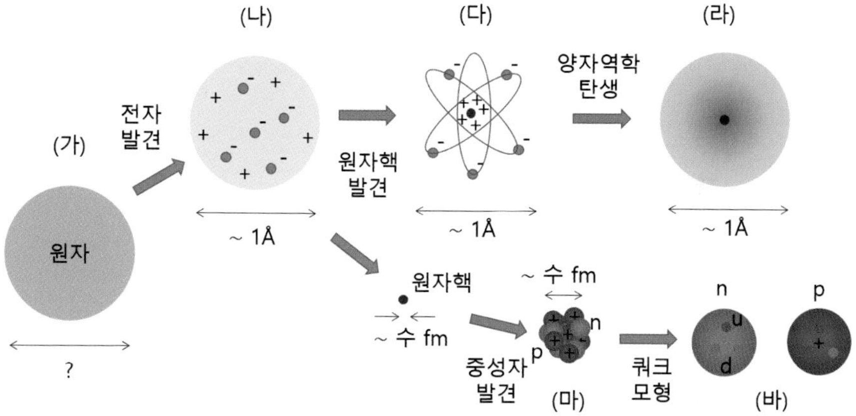

그림 3-7 원자와 원자핵에 대한 과학자들 생각의 변화 (가) 돌턴 원자설 (나) 톰슨이 전자를 발견한 후 (다) 러더퍼드가 원자핵을 발견한 후 (라) 양자역학이 정립된 후 (마) 중성자가 발견된 후 (바) 쿼크가 제안된 후

21) 우리나라 음식으로 말하자면 '백설기에 들어 있는 강낭콩처럼'이라고 해야겠네요.

가정하면 약간 비어있는 부분이 생기니까(1장의 그림 1-10과 본문 설명 참조) 밀도가 최대 두 배 정도 커지겠네요.

1909년에 영국의 러더퍼드(Ernest Rutherford) 연구팀은 알파선을 금박에 쪼였더니 쪼인 쪽으로도 알파 입자가 몇 개 튀어나오는 것을 알게 되었습니다. 물론 대부분은 뚫고 지나가지만요. 이 결과는 러더퍼드의 표현을 빌리면 '지름이 15 cm 정도인 쇠로 만든 대포알을 창호지에 대고 쏘았더니 튀어나오는 것만큼 놀라운 일'이었습니다. 그 후 2년이 넘게 연구한 끝에, 러더퍼드는 이것을 설명하려면 양의 전하를 띤 부분이 원자의 크기가 아니라 그보다 수만 분의 1만큼 작아야만 한다는 것을 알아냈습니다. **원자핵**을 발견한 것입니다. 원자 대부분의 질량도 당연히 원자핵이 가지고 있어야 하지요. 크기가 수만 분의 일이면 부피는 그것의 세제곱에 비례하여 줄어드니까 원자핵은 일반 물질에 비해 밀도가 수조(兆) 배여야 합니다. 그러니까 우리 몸을 이루고 있는 원자는 어마어마하게 밀도가 높은 아주 작은 원자핵이 질량을 가지고 있고 나머지 공간은 텅 비어있는 것입니다. 그래서 지금 우리가 보는 물질은 보통의 밀도를 가지게 된 것이지요. 우리 우주에는 비어 있는 공간이 없이 모든 부분이 원자핵과 거의 같은 밀도를 가진 천체도 있습니다. 태양보다 큰 별이 수축하여 지름이 10 km 정도인 중성자별은 이런 밀도를 가집니다. 이러한 중성자별에서 소금이나 설탕 조각 크기는 코끼리 한 마리 정도의 질량을 가집니다.

그러면 원자 크기는 어떻게 설명하느냐고요? 음의 전하를 가진 전자와 양의 전하를 가진 원자핵이 서로 잡아당기는 전기력을 작용할 테니, 그 인력에 의해 그림 3-7 (다)처럼 전자가 원자핵 주위를 돌고 있으면 됩니다. 마치 태양계에서 중력의 작용으로 지구가 태양 주위를 공전하는 것처럼요.

전자가 돌고 있는 궤도의 반지름이 원자의 크기 정도면 원자 크기도 설명할 수 있지요. 그래서 이것을 러더퍼드의 원자 모형 또는 태양계 모형이라고 부릅니다. UN의 국제원자력기구(IAEA, International Atomic Energy Agency)의 로고(logo)에 오랫동안 그림 3-7 (다)와 같은 원자 모형이 사용되었지요. 요즘은 조금 멋을 부렸더군요.

아직은 원자가 질량을 가지는 것이 전혀 문제가 되지 않습니다. 다만 아주 작은 원자핵에 그 질량이 집중되어 있다는 것만 특이하지요. 마치 외우기 싫은 연도가 죽 나열된 역사책처럼 누가-언제-무엇을 발견했는지 잔뜩 늘어놓는 이유는, 요즘은 단지 몇 시간의 과학 수업에서 배우는 과학적 사실에 대한 발견이 얼마나 많은 과학자에 의해 그리고 얼마나 오랜 기간에 걸쳐서 이루어졌는지를 알았으면 하기 때문입니다. 자, 이제 어쨌든 20세기로 넘어왔지요?

러더퍼드의 원자 모형은 그럴듯해 보이지만 심각한 문제를 가지고 있다는 것이 밝혀집니다. 전자가 원자핵 주위를 돌면 전자기파가 발생하며 에너지를 잃게 됩니다. 에너지를 잃으면 궤도 반지름이 점점 줄어들고 결국 원자핵과 만나게 될 것입니다.[22] 그래서 원자가 원자핵과 같은 크기가 되어 버리지요. 이것이 아주 천천히 일어나는 일이라면 문제가 되지 않습니다. 그저 우리가 살고 있는 현재에 원자 크기가 1Å이라고 하면 되니까요. 우주의 크기도 바뀌잖아요? 137억 년 전에는 작은 점이었는데 점점 커져서 현재의 우주가 되었고 지금도 커지는 중이랍니다. 어쨌거나 세상에서 100년

22) 태양 주위를 공전하는 지구에는 다행스럽게도 그런 일이 일어나지 않습니다. 대신, 약 50억 년 후에는 태양이 뜨거워지며 부풀어 올라서 지구 궤도만큼 커질 거예요. 큰일이지요? 하지만 50억 년 후에 대해 걱정할 필요는 없어요.

남짓밖에 살지 못하고, 전체 역사라고 해도 백만 년 정도인 우리 인류에게 137억 년에 걸쳐 일어나는 우주의 팽창은 전혀 문제가 되지 않습니다. 이집트인들이 피라미드를 만들 때도 우주의 크기는 지금과 별로 다르지 않았을 테니까요. 그런데 원자핵 주위를 도는 전자는 심각합니다. 돌리자마자 수 fs(펨토 초)[23]만에 궤도가 원자핵 크기가 되어버립니다. 그러니까 이 세상에 1 Å의 크기를 가진 원자가 있을 수가 없는 거지요. 이 문제는 양자역학이 정립되어 해결됩니다. 보어(Niels Bohr)는 이 문제를 해결하려다가 양자역학의 기초를 세웠습니다. 양자역학은 지금 이야기하려는 것에서 벗어나니까, 원자핵 이야기로 다시 돌아가겠습니다.

러더퍼드가 원자핵을 발견했을 때는 모든 원자에 각각 다른 원자핵이 있는 줄 알았습니다. 수소에는 수소 원자핵이, 탄소에는 탄소 원자핵이 있는 것이라고요. 그런데 대다수 원자의 질량은 수소 원자 질량의 정수배에 가깝습니다. 당연히 각 원자핵도 수소 원자핵의 정수배에 가까운 질량을 가지겠지요. 이 사실로부터 '혹시 수소 원자핵이 결합하여 다른 원자핵을 만들 수도 있지 않을까?'라는 추론이 가능합니다. 이러한 생각은 원자핵이 발견되기 100년 전인 돌턴이 원자설을 제창할 무렵에도 나왔습니다. 영국의 프라우트(William Prout)는 수소 원자야말로 세상 만물의 기본 입자이고 이것이 다른 원자들을 만들 수 있다고 하였습니다. 그래서 으뜸이라는 뜻을 가진 proto를 써서 그 기본 입자를 protyle이라고 이름 붙였습니다. 하지만 염소가 수소의 35.5배의 질량을 가진다고 밝혀졌기 때문에 그의 이론은 더 이상 받아들여지지 않았습니다.

23) 1 fs = 10^{-15} s, 즉 1초의 천조 분의 1

그런데 러더퍼드는 질소 원자에 알파 입자를 충돌시키는 실험에서 산소 원자가 만들어진다는 것을 알게 되었습니다. 원자가 다른 원자로 변하는 것을 발견한 것이지요.[24] 러더퍼드는 이러한 원소의 변환은 모든 원자핵이 수소 원자핵이 모여 만들 수 있다면 쉽게 설명할 수 있다고 생각했습니다. 그리고 그런 의미에서 수소 원자핵을 **proton(프로톤)**으로 부르자고 하였습니다. 프라우트의 아이디어가 빛을 본 것이네요.[25] 으뜸 또는 기본이라는 뜻으로 proto를 사용한 것인데 동양으로 넘어오면서 이것을 **양성자(陽性子)**라고 번역하고 말았지요. 양의 전하를 가지고 있다는 뜻인데, 러더퍼드가 의도했던 '으뜸'이라는 뜻을 살리지 못한 것이 아쉽습니다.

러더퍼드의 이 proton 이론에도 문제가 하나 있었습니다. 당시에는 이미 러시아의 멘델레프(Dmitri Mendeleev)가 1865년에 제안한 주기율표에 원소들이 어느 정도 채워졌고, 영국의 모즐리(Henry Moseley)에 의해 각 원소에 고유한 **원자 번호(atomic number)**까지 붙여져 있었습니다. 그런데 원자 번호가 Z인 원소의 질량이 원자 번호가 1인 수소 원자의 Z배가 아닙니다. 예를 들어 원자 번호가 3인 리튬(Li)의 질량은 수소의 6배입니다. 그러니 원자 번호가 Z인 원소의 원자핵은 수소 원자핵이 Z개 모인 것이 아니지요. 러더퍼드는 이 문제를 수소 원자핵과 질량이 같지만, 전기적으로 중성인 입자가 있으면 해결할 수 있다고 하였습니다.

러더퍼드의 중성 입자에 대한 생각은 1932년에 채드윅(James Chadwick)

---

24) 원자핵을 발견하고, 원자가 다른 원자로 바뀔 수 있다는 것도 발견한 러더퍼드가 왜 노벨상을 받지 못했는지 모르겠네요. 이 둘 중 하나만 해도 노벨상을 받을 충분한 업적으로 보입니다만. 러더퍼드는 노벨 화학상 수상자입니다. 방사선에 대한 연구업적으로 받았지요.

25) 러더퍼드는 그보다 100년 전에 프라우트가 같은 생각을 했다는 것을 알고 있었고, 그래서 proton과 prouton를 둘 다 제안했다고 합니다.

이 바로 그 중성 입자를 발견함으로써 옳다고 증명되었습니다. 채드윅은 이 입자를 **neutron(뉴트론)**이라고 이름을 붙였습니다. 우리말 번역은 **중성자(中性子)**입니다. 중성자가 발견되자 원자 번호는 같지만 질량이 다른 동위원소도 설명이 가능해졌습니다. 염소의 질량이 왜 35.5인지도 설명이 됩니다. 질량이 35와 37인 염소 동위원소가 자연계에 3:1의 비율로 존재하면 그렇게 되지요. 원자핵의 변환이 설명되는 것은 말할 필요도 없지요. 양성자가 떨어져 나가거나 더 붙으면 다른 원자가 되는 것이니까요. 양성자와 중성자를 '핵을 이루고 있는 입자'라는 뜻으로 **핵자(核子, nucleon-뉴클레온)**라고 부릅니다. 그러니까 원자핵 역시 그림 3-7 (라)처럼 핵자가 결합하여 만들어진 것입니다.

이야기가 홍수처럼 흘러가더라도 우리의 원래 질문을 잊지 않도록 합시다. 이제 물질이 질량을 가지는 이유가 어디로 넘어갈까요? 당연히 양성자와 중성자가 원자핵의 질량을 나누어 가지면 됩니다. 그런데 양성자와 중성자가 결합하여 원자핵을 만들 때 신기한 일이 일어납니다. Z개의 양성자와 N개의 중성자가 결합하여 만드는 원자핵의 질량이, 결합에 참여한 양성자와 중성자의 질량을 모두 더한 값보다 작다는 것입니다. 화학반응에서는 반응 전 원자들의 질량을 더한 값과 반응 후 원자들의 질량을 더한 값이 같지요. 그리고 이렇게 되는 것을 **질량 보존의 법칙**이라고 하고요. 엄밀하게 말하자면 화학반응에서도 질량의 변화가 생깁니다. 하지만 워낙 적은 양이라 측정할 수 없을 정도여서 변화하지 않는다고 하는 것입니다.

핵이 만들어질 때 얼마만큼 질량의 변화가 일어나는지 알아볼까요? 전자의 질량은 9.1×10^{-31} kg이고, 양성자와 중성자의 질량은 각각 1.673×10^{-27} kg, 1.675×10^{-27} kg입니다. 여기에서 중성자가 양성자보다 무겁다는 것도 자연계의 수수께끼입니다. 전하를 가지고 있으면 서로 반발하는 전기력이 작용해서 일반적으로는 에너지가 높아져야 하거든요. 에너지가 높다면 질량이 커야 하고요. 이제 슬슬 이해하지 못하는 문제점들이 나타나기 시작하지요?

전자나 양성자의 질량과 같이 아주 작은 수를 10의 거듭제곱으로 나타내는 것은 아주 번거로운 일입니다. 그래서 핵물리학이나 입자물리학에서는 에너지-질량 등가원리, 즉 $E=mc^2$을 적용해서 질량을 에너지로 바꾼 값을 사용합니다. 에너지 단위로 변환하면 전자, 양성자, 중성자의 질량은 순서대로 511 keV[26], 938.2 MeV, 939.6 MeV입니다. 여기에서 eV(일렉트론 볼트)는 1.6×19^{-19} J이고, keV(킬로 일렉트론 볼트, '케브'라고도 읽음)와 MeV(메가 일렉트론 볼트, '메브'로도 읽음)는 10^3 eV와 10^6 eV입니다. 숫자가 훨씬 보기 쉬워졌지요? 양성자가 전자에 비해 약 2000배(정확하게는 1836배) 무겁다는 것도 잘 드러나고요. 전자 질량이 약 1/2 MeV니까요.

양성자와 중성자가 결합하여 원자핵을 만들 때 평균적으로 핵자당 8 MeV의 질량이 줄어들고, 딱 그만큼의 에너지가 방출됩니다. 핵자 질량의 약 1/100 정도가 줄어드니까 질량이 줄어든 것을 실제로 확인할 수도 있습니다. 저울에 달아서 핵의 질량을 재는 것은 아니지만요. 가벼운 핵이 융합하여 무거운 핵이 될 때도 질량이 줄어듭니다. 그때 방출되는 에너지가 핵융합에너지입니다. 태양을 비롯한 모든 별은 이 핵융합에너지로 빛을 냅니다. 그런데 에너지가 방출되는 융합은 철 원자핵이 만들어질 때까지입니다. 철 원자핵보다 무거운 원자핵은 융합하려면 에너지를 받아들여야

---

26) 전자의 경우 $(9.1\times10^{-31}\mathrm{kg})\times(2.998\times10^{8}\mathrm{m/s})^2/(1.602\times10^{-19}\mathrm{J/eV})$를 계산한 결과입니다. 양성자와 중성자도 각각의 질량을 대입해서 얻는 것이고요.

합니다. 그래서 이러한 원자핵들은 주로 별이 폭발할 때 방출되는 에너지를 이용하여 만들어집니다. 그리고는 이 원자핵들이 다시 가벼운 원자핵으로 쪼개질 때 에너지를 방출하지요. 이것이 원자력 발전소에서 사용하는 핵분열에너지입니다. 우리 인류는 핵분열을 다루는 기술 개발에 성공하여 그 에너지를 사용하고 있습니다. 핵융합기술은 지금도 개발 중입니다. 원자력과 핵융합에 대한 우리의 과학과 기술은 세계와 경쟁할 만한 수준이지요.

자, 이제 마지막 단계입니다. 1964년 미국의 겔만(Murray Gell-Mann)은 양성자와 중성자와 같은 핵자 역시 보다 기본 입자인 쿼크로 이루어져 있다는 쿼크 모형을 발표합니다. 양성자는 업 쿼크(up quark, 기호는 u) 2개와 다운 쿼크(d quark, 기호는 d) 1개, 중성자는 u 1개와 d 2개의 조합으로 설명할 수 있다는 것입니다. 이 책에서 설명하기에는 무리입니다만(부엌에서 입자물리까지 이야기할 수는 없으니까요), 쿼크 모형은 양성자와 중성자뿐 아니라 당시에 발견된 수많은 소립자의 성질을 간단하면서도 통합적으로 설명할 수 있는 멋진 것이었습니다. 그래서 이것은 '세상이 무엇으로 이루어졌는가'라는 그리스의 탈레스가 던진 질문에 대한 거의 최종적인 답변으로 받아들여집니다. 쿼크가 뭉쳐 핵자가 되고, 핵자가 뭉쳐 원자핵이 되고, 원자핵에 전자가 결합하여 원자가 되고, 원자가 분자를 만들어 이 세상의 물질을 만드는 완벽한 체계가 완성된 것입니다. 이것을 **표준모형(standard model)**이라고 합니다.

쿼크 모형에도 해결해야 할 문제가 많습니다. 쿼크들이 어떤 힘을 작용하여 핵자를 이루는지, 왜 쿼크가 단독으로 떨어진 상태는 불가능한지[27]와

---

27) 이것은 사실 심각한 문제입니다. 절대로 따로 떨어져 있을 수 없고 항상 다른 것과 결합한 상태로만 있어야만 하는 입자를 '이 세상에 존재한다'고 할 수 있을까요? 에테르도 그랬었잖아

같은 문제는 이제는 여러 사람이 받아들일 수 있는 정도로 해결되었습니다. 문제를 해결한 사람에게는 그때마다 노벨상이 수여되었지요.

그렇지만 쿼크가 뭉쳐 핵자를 만들 때 일어나는 일은 아직도 불가사의합니다. 업 쿼크와 다운 쿼크의 질량은 약 3 MeV와 5 MeV입니다. 그런 쿼크 세 개가 뭉쳐서 질량이 약 1000 MeV인 핵자를 만드는 것이 말이 되나요? 앞에서 핵자들이 뭉쳐 핵을 만들 때는 더 가벼워졌었습니다. 그래야 에너지가 낮은 안정한 상태가 되어 계속 붙어 있지요. 그런데 쿼크가 핵자로 결합할 때는 이와 반대입니다. 오히려 더 무거워지는 데도 가벼운 쿼크가 따로 떨어져 나가지 않고 붙어 있는 것입니다. 이것은 자연을 거스르는 유일한 예입니다. 물이 아래로 흐르듯 세상의 모든 자연스러운 변화는 에너지가 낮은 쪽으로 일어나는데 말이지요.

쿼크가 따로 떨어진 상태가 되려면 더 높은 에너지가 필요하니까 그렇다는 것인데 이것을 직관적으로 이해하기는 힘듭니다. 더구나 쿼크와 반(反)쿼크(anti-quark)가 결합하여 만드는 파이 중간자는 질량이 140 MeV밖에 되지 않아요. 하나가 반쿼크라고는 하지만 이렇게 2개가 결합한 중간자와 쿼크 세 개가 결합한 핵자의 질량은 2:3이 되어야 할 텐데 140:940인 것입니다. 어차피 3 MeV나 5 MeV의 쿼크가 140 MeV을 만들어내는 것도 수수께끼지만요. 이렇듯 대부분 무겁기 때문에 쿼크 세 개가 결합한 입자를 **중입자**(**重粒子**, **baryon**, 영어와 한자 모두 무거운 입자라는 뜻)라고 부릅니다.

이제 왜 '왜 물질이 질량을 가지는가?'라는 질문이 물리적으로 의미가

요? 볼 수도 느낄 수도 없고 그리고 다른 것에는 어떤 영향도 미치지 않는데, '오직 광원과 관측자가 어떻게 움직이더라도 빛의 속도를 같게만 하는 물질'을 한 때 물리학자들이 도입했던 적도 있었습니다.

있는지 알겠나요? 일상에서 일어나는 일로 비유하자면 이렇습니다. 도매점에서 과자 한 트럭분을 930만 원에 구입하였습니다. 이 트럭에는 과자 봉지 100개가 들어 있는 박스가 100개 실려 있습니다. 소매점에서 한 박스에 9만 3천 5백 원에 구입해서 한 봉지에 940원을 받고 팔았습니다. 이것이 정상적인 상거래지요. 그 과정에 남는 약간의 이윤이 경제를 지탱해주니까요. 그런데 940원을 주고 과자를 산 사람이 봉지를 뜯었더니 3원 또는 5원짜리 과자 3개가 들어 있는 것입니다. 기가 찰 일 아닌가요? 단, 우리 이야기에서는 봉지를 절대로 뜯어 볼 수 없다고 하는 것이 다릅니다. 뜯지 못하는데 틀림없이 그 안에 3원 또는 5원짜리 과자가 들어 있다는 것을 아는 거지요.

여하간 이 질문에 대한 답은 쿼크들이 글루온을 매개로 하는 **강한 상호작용**을 하여 자신들의 질량보다 훨씬 큰 양성자와 중성자를 만들기 때문이라는 겁니다. 하지만 쿼크와 글루온으로부터 양성자의 질량을 정확하게 구하는 데 성공한 연구는 아직 없습니다.

그러니까 우리는 결국 물질이 왜 질량을 가지는지에 대한 답을 모르는 겁니다. 어떤 과정에서 질량을 가지게 되었는지를 빼고는 말입니다. 원자로 이루어진 음식을 먹을 때 몸에 들어온 양성자와 중성자를 가벼운 쿼크로 분해할 수만 있으면 몸무게 걱정이 없을 텐데요. 그런데 이렇게 할 수 없으니까 몸무게, 즉 질량을 줄이려면 몸에 들어가는 음식의 양을 줄이는 수밖에 없겠습니다. 실망스럽지요?

백만을 뜻하는 접두어 메가가 붙어 있어 대단한 것 같아도. MeV는 사실 1.6×10^{-13} J, 즉 6조 분의 1 J 밖에 되지 않습니다. 라면을 끓이기 위해 20℃인 350 cc의 물을 100℃로 끓이는 데만 무려 (350g)×(1 cal/g・℃)×(80℃)=28,000 cal의 열에너지가 필요합니다. 1 cal가 4.2 J과 같으니까 약 십만 J에 해당하네요. 이 정도를 가스가 연소하여 내는 것이니 화학반응에 수반되는 에너지도 상당하지 않을까요? 그런데 이것은 아보가드로 수 정도의 어마어마한 수의 프로페인(propane, 일반적으로 프로판이라고 함)이 연소할 때 나오는 에너지입니다. 우리 몸에서 일어나는 중요한 화학반응인 포도당의 연소

$$C_6H_{12}O_6 + 6O_2 \rightarrow 6H_2O + 6CO_2 \quad (3.16)$$

를 예로 들어볼까요? 이 연소로부터 포도당 1몰당 686 kcal의 에너지가 발생합니다. 이것을 아보가드로 수로 나누고, cal를 J로, J을 eV로 바꾸면 포도당 분자 1개가 연소했을 때 나오는 에너지는

$$\frac{(686 \times 10^3\ \text{cal/mol})}{(6.02 \times 10^{23}\ \text{개/mol})} \frac{(4.2\text{J/cal})}{(1.60 \times 10^{-19}\text{J/eV})} = 29.9\text{eV}$$

입니다. 약 30 eV에 불과하지요. 그런데, 포도당 1분자에 들어 있는 핵자의 수는 탄소에 12개, 수소에 1개, 산소에 16개가 들어 있으니 $12 \times 6 + 1 \times 12 + 16 \times 6 = 180$개입니다. 연소에 필요한 산소 분자 6개에 들어있는 핵자의 수 $16 \times 6 = 96$개까지 더하면 반응 전 질량은 약 276×940 MeV $= 2.6 \times 10^{11}$ eV입니다. 그러니까 연소로 인해 질량은 백억 분의 1만큼 변하겠군요. 이 정도의 변화는 측정할 수 없습니다. 앞에 나온 핵반응과 비교해보려고 공연히 eV와 같은 어려운 단위를 사용해보았습니다. 덕분에 핵반응과 화학반응에 수반되는 에너지가 백만 배 정도의 차이가 난다는 것도 알게 되었네요. 같은 양의 전력을 생산하는 원자력 발전소와 화력발전소에서 사용하는 핵연료와 화석 연료의 질량도 이런 비율입니다.

이제 일상에서 사용하기 편한 단위로 돌아갑시다. 포도당 1몰의 질량은 약 180 g입니다. 앞에서 포도당 분자에 들어 있는 핵자의 수가 180이었는데 이것은 우연의 일치가 아닙니다. 맨 처음 아보가드로 수를 정할 때 산소 16 g에 들어있는 산소 원자의 수로 정했었습니다. 16이라는 수는 산소가 수소보다 약 16배 무거워서 정한 것이고요. 그것이 나중에 탄소-12 동위원소 12 g으로 바뀌었지요. 그러니까 16 g과 12 g의 16과 12라는 숫자가 바로 핵자의 수였던 것입니다.

180 g의 포도당이 산소 분자를 만나 반응하면 우리 몸에서 686 kcal의 에너지로 바뀝니다. 우리 몸이 신체 기능을 유지하는 데 하루에 필요한 최소한의 에너지를 기초대사량이라고 합니다. 몸무게 70 kg, 키 175 cm인 20대 건강한 남성의 경우 약 1800 kcal입니다. 약 500 g의 포도당만 몸에 들어가면 됩니다. 병원의 환자처럼 포도당 주사를 맞는 것이 아니고, 음식을 먹어서 소화시켜야 한다면 약 400 kcal가 더 필요합니다. 몸을 움직이거나 머리를 쓰는 활동을 하면 그만큼 에너지가 더 필요합니다. 에너지를 만들어 낼 필요가 없어서 소모되지 않은 포도당은 글리코겐으로 바뀌어 몸에 저장됩니다. 살이 찌는 것이지요.

다이어트는 간단한 덧셈 뺄셈의 과학입니다. 먹은 것보다 덜 사용하면 살이 찌고 더 사용하면 살이 빠지는 것입니다. 그렇다고 $E=mc^2$에 의해 사용한 에너지만큼 우리 몸의 질량이 빠지는 것은 물론 아닙니다. 포도당 1몰의 질량 180 g이 에너지로 바뀌면

$$(0.18\,\mathrm{kg})(3.0\times10^{8}\,\mathrm{m/s})^{2} = 1.6\times10^{16}\,\mathrm{J} = 3.9\times10^{12}\,\mathrm{kcal}$$

나 되니까요. 이 값과 686 kcal를 비교해보아도 화학반응 에너지가 질량

에너지에 비해 얼마나 작은지 알 수 있겠네요. 그러면 왜 에너지를 쓰면 우리 몸의 질량이 줄어들까요? 그것은 (3.16) 식의 화학반응으로 생성된 이산화탄소와 물이 우리 몸 밖으로 나가기 때문입니다. 건강을 위해 무슨 운동을 하는지 물을 때 '숨쉬기 운동'이라고 대답하는 것이 그러고 보니 농담이 아니었네요. 달리기와 같은 격렬한 운동을 할 때 숨이 가빠지는 것도, 우리 몸에서 부지런히 '중입자'를 내보내는 중이었던 겁니다.

다이어트는 간단한 곱셈의 과학입니다. 하루에 30 g 정도의 포도당이 남아서 글리코겐으로 쌓이면 한 달만에 대략 1 kg만큼 질량이 늘어나는 것입니다. 그것이 일 년 지속되면 12 kg이 늘어나고요. '갑자기 몸이 불었다'는 사람은 사실은 먹는 것과 빼는 것에 신경을 쓰지 않고 보낸 시간이 오래되었는데도 모르고 있는 것입니다. 오래 걸려 늘어난 몸무게와 살이니, 그와 마찬가지로 빼는 데도 오랜 시간이 걸립니다. 몸에 무리가 가지 않도록 하루에 수십 g만 빼면 1년이면 10 kg 정도는 틀림없이 빠집니다. 마음이 급해서 식사량을 지나치게 줄이는 것은 또 다른 부작용을 낳을 위험이 있습니다.

또 하나의 곱셈이 있습니다. 우리 사람들은 절대적인 양보다는 상대적인 양으로 판단합니다. 마른 사람과 살이 찐 사람이 많이 먹었다고 생각할 때 대부분 자신에게 필요한 양과 상대적으로 비교한 결과입니다. 몸무게가 많이 나가는 사람은 몸을 움직이기는 데 더 많은 에너지가 소모되니까 마른 사람보다 많이 먹어야 합니다. 그런데 똑같이 필요한 양의 10%를 더 먹었다고 해도 몸에 쌓이는 양의 절대적인 질량은 다르지요.

다이어트의 더하기 빼기에서 가장 간단한 방법은 덜 먹는 것이라고 했습니다. 기본적으로 빼는 양만큼만 더하면 늘어나지 않을 테니까요. 또 다른 간단한 방법은 많이 내보내는 것입니다. 몸에 들어온 포도당을 없애야지요. 물론 단백질과 지방도 다 고려해야겠지만 일단 포도당만 생각하겠습니다. 몸이 흡수한 포도당을 내보내려면 활동량을 늘려야 합니다. 에너지를 소모하는 것만이 목적이라면 두뇌활동을 열심히 하는 것도 도움이 됩니다. 하지만 움직이지 않고 계속 앉아 있는 것은 신체의 다른 부분이 퇴화하니 육체적인 활동도 열심히 하는 것이 좋겠습니다. 저녁 식사 후에 밖으로 나가 전원의 정취를 느끼며 걷는 것도 한 가지 방법이지요. 걸으면서 머리에 떠오르는 엉뚱한 생각입니다.

걸을 때 왜 에너지가 소모되나요?

오래 걸으면 힘들고 다리도 아픈데 무슨 말인가 싶지요? 잠깐 이야기가 옆길로 새야겠습니다. 이렇게 '힘들다'라고 할 때의 '힘'은 뉴턴의 운동법칙에 사용하는 운동을 변화시키는 힘일까요? 우리말 '들다'에는 아주 많은 뜻이 있습니다. '음식을 들다', '방에 들다', '가방을 들다', '돈이 들다'라고 할 때 모든 다른 뜻을 가지지요. 이 중에서 '힘들다'라고 할 때의 '들다'는 '돈이 들다'라고 할 때처럼 '가지고 있던 것을 다른 데 사용한다'라는 뜻일 테니 '힘들다' 또는 '힘이 든다'라고 할 때의 힘은 운동을 변화시키는 원인이 아니라 오히려 에너지에 더 가깝다고 할 수 있겠습니다.[28] 힘은 가지고 있는 것이 아니니까요. 그러니 '오래 걸으면 힘들다'는 경험은 걸을 때 에너

28) '힘 빠지네', '힘내!'라고 할 때의 '힘'도 에너지에 더 가까운 것입니다. 운동을 변화시키는 힘은 어떤 물체에서 나오거나 빠지는 것이 아니니까요. 어원이야 어떻든 '힘들다'라는 말은 이제는 그저 '어렵다'는 뜻으로 사용됩니다.

지가 소모된다는 확실한 증거로 보입니다.

이제 본론으로 돌아가지요. 우선 왜 이런 엉뚱한 질문을 하게 되는지부터 설명해야겠네요. 우리는 거의 일정한 속력으로 걷습니다. 사람에 따라 다르기는 하지만 한 시간에 약 4 km를 이동할 수 있습니다. 요즘은 거의 사용하지 않지만 '리(里)'는 거리의 단위인데, 10리가 약 4 km입니다. 아리랑에 나오는 '10리도 못 가서 발병 난다'를 시간으로 바꾸면 '한 시간도 지나지 않아 발병 난다'가 됩니다.[29] 여하간 **일정한 속력으로 움직이는 물체는 운동에너지가 일정합니다**. 에너지가 변하지 않는 것이지요. 그런데도 '왜 우리 몸의 에너지가 소모되는가'라는 것이 질문의 요지입니다. 그럴듯해 보이지만, 이 질문은 걷는 동작을 지나치게 단순화했기 때문에 나온, 잘못된 질문입니다. 지나친 단순화는 물리학에서 항상 조심해야 할 점입니다. 어떤 현상을 일으키는 중요한 요인을 빼고 물리 법칙을 적용해서는 안 됩니다. 예를 들어, 지표면에서 2 km 높이에 있는 비구름에서 만들어진 빗방울이 땅에 떨어지는 과정에서 공기의 저항을 무시하고 땅에 떨어질 때의 속력을 계산하면 초속 200 m/s가 나옵니다. 이런 속력의 빗방울은 총알보다 더 위험합니다. 우산도 뚫지요. 그렇다고 비 오는 날 절대로 밖에 나가지 말아야 할까요?

이제부터 우리가 걸을 때 어떤 물리학이 적용되는지 하나씩 살펴보기로 합시다. 우리가 걸을 수 있는 것은 땅과 신발 사이에 **마찰력**이 작용하기 때문입니다. 이것을 사람들은 잘 알고 있습니다. 내린 눈이 얼어 바닥이 미끄러우면 걷기가 얼마나 어려운지도 대부분 경험하지요. 그런데도, '걸을

---

29) 님을 버리고 가면 발병만 나겠습니까? 마음의 병이 먼저 생기겠지요. (또, 수다를!)

때 마찰력이 어느 방향으로 작용하나요?'라고 물으면 거의 모든 사람이 '걷는 방향과 반대 방향'이라고 대답합니다. 학교에서 과학 시간에 '마찰력은 운동 방향의 반대 방향으로 작용한다'라고 잘못 배웠기 때문입니다. 걷는 방향과 반대 방향으로 마찰력이 작용하면 우리가 어떻게 걸어가지요?

2장에서 그릇을 깨지 않는 방법을 이야기할 때 언급했듯이 **마찰력은 미끄러지려고 하는 방향의 반대 방향으로 작용**합니다. 미끄러지려고 하는데 **미끄러지지 않으면 정지마찰력**이 작용하는 것이고, **미끄러지면 운동마찰력**이 작용합니다. 간단하지요? 과학 시험에 나오는 '바닥에서 미끄러지고 있는 나무토막'은 운동하는 방향으로 미끄러지고 있으니까 그 방향과 반대 방향, 즉 운동하는 방향과 반대 방향으로 나무토막에 운동마찰력이 작용하는 것입니다. 미끄러지려는 방향과 운동하는 방향이 우연히 같을 뿐인데 이 특수한 경우를 모든 경우로 일반화한 것이지요. 시험을 치르는 데는 충분하니까요. 그렇지 않은 경우가 있냐고요? 자동차가 출발할 때 바퀴에 작용하여 자동차를 움직이게 하는 것은 마찰력입니다. 바퀴가 땅에서 미끄러지지 않는다면 정지마찰력이지요. 이 마찰력이 자동차가 움직이는 방향과 반대로 작용하면 어떻게 될까요? 운동마찰력이 아니라고요? 눈이 얼어 미끄럽게 된 땅에서도 자동차를 출발시킬 수 있습니다. 바퀴가 '치지-직'하며 바닥에서 미끄러지는 데도요. 성미가 급한 운전자가 차를 급출발시킬 때도 바퀴가 땅에서 미끄러집니다. 이런 경우 바퀴에 작용하는 운동마찰력이 자동차를 앞으로 움직이게 합니다. 움직이는 방향으로 운동마찰력이 작용한 것이네요. 이 사실을 받아들이기 어려우면, 바퀴가 바닥에서 어느 방향으로 미끄러지려고 하는지 잘 생각해 보세요.

그림 3-8은 사람이 한 걸음을 떼는 동작을 같은 시간 간격으로 나누어

본 것입니다. 걷는 사람의 오른쪽 다리와 팔은 검은색으로 왼쪽 다리와 팔은 파란색으로 나타냈습니다. 팔과 다리가 서로 엇갈리게 걷지요? 같은 쪽에 있는 팔이 앞으로 나갈 때 다리가 뒤에 있어야 몸의 질량중심이 많이 변하지 않아서 몸이 흔들리지 않습니다. 질량중심이 척추에 놓여야 허리에도 무리가 가지 않고요.

확인해 볼까요?

1. 오른쪽 다리가 몸의 앞으로 나갈 때 오른팔도 몸의 앞으로, 왼팔과 왼쪽 다리가 있는 몸의 뒤로 가도록 하며 걸어보세요.
2. 팔을 흔들지 말고 몸에 붙인 채 걸어보세요.

같은 쪽의 팔과 다리가 같은 방향으로 움직이게 하면 몸이 많이 흔들리지요? 그 정도는 아니지만, 팔을 몸에 바짝 붙이고 걸을 때도 팔을 흔드는 것보다 오히려 더 힘이 듭니다. 이처럼 팔을 다리와 교차해서 흔들며 걷는 것에도 물리학적 이유가 있지요? 아무래도 다리가 팔보다 무겁고 기니까,

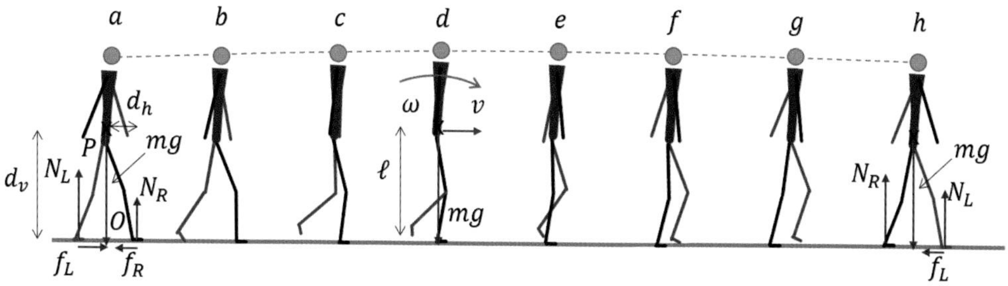

그림 3-8 한 걸음을 뗄 때 각 부분의 움직임과 작용하는 힘

팔과 어깨를 한꺼번에 움직여주면 질량중심이 더 안정적이겠네요.

그림 3-8의 모든 과정에서 바닥과 발 사이에 힘이 작용하지만, 주로 한 걸음의 처음과 마지막 동작, 즉 $a \to b$와 $g \to h$에서 작용하는 힘이 큰 역할을 합니다. 미끄러운 길에서 걸을 때 언제 발이 미끄러지는지 생각해 보세요. 그리고 각 발이 어느 쪽으로 미끄러지는지도요. $a \to b$과정에서 파란색으로 표시한 발은 뒤(그림에서 왼쪽)로 미끄러지려 하고 검은색으로 표시한 발은 앞으로 미끄러지려 합니다. 그래서 파란색 발에는 앞쪽으로, 검은색 발에는 뒤쪽으로 마찰력이 작용하지요. 발이 미끄러지면 운동마찰력, 미끄러지지 않으면 정지마찰력이겠네요. 얼음판 위를 걸을 때를 제외하면, 걸을 때 미끄러진다는 것을 잘 느끼지 못하지만 사실 조금씩은 미끄러집니다. 그러니까 신발이 닳지요.

$a \to b$과정에서 사람 몸에는 약간이라도 앞쪽으로 힘이 작용해야 합니다. 즉,

$$f_L > f_R \quad (a \to b) \tag{3.17}$$

여야 합니다. 정지해 있다가 움직이기 시작하는 순간이라면 당연히 그래야 하지요. 계속 걷는 중이어서 몸이 움직이고 있더라도 그렇습니다. 그런데 f_R은 질량중심에 대해 몸을 시계방향으로 돌아가게 하는 토크를, f_L은 시계 반대 방향으로 돌아가게 하는 토크를 작용합니다.[30] 질량중심에 대한 토크를 구할 때는 질량중심으로부터 각각의 힘이 작용하는 발까지의 거리와 각도도 곱해야 하지만, 그림 3-8의 a 동작에서는 거리가 비슷하니까

30) 이때의 시계방향과 시계 반대 방향은 우리가 그림 3-7을 보고 있을 때 시계 바늘이 돌아가는 방향이라는 것입니다. 그림이 있는 종이 면의 반대쪽에서 볼 때는 반대가 됩니다.

힘의 크기만 비교해 보겠습니다. (3.17) 식에서 f_L이 f_R보다 크니까 몸이 시계 반대 방향으로 회전하겠네요? 그런데 실제로는 그렇지 않습니다. 우리 몸은 그림 3-8의 한 동작에서 질량중심에 대해 시계방향으로 회전합니다. 뭔가 빠졌네요?

걸을 때 두 발에는 수직항력 N_L과 N_R도 작용합니다. 사실 이 수직항력이 작용하기에 마찰력이 작용하는 것입니다. 최대정지마찰력과 운동마찰력은 수직항력에 비례하니까요. 어느 TV 광고에 중력이 사라져서 사람이 빌딩을 수직으로 걸어 올라가는 장면이 나옵니다. 다른 점을 강조하느라 만들어진 것이겠지만, 과학적으로 이것은 불가능합니다. 무중력 상태인 지구 주위를 도는 우주정거장에서 우주인들이 헤엄치듯 다니지요? 그러는 것이 편해서가 아닙니다. 무중력 상태에서는 걷고 싶어도 걸을 수가 없습니다. 지구에 있을 때처럼 걷는 운동을 하지 못하니까, 오랫동안 우주정거장에 머물다 온 사람은 다리 근육이 다 없어져서 지상에 도착했을 때 제대로 걷지를 못합니다. 그래서 다른 사람이 부축해주어야 하지요. 화성에 사람을 태운 우주선을 보내려고 할 때 문제가 되는 것 중의 하나가 이것입니다. 맨 처음 가는 사람은 부축해줄 사람이 아무도 없지 않겠어요? 그래서 무중력 상태에서 우주인을 운동하게 할 여러 방법도 많이 연구되고 있습니다.

그림 3-8에서 N_L은 몸을 시계방향으로, N_R은 시계 반대 방향으로 돌리려고 할 겁니다. 그러니 걷는 사람의 몸을 질량중심에 대해 시계방향으로 회전하게 하려면

$$N_L > N_R \quad (a \to b) \tag{3.18}$$

이고 이 수직항력에 의한 시계방향의 토크가 마찰력에 의한 시계 반대 방향

으의 토크보다는 커야겠네요. 토크를 비교해야 하니까 마찰력에는 질량중심으로 발까지의 수평거리 d_h, 수직항력에는 질량중심으로부터 발까지 수직거리 d_v를 곱한 값을 비교해야 합니다. 즉,

$$(N_L - N_R)d_h - (f_L - f_R)d_v > 0 \quad (a \to b) \tag{3.19}$$

여야 합니다. $a \to b$과정에서 사람의 질량중심은 위로 올라갑니다. 그러기 위해서는 두 발에 작용하는 수직항력의 합이 사람 몸무게보다 커야겠네요. 즉,

$$N_L + N_R > mg \quad (a \to b) \tag{3.20}$$

입니다. 그러니 걸을 때 뒤쪽에서 바닥을 미는 파란색 발에는 몸무게의 1/2이 넘는 수직항력이 작용하는 것입니다. 이 힘을 바닥에 닿는 면적으로 나누면 발에 작용하는 압력이 됩니다. 하이힐처럼 바닥과 닿는 면적이 작은 신발을 신으면 그만큼 발의 일부분에 높은 압력이 집중됩니다. 반대로 운동화는 바닥과 닿는 면적이 넓어 오래 걸어도 발이 덜 아프지요. 바닥이 푹신한 재질은 바닥에 닿아 있는 시간을 늘려서 N을 줄이는 효과도 있겠습니다.

이제 파란색 발이 들어 올려진 채로 움직이는 $b \to g$과정에서는 바닥과 닿아 있는 검은색 발에만 수직항력과 마찰력이 작용합니다. 춤추듯이 껑충껑충 몸을 위아래로 들썩이며 걷는 것이 아니라면 한 발에 작용하는 수직항력은 몸무게와 거의 같습니다. $a \to b$에서 파란색 발에 작용한 힘만으로 사람 몸은 이미 위로 움직일 속력을 얻었으니까요. 그리고 $b \to g$과정에서는 마찰력도 그다지 크지 않습니다. 아예 마찰력이 전혀 작용하지 않을 수도 있습니다. d의 동작에서 사람의 질량중심이 움직이는 속력을 v, 몸이 질량

중심에 대해 회전하는 각속도를 ω, 질량중심과 검은색 발 사이의 거리를 ℓ이라고 나타내기로 합시다. 만일

$$\ell\omega = v \tag{3.21}$$

과 같은 관계식이 성립하면 발의 바닥에 대한 속력은 0입니다. 바닥에서 전혀 미끄러지려고 하지 않을 테니 마찰력이 작용할 이유가 없지요. 속도와 각속도가 (3.21) 관계식에서 벗어나면 그에 따라 약간의 마찰력이 작용할 뿐입니다.

한 걸음의 마지막 과정인 $g \to h$에서는 $a \to b$과정과는 반대의 일이 일어납니다. 이 과정에서 바닥과 나란하게 작용하는 힘은 운동마찰력입니다. 움직이고 있던 발이 바닥에서 멈춰야 하니까 미끄러질 수밖에 없기 때문입니다. 보통의 방법으로 걸을 때 그렇다는 것이지요. 발이 바닥과 나란한 방향으로 전혀 움직임이 없게 만든 뒤 바닥에 내려놓으면 정지마찰력이 될 수도 있겠네요. 걷는 동작은 우스꽝스럽겠지만 신발은 닳지 않을 겁니다. 짚신이 닳을까 걱정이라서 사람이 없는 곳에서는 맨발로 걷다가 사람이 나타나면 신을 신고 가만히 서서 있었다고 하는 자린고비 영감님에게 이 방법을 알려주면 좋겠습니다. 하지만 그렇게 우스꽝스러운 동작으로 걸어 다니면 비웃음을 더 살지도 모르겠네요.

$g \to h$에서도 앞에서 설명한 것처럼 f_R은 여전히 크기가 작을 테니, 이번에도

$$f_L > f_R \ (g \to h) \tag{3.22}$$

일 것입니다. 하지만, 이번에는 f_L의 방향이 움직이는 방향과 반대입니다.

그래서 사람이 움직이는 속력은 약간 줄어들지요. 그래서 앞에서 (3.17)처럼 $a \to b$에서 이미 걸어가고 있을 때도 앞쪽으로 약간의 힘이 작용해야 했습니다. 그래야만 평균적으로 일정한 속력이 되지요. 힘과 운동, 복잡하지요? 우리가 걸어갈 때도 이러한 일이 일어나고 있는 것입니다.

조금 더 알아볼까요? 그림 3-9 (가)는 한 걸음을 뗄 때 바닥에서 움직이지 않는 검은색 발이 있는 곳, 즉 O점에 대해 우리 몸이 어떻게 움직이는지를 나타낸 것입니다. 그림 3-8의 a에서 h까지 각 동작을 O점이 일치하도록 겹쳐 놓은 것이지요. 어떤가요? 우리 몸이 메트로놈의 진자처럼 O점에 대해 시계방향으로 회전하지요?[31] 몸을 이렇게 회전시키기 위해 그림 3-8의 $a \to b$과정에서 수직항력이 중요한 역할을 했던 것입니다. 너무 익숙한 것이라 무심코 지나쳤지만, 걸을 때 어떤 일이 일어나는지 주의를 기울이면 파란색 발이 바닥을 누르면서 뒤로 민다는 것을 알 수 있을 것입니다. 그러면 작용-반작용 법칙에 따라 사람 몸에 반대 방향으로 같은 크기의 힘이

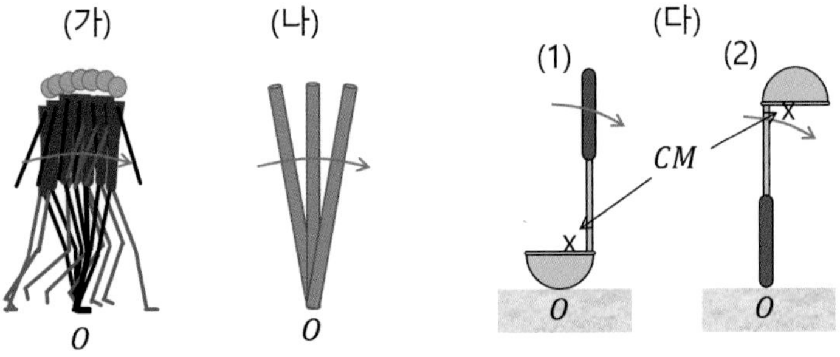

그림 3-9 (가) 한 걸음을 뗄 때 움직이지 않는 발(O점)에 대한 몸의 움직임은 (나) 막대기가 O점에 대해 회전하며 쓰러지는 것과 같다. (다) (1)과 (2)중 어느 것이 더 빨리 넘어질까?

31) 질량중심이 일치하도록 겹쳐 놓아도 질량중심에 대해 시계방향으로 회전하는 것을 볼 수 있습니다.

작용하는 거지요. 그림 3-8의 b로부터 d까지는 중력이 사람 몸을 O에 대해 시계 반대 방향으로 회전하게 할 테니 각속도가 약간 줄어들다가 그 이후에는 토크의 방향이 바뀌어서 각속도를 키울 것입니다.[32] 사람 머리도 약간 올라갔다가 다시 내려오지요? 이 모든 과정은 그림 3-9 (나)처럼 마치 서 있던 막대기가 쓰러지는 것과도 같습니다. 다음은 대부분의 사람들, 특히 물리를 아는 사람들이 속는 퀴즈입니다.

확인해 볼까요?

국자를 그림 3-9 (다)의 (1)과 (2)처럼 자루를 세워놓았을 때 어느 것이 더 빨리 바닥에 누울까요? 답을 생각해 본 후 실제로 해보세요.

국을 뜨는 쪽이 손잡이보다 바닥이 넓어서 그림 (1)의 국자가 더 늦게 넘어질 것으로 생각했지요? 그런데 실제로 해보면 (1)과 같이 세웠을 때 국자가 더 짧은 시간에 바닥에 빨리 눕습니다. 이것은 질량중심에 대해 잘 알고 있는 사람들이 더 잘 틀립니다. (1)과 같이 세울 때 질량중심이 아래에 있으니 더 안정적이라고 생각하지요. 하지만 자루와 손잡이 때문에 비대칭이 된 국자의 질량중심은 O점에서 연직 위로 그은 선분에서 벗어난 위치에 있습니다. 그러므로 (1)과 (2) 어떤 상태도 안정적일 수 없습니다.

---

32) 질량중심에 대한 회전으로 생각해도 마찬가지입니다. b에서 d까지는 검은색 발에 작용하는 수직항력이 몸의 앞쪽에서 작용합니다. 그러니까 몸을 질량중심에 대해 시계 반대 방향으로 돌리는 토크가 작용하게 되지요. d를 지난 다음에는 수직항력이 몸의 뒤쪽에서 작용하게 됩니다.

특별히 서 있을 수 있도록 디자인 된 국자가 아니라면 항상 넘어집니다. 국자가 넘어지는 운동을 분석하려면, O점에 대한 토크뿐 아니라 O점에 대한 국자의 관성모멘트까지 고려해야 합니다. O점에 대한 토크는 질량중심에 작용하는 중력에 의한 것입니다. 토크까지만 고려한 물리학에 대해 조금 더 조예가 있는 사람은 이렇게 항의할 겁니다. (1)의 경우 O점과 질량중심까지의 거리가 머니까 토크가 더 클 것 아니냐고요. 그런데 O점에 대한 관성모멘트는 대강 O점과 질량중심까지 거리의 제곱에 비례하여 커집니다. 그러니까 (1)의 경우 (2)에 비해 토크가 커진 정도가 관성모멘트가 커지는 것을 따라가지 못하는 것이지요.

그림 3-10 (가)는 다리가 골반 또는 고관절(股關節, 넓적다리 뼈와 골반이 만나는 곳에 있는 관절)이 있는 곳 P점에 대해 어떻게 움직이는가를 나타낸 것입니다. 이번에는 그림 3-8의 걷는 동작을 P점이 일치하도록 겹쳤지요. 다리가 마치 시계추처럼 움직이네요? 무릎에도 관절이 있어서 넓적다리 부분과 정강이 부분이 따로 움직일 수 있으니까 시계추를 두 개 붙여 놓은 것[33]처럼 움직입니다. 재미있는 실험을 해 볼까요?

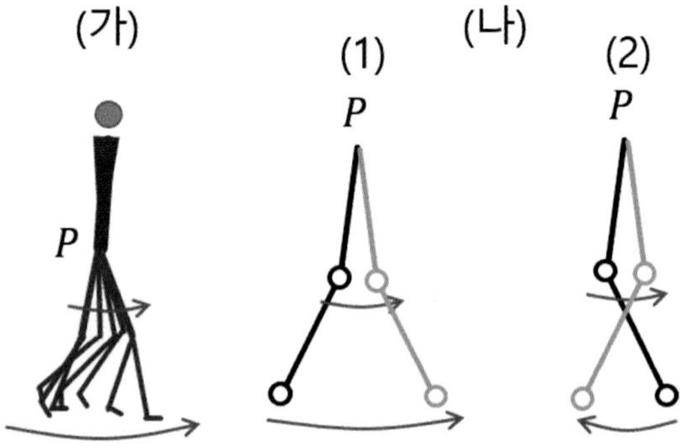

그림 3-10 (가) 고관절(P점)에 대한 다리의 운동 (나) 이중진자의 흔들림

확인해 볼까요?

1. 추 두 개에 실을 매어 그림 3-10 (나)의 오른쪽 두 그림과 같은 진자를 만듭니다. 검은색으로 나타낸 것처럼 손으로 잡고 있다가 놓아보세요.
2. P점을 잡고 좌우로 흔들어서 두 추가 (1)처럼 두 추가 같은 방향으로 흔들리게, 또 (2)처럼 두 추가 서로 반대 방향으로 움직이게 흔들리게 해보세요.
3. 추의 길이를 다르게 해서 (1)과 (2)처럼 흔들리게 해보세요.

(1)처럼 흔들리게 하려면 (2)처럼 흔들리게 할 때보다 주기(週期, 한번 왕복하는 데에 걸리는 시간, **period**)가 길어지지요? 그리고 어떤 특정한 주기로 흔들어야만 원하는 대로 잘 흔들어지고요. 실의 길이가 달라지면 잘 흔들리게 흔드는 주기도 달라집니다. 실의 길이가 길수록 주기도 길어집니다. 이 역시 길이가 길어질 때 관성모멘트가 토크와의 경쟁에서 이기기 때문입니다.

그림 3-9와 3-10에 보인 것처럼, 우리가 걷는 것은 고정된 발에 대해(또는 질량중심에 대해) 몸이 회전하고, 이때 고관절에 대해 다리가 진자처럼 흔들리는 것입니다. 몸이 회전하는 데 걸리는 시간과 다리가 진동하는 주기는 몸과 다리의 관성모멘트와 여기에 작용하는 토크에 따라 이에 맞는 시간과 주기가 있습니다. 다리가 흔들리는 주기에 대해 다음과 같은 실험을 해 봅시다.

---

33) 공식적으로 통일된 용어는 아니지만, 이렇게 진자를 붙여 놓은 것을 대부분은 이중진자(**double pendulum**)라고 부릅니다.

확인해 볼까요?

1. 충분히 버틸 수 있는 약간 높은 상자에 올라섭니다. 다리를 자유롭게 흔들 수 있을 정도의 높이면 충분합니다. 잡을 벽이나 잡아줄 사람이 있다면 약간 높은 의자나 책상에 올라서도 됩니다.
2. 한쪽 다리로 서서 마치 걸을 때처럼 다리를 뒤로 들었다가 자연스럽게 힘을 빼서 자유롭게 흔들리게 해 보세요. 여러 번 해보고 대략 어느 정도의 걸리는지 조사해 보세요.
3. 이 주기로 다리를 앞뒤로 흔들어 보세요.
4. 자연스럽게 흔들릴 수 있는 주기보다 빠르게, 또는 아주 느리게 흔들리도록 해보세요.

자연스러운 주기로 흔들 때는 아주 약간씩만 다리 근육에 힘을 작용해도 다리를 앞뒤로 흔들 수 있습니다. 하지만 주기와 다르게(특히 빠르게) 흔들려고 하면 힘들다[34]고 느낄 것입니다.

이것은 아기를 재우는 요람이나 아이가 탄 그네를 밀어줄 때 일어나는 일과 같습니다. 자연스럽게 흔들리는 주기에 맞춰 요람이나 그네를 흔들면 작은 힘만 작용해도 잘 흔들 수 있습니다.[35] 그런데 그 주기에서 벗어나면 잘 흔들리지 않지요. 이것을 **공명**(共鳴, 함께 울린다는 뜻, **resonance**)현상이라고 합니다. 현악기는 현의 진동이 악기의 통에서 공명을 일으켜 큰 소리를 내고, 관악기는 관에서 공기의 진동 중 특별한 진동수가 공명을 일으켜 그 음이 나는 것입니다. PET병에 물을 담고 입으로 불면 비어있는 부분의 길이에 따라 '부'하는 소리의 높이가 달라지는 것도 그렇습니다.

---

34) '힘이 들어간다'가 아니라 '어렵다'는 관용어라고 했지요?

35) 자연스럽게 흔들리는 주기와 공명이 일어나 잘 흔들리는 주기는 값에 약간의 차이가 있습니다.

라디오나 TV가 방송국에서 보내는 전자기파 신호를 잡는 것도 다 공명을 이용한 것이지요.

그런데 계속 흔들어주지 않으면 요람이 멈추지요? 아기는 곧바로 깨서 울기 시작하고요. 공기의 저항, 바닥과의 마찰 등에 의해 에너지가 밖으로 나가기 때문입니다. 나간 만큼 에너지를 공급해 주어야 계속 흔들리지요. 이때 평균 에너지는 일정하지만 한 주기 안에서 요람의 에너지는 시간에 따라 달라집니다. 고유한 주기에서 많이 벗어난 다른 진동수로 요람과 그네가 흔들릴 때는 외부로 나가는 에너지가 많아집니다. 그래서 그만큼의 에너지를 보충해 주어야 합니다. 그렇게 해주어도 오히려 흔들리는 진폭은 작습니다.

그림 3-8과 같이 한 걸음을 떼는 과정에서, 얼마나 작은 힘만 작용해도 우리 몸이 앞으로 나가는지 한번 느껴보세요. 우리 몸이 정지한 O점에 대해 회전하는 것이 마치 서 있는 나무토막이 넘어지는 것과 같다고 했지요? 무거워서 도저히 들어 올릴 수 없는 나무토막도 이리저리 흔드는 데는 큰 힘이 필요하지 않습니다. 그러니까 우리가 걸을 때 공명이 일어나도록 하면 많은 에너지를 쓰지 않고 걸을 수 있습니다. 한 발자국 떼는 주기를 다리가 자연스럽게 흔들리는 주기에 맞춰주면 공명이 일어나지요. 이러한 공명현상을 잘 이용하면 사람과 몇몇 동물의 두 다리로 걷는 직립 보행은 에너지를 효율적으로 사용하는 이동 방식이 됩니다. 그 덕분에 지치지 않고 걸어 다니는 것만으로 빠르게 달리는 영양을 잡을 수 있지요. 네 발로 달리는 영양은 빠르게 달릴 수 있지만 에너지 소모가 커서 사람보다 빨리 지치거든요. 더 빨리 달리는 표범도 더 쉽게 지쳐 포기하고 마는 영양을 걸어 다니는 사람이 잡을 수 있다는 것은 자연에서 일어나는 경이로운 일 중의 하나입니다.

사람들은 자신만의 독특한 걸음걸이로 걷습니다. CCTV가 흐려 얼굴을 알 수 없는 경우 걸음걸이로 범인을 잡아내기도 하지요. 그림 3-9와 같이 몸이 회전하는 시간 동안 그림 3-10과 같이 다리가 진동해야 하기 때문입니다. 그래야 다른 발이 땅에 닿아 새로운 회전중심이 되지 않겠어요? 국자가 넘어지는 실험에서 알게 되었듯이 몸의 질량중심이 발에서 얼마나 떨어져 있는가에 따라 몸이 회전하는 데 걸리는 시간이 달라집니다. 그래서 키가 큰 사람과 키가 작은 사람은 보폭뿐 아니라 한 걸음의 주기가 다릅니다. 요즘은 보기 힘든 놀이지만, 죽마(竹馬)를 타면 질량중심이 상당히 위로 올라갑니다. 그러면 회전 주기가 길어져서 한 걸음에 걸리는 시간이 길어지기 때문에 느릿느릿 걸어야 합니다. 땅으로 발이 떨어질까 무서워서 그렇게 천천히 걷는 것이 아닙니다. 하이힐을 신고 걷거나 발레리나처럼 발끝을 세워 걸을 때도 걸음걸이가 다르지요.

아파트 윗집 아이들이 항상 뛰어다니는 것을 물리학적 관점에서 볼 수도 있습니다. 물론 아이의 성격도 큰 요인이지만요. 키가 작고 다리 길이가 짧은 아이의 진동 주기는 어른에 비해 짧습니다. 그래서 아이가 이동할 때 발걸음이 '통통통' 뛰는 것처럼 보입니다. 뛰는 것이 이렇게 순전히 물리적인 이유였다면, 자라서 키가 크면 자동으로 뛰지 않게 됩니다. 철이 들어서가 아닙니다. 다리가 길어져서 주기가 달라진 것입니다. 몇 년만 기다려 보세요. 참새처럼 종종거리다가 언젠가 두루미처럼 천천히 걷게 될 테니까요. 더구나 사춘기가 되면 아예 움직이려 하지도 않을 겁니다.

양동이에 물을 담아 들고 갈 때 대부분 종종걸음을 하게 됩니다. 보폭이 작아지고 걸음걸이가 빨라지지요. 무거운 몸을 이동시키려면 그림 3-8에 나타낸 힘이 커야 하니 그럴 수 있습니다. 하지만 질량중심이 아래로 이동한다는 것도 중요한 요인입니다. 똑같은 무게의 물동이를 머리에 이고 갈 때는 오히려 걸음걸이가 약간 느려집니다. 물을 쏟을까 봐 그러는 것만은 아닙니다. 무거운 짐을 어깨 위에 올려 나를 때와 끈으로 묶어 배꼽보다 아래쪽에 가게 해서 들고 나를 때는 걸음걸이가 다르지요. 짐을 들었을 때 우리 몸의 무게는 같은데도 말입니다. 한번 확인해 보기 바랍니다.

달리는 것은 그림 3-8과 같은 한 걸음을 자주 떼는 것이니까 단위 시간에 들어가는 에너지의 양이 그만큼 많아집니다. 그래서 이에 필요한 에너지를 만들어내기 위한 포도당을 근육에 공급하려고 심장이 빨리 뛰는 것입니다. 또, 포도당을 분해하는 데 필요한 산소를 공급하고 만들어진 이산화탄소를 몸 밖으로 배출하기 위해 허파도 활발하게 움직여야 하고요. 그래서 헉헉대지요. 심장은 터지려고 하고요.

그런데, 여기에서 또 하나 생각해야 할 것이 있습니다. 뛰는 것은 자연스러운 움직임과 어긋나는 주기로 우리 다리와 몸을 움직이는 것입니다. 팔은 접으면 빠르게 움직이게 할 수 있습니다. 이것을 확인하기 위해 팔을 쭉 편 채로 앞뒤로 흔들고 접은 채로 앞뒤로 흔들어 보세요. 하지만 다리는 그렇게 하지 못하지요. 공명 상태가 아니니 달리기를 할 때는 한 걸음당의 에너지 소모가 더 많습니다. 그러니까 똑같은 거리라고 하더라도 걷는 것에 비해 뛰는 것이 훨씬 더 많은 에너지를 소모합니다. 보통의 에너지 효율적인 걸음보다는 **약간 빠르게 걷는 것이 살 빼기에 효율적**이라고 하는 이유가 이것입니다. 판토마임이나 무용공연에서처럼 아주 천천히 몸을 움직여도 에너지가 더 많이 소모됩니다. 다른 사람들이 보기에는 우스꽝스럽겠지만 슬로우 모션으로 걸어보면 어떨까요? 가족끼리 놀러 갈 때 걷기 싫어 자신의 걸음걸이에 맞지 않는 행동을 하며 마지못해 따라오는 아이는 확실히 에너지 소모가 많을 겁니다.

가끔 TV에 나오는 러시아나 북한의 열병식에서 군인들이 다리를 굽히지 않고 높이 들어 올리면서 걷는 것을 볼 수 있습니다. 한 다리로 서 있는 모습이 거위처럼 보인다고 해서 이것을 거위걸음(goose step)이라고 부릅니다. 거위걸음은 보통의 걸음걸이에 비해 한걸음의 주기가 깁니다. 이 역시 물리적으로 설명할 수 있습니다. 길이 ℓ인 실을 질량 m인 추에 매달아 만든 간단한 진자가 충분히 작은 작으로 흔들릴 때는, 최대 각이 다르더라도 주기가 거의 변하지 않습니다. 주기는 오직 실의 길이에 따라서만 달라집니다. 최대각이 5°이건 10°이건 주기가 같지요. 이것을 **등시성(等時性, isochronism)**이라고 합니다. 갈릴레오가 소년 시절 성당의 샹들리에가 흔들리는 것을 관찰하다가 발견했다는 일화가 있습니다. 그런데 최대각 θ_0가 점점 커지면

$$T=2\pi\sqrt{\frac{\ell}{g}}\left(1+\left(\frac{1}{2}\right)^2\sin^2\frac{\theta_0}{2}+\left(\frac{1\cdot 3}{2\cdot 4}\right)^2\sin^4\frac{\theta_0}{2}+\left(\frac{1\cdot 3\cdot 5}{2\cdot 4\cdot 6}\right)^2\sin^6\frac{\theta_0}{2}+\cdots\right)$$

와 같이 주기가 길어집니다. $\theta_0=30°$, $60°$, $90°$일 때 각각 $2\pi\sqrt{\ell/g}$에서 1.7%, 7.3%, 18% 정도 길어집니다. 놀이동산의 바이킹이 흔들릴 때도 진폭이 커질수록 주기가 길어지는 것을 관찰할 수 있습니다. 그러니까 다리를 구부리지 않는 거위걸음에서는 ℓ이 길어지는 효과 외에도, 흔드는 각도가 커서 다리를 흔드는 주기가 늘어납니다. 이에 맞춰서 걸음걸이의 주기도 길어져야 하지요.

거위걸음도 상당히 비효율적인 걸음입니다. 몸이 움직이는 것은 보통의 걸음걸이와 주기가 같은데 다리의 움직임이 이와 다른 주기를 가지니까요. 따라서 달리기나 슬로우 모션 동작처럼 에너지를 많이 소모하는 걸음이지만 추천할 수는 없겠습니다. 몸에 무리가 갑니다. 특히 무릎에 좋지 않습니다. 다리를 들어 올릴 때 질량중심의 위치가 위로 이동하니까 땅을 딛고 있는 발에 자신의 몸무게보다 더 큰 수직항력이 작용합니다. 저울 위에서 쪼그리고 앉았다가 일어설 때 어떻게 되는지 보았었지요? 그런데도 무릎을 굽히지 않아야 하니까 무리가 갈 수밖에 없지요. 또, 다리를 뻗어 앞으로 내밀 때 몸을 뒤로 젖혀주어야 합니다. 그래야 질량중심이 땅에 딛고 있는 발의 연직선 위에 계속 있게 됩니다. 그렇지 않으면 넘어지지요. 거위걸음을 하는 것을 자세히 관찰하면 군인들의 상체가 많이 흔들리는 것을 볼 수 있습니다. 다행히 우리나라 군대 열병식에서는 이러한 거위걸음을 하지 않습니다. 국가장[36] 같은 특별한 행사에서 소수의 의장대가 하는 경우가 있지만, 다리를 들어 올리는 각도는 아주 낮습니다.

왜 격렬한 운동을 하고 나면 땀이 날까요? 우리 몸의 근육은 포도당이 분해될 때 나오는 686 kcal/mol의 에너지를 모두 사용하지 못합니다. 근육은 포도당이 분해될 때 만들어지는 ATP[37]만 이용하지요. 포도당 1분자가 산소호흡으로 분해될 때 최대 32개의 ATP가 만들어질 수 있습니다. 이것은 포도당 분해에서 나오는 에너지의 34% 정도입니다.[38] 나머지는 모두 열에

---

36) 대통령 등 나라의 특별한 인물이 돌아가셨을 때 국가가 치러주는 장례식

37) 우리말로는 영어를 직역한 아데노신 삼인산(Adenosine Triphosphate)으로 번역합니다.

38) 사용할 수 있는 에너지의 1/3만 몸을 움직이는 데 사용하는 셈이지만 이것은 자동차의 엔진에 비교해 손색이 없는 값입니다. 디젤엔진의 최대효율이 40% 정도이고 가솔린엔진은 그에 미치지 못합니다. 그러니 동물의 몸은 아주 효율이 좋은 엔진을 가지고 있는 것입니다.

너지로 방출됩니다. 몸 안에서 포도당을 태운 열이 쌓이니 온도가 올라갈 수밖에 없지요. 그래서 땀으로 열을 배출하는 것입니다. 우리 몸은 훌륭한 냉각 시스템도 가지고 있지요.

포도당 1몰이 분해되면 686 kcal/mol 중 34%가 근육에 사용된다고 했습니다. 물리학에서 친숙한 J로 환산해보면 포도당 1몰이 분해될 때 근육활동에 사용되는 에너지는 (686 kcal)×(0.34)×(4.2 J/cal)=980 kJ입니다. 하루에 30 g, 즉 1/6몰의 포도당을 우리 몸에서 없애려면 980 kJ 나누기 6, 즉 160 kJ만큼 일을 해야겠네요. 1 kg의 물체를 1 m 들어 올리면 약 10 J의 일을 하는 것이니까, 160 kJ의 일을 하려면 몸무게가 80 kg인 사람은 자신의 몸을 200 m 위로 올리면 됩니다. 15층 아파트의 높이가 약 50 m이니까 네 번 정도 계단으로 걸어 올라가면 이론적으로는 30 g의 체중을 뺄 수 있습니다. 물리를 너무 단순하게 적용한 결과일 수는 있겠습니다만, 몸무게 30 g 빼기가 얼마나 어려운지를 보여주는 좋은 예입니다. 이런 질문을 해 보는 것은 어떨까요?

슈퍼맨은 하늘을 날려면 얼마나 먹어야 할까요?

좋은 영화 하나 물리로 망쳐 볼까요? 슈퍼맨[39]은 모든 사람이 좋아하는 마음씨 착한 영웅입니다. 배트맨에게도 없는 뛰어난 초능력을 가지고 있으면서 까칠하지도 않지요. 좋은 집과 멋진 차를 몰고 다니지도 않고 신문사에서 말단 기자로 근무합니다. 하기야 날아다닐 수 있는 슈퍼맨에게 자동차는

39) 1978년 개봉한 영화의 주인공 (배우는 크리스토퍼 리브).

필요 없지요. 그런데 이 슈퍼맨이 날아다니는 것은 물리적으로 도무지 설명이 되지 않습니다. 은하 저 멀리에 있는 크립톤 행성에서 왔다고 해도 그렇지요. 물리 법칙은 온 우주에 똑같이 적용되는 것이니까요.

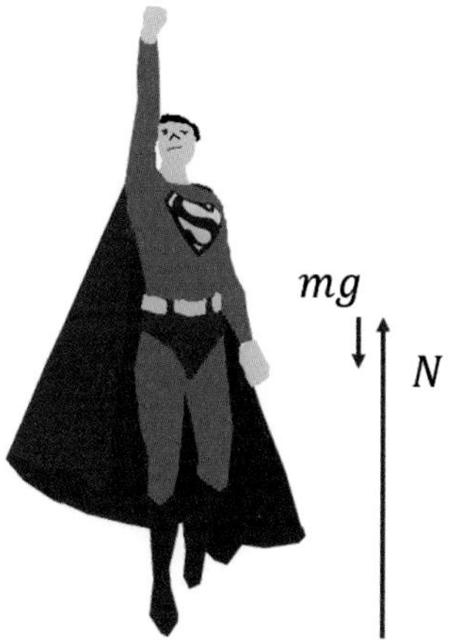

그림 3-11 연직 방향으로 하늘로 날아 올라가기 위해 땅을 박차는 동안 슈퍼맨에 작용하는 힘

우선, 팔을 쭉 펴고 날다가 팔만 굽히면 방향이 바뀌는 것은 운동법칙에 어긋납니다. 운동 방향이 바뀌려면 어떤 힘이 작용해야 합니다. 이것이 물체의 운동에 대한 제1법칙이지요. 그런데 어떤 다른 것에 힘을 작용할 수 있어야만 슈퍼맨에게도 그 반작용으로 힘이 작용합니다. 이것이 물체의 운동에 대한 제 3법칙입니다. 공기밖에는 아무것도 없는 하늘 위에서 팔을 굽힐 때 어떤 물체에 힘을 작용하는지 모르겠네요. 자세를 바꾸는 것은 질량중심의 운동에 영향을 주지 못합니다. 슈퍼맨이건 일반인이건 공중에 던져지면 그 질량중심은 중력이 시키는 대로 운동합니다. 지표면 근처에서는 포물선운동을 해야겠지요.

때로는 슈퍼맨이 지구를 돌기도 합니다. 지표면 근처에서 이러한 원운동을 하려면 약 8 km/s의 속력으로 움직여야 합니다. 이 값을 어떻게 구했는지 알아볼까요? 원운동을 하는 물체는 중심방향으로 가속 운동을 하는 것입니다. 일정한 속력으로 움직이지만 하던 운동을 계속하는 것은 아닙니다. 속도의 방향이 바뀌니까 가속 운동입니다. 그 가속도가 중심방향이기 때문에 **구심가속도**(求心加速度, 중심을 향하는 가속도라는 뜻, **centripetal acceleration**)라고 합니다. 속력 v로 반지름이 R인 원운동을 할 때 구심가

속도의 크기 a_c는

$$a_c = \frac{v^2}{R} \tag{3.23}$$

입니다. 끝까지 설명하려고 마음먹은 책이지만 이 식의 유도까지는 하지 못하겠네요. 여러 가지 방법이 인터넷에 소개되어 있으니 한번 도전해 보기 바랍니다. 뉴턴이 사용한 기하학적인 방법은 아주 멋집니다. 그로부터 뉴턴은 달 역시 지구 중심을 향하는 가속도로 움직인다는 사실을 알아냈지요. 그래서 중력이 발견된 것이고요. (3.23) 식은 물리 역사에서 아주 중요한 식입니다. 지표면에서 떨어지는 사과와 지구 주위를 돌고 있는 달에 같은 원리가 적용될 수 있다는 것을 알려주었으니까요.

지표면 근처에서 원운동을 할 때 작용하는 힘은 오직 중력입니다. 우리가 사는 작은 공간에서는 중력이 그저 연직 아래 방향이지만, 지구를 공으로 생각할 수 있는 큰 공간에서 중력의 방향은 지구 중심방향입니다. 그 중력이 지구 주위를 도는 물체에 구심가속도를 가지게 할 수 있고, 지표면 근처에서 물체가 원운동을 한다면 $a_c = g$인 것입니다. 또, 원운동의 반지름 R이 지구의 반지름이므로, 이 값들을 (3.23) 식에 대입하여 속력 v를 구하면

$$v = \sqrt{Rg} = \sqrt{(6400\ \mathrm{km})(10\ \mathrm{m/s^2})} = 8\ \mathrm{km/s}$$

여야 한다는 것을 알 수 있습니다. 이 값은 시속이 아니라 초속입니다! 공기를 전파하는 소리의 속력 340 m/s의 20배가 넘네요. 마하 23입니다.

미사일을 쏘아 다른 대륙까지 도달하게 하려면 최소한 지구를 1/3 이상 돌다가 떨어져야 합니다. 그래서 대륙간 탄도미사일의 속력은 8 km/s보다

조금 낮지만 4~6 km/s은 되어야 합니다. 크기가 8 km인 도시를 1~2초만에 지나가는 가공할 만한 빠르기이지요. 대개 아주 천천히 하늘로 올라가는 발사 장면만 뉴스에서 보기 때문에 이러한 놀라운 속력으로 날아간다는 것은 생각하지 않지요.

슈퍼맨도 지구를 돌려면 8 km/s의 속력을 가져야 합니다. 몸무게가 얼마이거나 그래야 합니다. 크립톤 행성에서 왔기 때문에 어떤 특별한 물질로 이루어져 있다는 것은 어떤 도움도 되지 못합니다. 슈퍼맨의 질량이 80 kg이라면 이렇게 빠르게 움직일 때 슈퍼맨의 운동에너지는

$$K = \frac{1}{2}mv^2 = \frac{1}{2}(80\text{ kg})(8000\text{m/s})^2 = 2.6 \times 10^8\text{ J}$$

입니다. 자그만치, 2.6억 J입니다! 정지해 있다가 이만큼의 에너지를 가지는데 포도당을 분해한 ATP를 사용한다고 해봅시다. 슈퍼맨이 날아갈 때 아이언맨처럼 몸에 달린 로켓을 사용하는 것 같지도 않으니까요. 포도당 1몰이 분해될 때 980 kJ만큼 근육이 사용할 수 있는 에너지가 만들어지니까, 분해해야 하는 포도당의 양은

$$\frac{(2.6 \times 10^8\text{ J})}{(9.8 \times 10^5\text{ J/mol})}(180\text{ g/mol}) = 48\text{ kg}$$

입니다. 이 정도의 포도당이 80 kg인 슈퍼맨의 몸에 있었을 리 없지요. 그랬다면 땅을 박차기 전에는 슈퍼맨의 질량은 130 kg이어야 합니다. 날기 전과 후에 슈퍼맨의 모습은 변화가 없지만, 몸에 있던 모든 포도당을 다 소모해서 80 kg이 되는 대신 8 km/s의 속력을 가지게 되었다고 억지를 부려 볼까요? 그렇다 쳐도 이 정도의 포도당을 몸에 저장하려면 또 얼마나 먹어야 할까요?

음식물은 기본적으로 수분을 포함하고 있습니다. 대부분 2/3가 물이지요. 그러니까 수퍼맨은 48 kg의 3배에 해당하는 약 150 kg에 가까운 식사를 해야 한 번 하늘을 날 수 있는 것입니다. 영화가 세 편이나 나왔지만 어디에도 슈퍼맨이 이렇게 많이 먹는 것을 본 적이 없습니다. 물론 지구인이 아니니까 포도당 아닌 다른 에너지원으로 사용한다면 가능할지도 모르겠습니다.

사실 이보다 더 심각한 문제도 있습니다. 슈퍼맨이 날아오르는 것은 로켓이나 미사일을 발사하는 것과는 다릅니다. 연소 가스를 뒤로 뿜으며 천천히 가속되는 것이 아니라, 땅을 박차고 오르는 순간 8 km/s가 되어야 합니다. 발이 땅에서 떨어지면 슈퍼맨에 작용하는 힘은 아래로 잡아당기는 중력만 있게 되니까요. 오직 땅과 발이 닿아 있는 동안만 다른 힘이 작용할 수 있지요. 비스듬하게 올라간다면 마찰력도 작용하겠지만, 그림 3-11처럼 연직 방향으로 날아오른다면 수직항력만 작용합니다. 슈퍼맨의 질량이 m, 중력가속도가 g, 슈퍼맨의 발에 작용하는 수직항력의 크기가 N이고, 땅을 박차는 데 걸린 시간이 Δt라 하면

$$(N-mg)\Delta t = mv \tag{3.24}$$

여야 합니다. 이 식은 2장에서 그릇이 바닥에 부딪히는 동안 작용하는 힘을 구했던 식과 같네요. 다만 그 경우는 높은 곳에서 떨어져 속력 v을 가지게 된 질량 m인 그릇이 바닥에 닿아 멈추는 것이고, 이번에는 정지해 있던 슈퍼맨이 속력 v를 가지게 되는 것이 다를 뿐입니다. 영화에서 보면 슈퍼맨이 날아오르는 데 걸리는 시간은 1초도 채 되지 않습니다. 눈 깜박할 사이에 공중전화 부스에서 옷을 갈아입고 하늘로 올라가 있으니까요. 그냥

$\Delta t = 0.1\text{ s}$라 해봅시다. 이것은 영화에서 3프레임 정도가 지나가는 데 걸리는 시간입니다. (3.24) 식에서 mg를 무시하면, 수직항력의 크기는

$$N = \frac{mv}{\Delta t} = \frac{(80\text{ kg})(8000\text{ m/s})}{0.1\text{ s}} = 6.4 \times 10^6\text{ N}$$

입니다. 무려 640만 N입니다! 이것은 64만 kg, 즉 640톤의 물체에 작용하는 중력입니다. 이 값을 구할 때 슈퍼맨에 작용하는 중력 mg는 무시할 만했지요? 그러고 보니 그림 3-11에 중력이 너무 크게 그려져 있는 거네요. 이 충격을 슈퍼맨의 발과 다리가 견뎌낼 수 있을까요? 하기야 기차를 들어 올릴 수도 있으니 가능할지도 모르겠습니다. 크립톤 행성에서 왔으니까요.

하지만 땅은 보통의 물질로 이루어져 있습니다. 슈퍼맨의 발 정도의 면적을 가진 물체가 땅에 640만 N의 힘을 작용하면 땅은 그 압력을 견디지 못합니다. 슈퍼맨이 사는 메트로폴리스의 아스팔트 도로도 마찬가지겠지요. 아마 큰 구멍이 파이거나 엄청난 먼지가 나야 합니다. 하지만 슈퍼맨이 발로 차고 올라간 곳은 영화에서 한 번도 보여주지 않아서 어찌 되었는지 알 수 없네요.

자 이제 다이어트에 대한 마지막 물리 이야기입니다. 이 장을 시작하면서 '뚱뚱한 비너스' 조각에 대해 이야기했지요? 추운 지방일수록 조각이 더 뚱뚱해지는 경향을 보인다는 연구 결과도 소개했습니다. 연구에서는 영양 상태가 좋아 많은 아이를 낳을 수 있다는 것을 이유로 들었는데, 살이 찌면 추운 지역에서 생존할 확률이 높아 자식을 기르는 데도 유리했을 것으로 생각됩니다. 이것 역시 물리 법칙으로 설명할 수 있습니다. 이것은 대부분의 물리 교과서에 실려 있는 다음과 같은 퀴즈와 관련이 있습니다.

생쥐와 코끼리 중 누가 많이 먹을까요?

재미있게 하려고 중요한 정보를 뺀 질문입니다. 이럴 때는 제대로 된 질문으로 만들어야 제대로 대답을 할 수 있습니다. 당연히 몸집이 큰 코끼리 한 마리는 생쥐 한 마리보다 많이 먹어야지요. 그 큰 몸을 움직이려면 훨씬 많은 에너지가 필요하지 않겠어요? 이제 질문을 이렇게 고쳐 봅시다. '몸무게가 4000 kg인 아시아 코끼리 한 마리와 몸무게가 20 g인 생쥐 20만 마리가 먹는 양은 어느 쪽이 클까?'라고요. 눈치 챘겠지만 코끼리 한 마리와 생쥐 20만 마리의 질량을 같게 한 것입니다. 4000 kg이나 20만 마리라는 큰 수에 현혹되면 안 되지요. 물론 다른 요인도 있습니다. 코끼리와 생쥐는 먹이가 다르고 움직임도 다릅니다. 질량이 큰 코끼리는 움직이기가 힘이 들고, 작은 동물인 생쥐는 포식자로부터 살아남으려면 바삐 돌아다녀야 하지요. 그러니까 '같은 양의 먹이로부터 얻는 에너지의 양이 같다면'과 '자신의 체온을 유지하기 위해서 먹어야 하는 양'이라는 단서 조항을 달아야 겠네요.

또, 이 질문에 답을 하려면 포유류나 조류 같은 정온(定溫, 온도가 일정하다는 뜻) 동물은 체온을 유지하기 위해 에너지를 사용해야 한다는 과학상식도 있어야 합니다. 아주 무더운 여름이 아니면 동물의 체온은 대기의 기온보다 높습니다. 그래서 몸의 열이 외부로 빠져나갑니다. 가만히 두면 마치 뜨거운 차가 식듯 온도가 점점 내려갑니다. 빠져나가는 만큼 에너지를 써서 체온을 유지해야 하지요. 앞에서 이야기한 기초대사량의 일부는 체온을 유지하는 데에 사용됩니다.

온도가 T_H인 곳에서 $T_C(< T_H)$인 곳으로, 단면적이 A이고 길이

가 L인 물체를 통해, 시간이 Δt만큼 지나는 동안 **빠져나가는 열에너지 또는 열량 ΔQ는 온도 차, 표면적, 걸린 시간에는 비례하고, 물체의 길이에는 반비례합니다.** 이것을 식으로 나타내면

$$\Delta Q = k\frac{A}{L}(T_H - T_C)\Delta t \tag{3.25}$$

이고, 이것을 **뉴턴의 냉각 법칙**이라고 합니다. 여기에서 비례계수 k는 열전도도입니다. 열전도도는 물질에 따라 값이 다릅니다.

(3.25) 식은 우리 일상에 많이 적용할 수 있습니다. 우선 겨울에는 대기의 온도가 낮으니까 몸으로부터 많은 열이 빠져나갑니다. 그래서 우리 몸의 온도가 내려가니까 춥다고 느끼는 것이지요. 다이어트 관점에서는 매우 흥미로운 이야기지요? 몸에서 에너지가 많이 빠져나가면 그만큼 포도당이 소모되는 것일 테니까요. 겨울에 방 안의 온도를 조금 낮추면 난방비를 줄이는 것 외에 살 빼기에도 도움이 됩니다. 춥다고 더 많이 먹지 않는다면요. 추워서 옷을 많이 껴입는 것은 L을 키우는 것이고, 털모자를 쓰거나 장갑을 끼는 것은 밖으로 드러나 있어서 열이 빠져나가는 부분의 표면적 A를 줄이는 것입니다. 공기는 열전도율 k값이 작습니다. 그래서 털옷이나 털실로 짠 스웨터는 공기가 열의 방출을 막아주는 것입니다. 두꺼운 옷 한 벌보다 얇은 옷이 여러 겹을 껴입어도 옷과 옷 사이의 공기층이 생겨서 효과가 좋아집니다.

부엌에서도 (3.25) 식이 적용되는 예를 찾을 수 있습니다. 삼중 냄비는 열전도도가 좋은 구리를 바닥에 덧대어 가스스토브의 열이 요리에 잘 전달되게 해 줍니다. 국자의 국을 뜨는 부분과 뒤집개의 뒤집는 부분은 뜨거운

온도를 잘 견디도록 금속으로 만듭니다. 하지만 손잡이는 열전도도가 작은 플라스틱을 사용합니다. 오븐에 구운 빵을 꺼낼 때 사용하는 두꺼운 면장갑은 열전도도가 작은 헝겊이나 가죽을 두껍게 만들어 L을 크게 한 것입니다.

말이 길어졌습니다. 하지만 물리라는 것이 참 근사하지요? 하나의 법칙이 이렇게나 다양한 상황에 적용될 수 있으니 말입니다. 여하간, 지금쯤 우리 질문의 답은 찾았겠네요. 생쥐 20만 마리의 표면적을 모두 더한 값이 코끼리 한 마리의 표면적보다 훨씬 클 테니 빠져나가는 총열량이 더 많고, 체온을 유지하려면 그만큼 더 먹어야 한다고 말이지요. 생쥐보다는 아무래도 코끼리가 피부가 더 두꺼울 것이니 (3.25) 식에서 코끼리의 L이 크다는 것도 이렇게 결론을 내리는 데 보탬이 되겠습니다.

이 퀴즈의 답은 우리에게, 왜 돼지를 키우는 것보다는 소를 키우는 것이, 그리고 닭을 키우는 것보다는 돼지를 키우는 것이 체온 유지와 사료라는 관점에서 더 유리한지 알려줍니다. 같은 양의 고기를 생산할 수 있는 동물의 표면적의 합이 더 넓을수록 체온을 유지하는 데 들어가는 사료는 많아집니다. 물론 이것은 물리 법칙을 아주 단순하게 적용한 것으로, 가축에 따라 사료가 다 다르고 또 고기의 값이 다르다는 것을 고려하지 않은 것입니다. 어쩌면 가장 중요한 요소를 무시한 세상 물정 모르는 물리학자의 궤변이겠습니다. 소를 팔러 나가다가 그것을 돼지로 바꾸고, 돼지를 닭으로 바꾼 동화 속의 할아버지와 그것을 어쨌든 잘했다고 하는 할머니가 혹시 이런 물리학자 아니었을까요?

한 사람만 놓고 비교한다면 표면적이 넓은 코끼리가 열을 더 많이 방출하지 않을까요? 그래서 생쥐보다 추운 지역에서 더 불리할 텐데요. 이 질문에 답을 하려면 또 다른 물리 법칙을 동원해야 합니다. (3.25) 식처럼 열이 밖으로 빠져나갔는데도 다른 에너지로 보충되지 않으면 물체의 온도가 내려갑니다. 이때 일어나는 온도 변화 ΔT는 이동한 열량 ΔQ에 비례하고, 질량에는 반비례합니다. 이것을

$$\Delta Q = cm\Delta T \tag{3.26}$$

와 같은 식으로 나타낼 수 있습니다. 이 식에서 비례계수 c는 물질의 고유한 성질인 **비열(比熱, specific heat)**입니다. 비열은 단위 질량만큼의 물질을 1℃ 만큼 온도 변화가 일어나게 하는 데 필요한 열량입니다.

자, 이제 (3.25) 식과 (3.26) 식을 조합해 봅시다. 몸에서 만들어내는 에너지를 고려하지 않고 오직 몸에서 찬 공기로 ΔQ만큼의 열이 빠져나가고 이것으로 인해 몸의 온도가 ΔT만큼 내려간다고 해보지요. 코끼리는 생쥐에 비해 표면적이 넓으니 확실히 ΔQ가 큽니다. 그런데 온도 변화는 질량 m에 반비례합니다. 이번에는 표면적과 질량의 경쟁이네요.

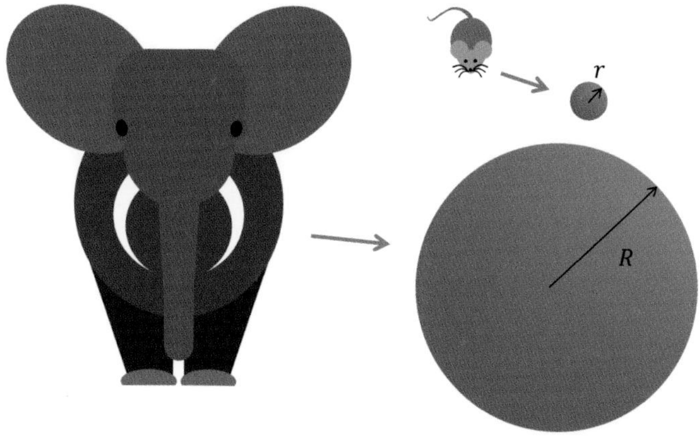

그림 3-12 몸 밖으로 나가는 열은 표면적에 비례하고, 열의 이동으로 변화하는 온도는 질량에 반비례한다.

코끼리와 한 마리의 생쥐를 그림 3-12에 보인 것처럼 반지름이 R과 $r(< R)$인 공으로 단순화해 볼까요? 두 공은 같은 물질로 만들어졌다고 합시다. 공의 표면적은 반지름의 제곱에 비례하고 질량은 부피, 즉 반지름의 세제곱에 비례합니다. 그러니까 질량이 더 큰 요인이 됩니다. 큰 공과 작은 공 중에서 작은 공이 더 빨리 식겠네요. 한 마리의 코끼리와 한 마리의 생쥐를 비교해도 추운 곳에서 체온을 더 오래 유지할 수 있어서 잘 살아남는 것은 코끼리네요. 체온을 유지하기 위해 생쥐는 코끼리보다 자신의 질량에 비해 상대적으로 더 많은 에너지를 사용해야 하는 거고요. 뜨거운 죽이나 국을 작은 그릇에 옮기면 빨리 식는 것도 같은 원리입니다.

이것이 추운 기후에서 뚱뚱한 사람이 살아남는 데 유리했던 이유입니다. 반대로 지구의 온난화로 지구의 온도가 올라가니 살을 빼려고 다들 난리인가 봅니다. 온도가 올라가면 빙하기와 반대로 마른 사람이 아름답게 보이기 때문일까요?

'부엌에서 물리찾기'를 마칩니다. 이제 청유재의 꽃밭에서 물리를 찾으러 나가볼까요?

글을 마치며

부엌에서 찾을 수 있는 물리가 제법 많지요? 칼로 써는 것으로 요리를 시작하여 설거지까지 마친 후 너무 많이 먹은 것에 대해 후회하고 살이 찔까 걱정하는 데까지 물리학과 관계된 이야기를 해보았습니다. 부엌에서 음식을 요리하거나 식탁에서 식사하면서 어쩌면 한 번쯤 떠올렸거나 아니면 그냥 지나쳤을 '어? 이거 왜 그러지?'라는 물음을 던지고 물리학적으로 설명을 하려 드는 물리학자들의 수다입니다. 이런저런 잡다한 이야기를 늘어놓다 보니 내용이 너무 많아졌습니다. 그렇다고 필요한 내용만 간추려 줄이면 그저 물리 법칙만 늘어놓는 무미건조한 책이 될 것 같아 두 권으로 나누어 출판하게 되었습니다.

책을 쓰는 동안 ChatGPT라는 인공지능(AI, Artificial Intelligence) 프로그램이 세상을 깜짝 놀라게 했습니다. 어떤 분야, 어떤 내용이건 키워드만 치면 글을 써 주는 프로그램이 등장한 것이지요. 그래서 이제 더더욱 사람들이 책을 읽지 않을 것이라고 합니다. 지식을 얻는 수단이 바뀐 것이지요.

하기야 이미 지식 전달 도구가 책에서 영상매체로 바뀐 지도 오래되었습니다. 하지만, 아무리 인공지능이 발달해도 자연현상에 대해 '와!' 또는 '이야!'라고 감탄하고, '어?' 또는 '왜 그러지?'라는 호기심을 가지는 것은 오직 인간일 것이라고 위안을 해 봅니다.

지난 1년 동안 우리나라 과학·기술계에도 좋은 소식이 많았습니다. 22년 8월에 발사한 우리가 만든 우주선 다누리호(KPLO, Korea Pathfinder Lunar Orbiter)가 140여일 동안 우주를 비행한 후 달 궤도에 무사히 진입하여 달 탐사를 계속하고 있습니다.[40] 우리 기술로 만든 누리호는 23년 6월에 인공위성을 궤도에 올리는 데 성공하였습니다. 이로써 우리나라는 달 궤도 진입과 1톤급 이상의 인공위성을 지구 궤도에 올리는 데 성공한 7번째 나라가 되었습니다. 또, 23년 6월에는 우리 기술로 만든 한국형 초전도 중이온가속기 '라온'이 저에너지 전체 구간에서 입자를 가속시키는 데 성공했습니다.[41] 이 중이온가속기는 전 세계에 몇 대밖에 없는 희귀동위원소를 연구하기 위한 최첨단 가속기입니다. 이 장치를 이용하여 우리나라 과학자뿐 아니라 전 세계의 과학자들이 우주의 기원, 별의 진화, 원소의 생성과 같은 순수물리의 연구에 큰 진전을 이룰 것으로 기대하고 있습니다. 그리고 반도체 개발이나 항암치료 등 소재와 의료 분야에도 큰 도움을 줄 것입니다.

그런데 한 나라의 과학·기술 수준을 이러한 거대 프로젝트의 성공만으로 평가할 수는 없습니다. 이 책을 쓰면서 관련된 여러 연구논문을 찾아보았는데, 놀랍게도 세계의 많은 과학자가, 심지어 내로라하는 유명한 과학자들까지도 이 책에서 던지는 황당하고 시시해 보이는 질문에 대해 궁금해하고

---

40) https://www.kari.re.kr/kplo에서 실시간으로 다누리호가 찍어 보내준 사진을 볼 수 있습니다.
41) 중이온가속기에 대한 여러 내용은 https://risp.ibs.re.kr/html/risp_kr/에서 알아보세요.

그에 대한 답을 찾으려 노력하고 있었습니다. 과학자라면 누구나 자신의 연구가 실리기를 위하는 Nature나 Science와 같은 유명한 학술지에도, '비스킷을 커피에 담그는 법'과 같은 논문이 실리는 것을 알았습니다. 이 책에서 소개하지는 않았지만, 주말에 아들과 캠핑을 다녀온 후 물수제비에 대한 논문을 쓴 과학자도 있었습니다. 그런데 아쉽게도 우리나라 과학자가 이런 '시시한' 주제를 연구한 논문은 거의 찾지 못했습니다.

5G 시대의 인터넷 강국이라고 하지만 우리나라 인터넷에 올라오는 정보들은 세계 7대 과학 강국이라고 하기에는 부끄러운 수준입니다. 어떤 주제어를 쳐도 상품광고가 먼저 나오고, 비과학적 비논리적인 내용이 떠돌아다닙니다. 과학에 대한 정보는 시험공부를 위한 지식 위주 내용이 주를 이룹니다. 이제 조금 바뀌었으면 좋겠습니다. 많은 연구비를 받는 연구주제가 아니더라도 일상에서 '와!'하며 발견한 어떤 자연현상에서 '왜?'라는 호기심으로 다가서는 연구자가 많이 나왔으면 좋겠습니다. 시험을 보기 위한 지식이 아니더라도 궁금해하고, 알게 되었을 때 즐거움을 느끼는 청소년도 많이 나왔으면 좋겠습니다. 이 책에 나열한 여러 주제 중 하나라도 여러분이 생활에서 접하게 되었을 때 다르게 보이기 시작한다면 우리가 헛수고를 한 것이 아니겠지요?

부엌에서 물리 찾기 2

초판 1쇄 인쇄 | 2023년 8월 05일
초판 1쇄 발행 | 2023년 8월 10일

지은이 | 청유재 사람들
박병윤 · 권경훈 · 박혜연 · 박준규

펴낸이 | 조승식
펴낸곳 | (주)도서출판 **북스힐**

등 록 | 1998년 7월 28일 제 22-457호
주 소 | 서울시 강북구 한천로 153길 17
전 화 | (02) 994-0071
팩 스 | (02) 994-0073

블로그 | blog.naver.com/booksgogo
이메일 | bookshill@bookshill.com

정가 18,000원

ISBN 979-11-5971-513-6

Published by bookshill, Inc. Printed in Korea.